100 Herbs

자닮 천연농약 효과를 높이는 **산야초 100선**

*The way to **Ultra-Low-Cost** agriculture*

저자 **유 걸**

초저비용 유기농업으로 혁신적 비전을 여는 자닮

주변에서 쉽게 찾을 수 있는 산야초를 활용하는
무궁무진한 천연농약의 세계가 열립니다.
천연농약을 직접 만들어 사용하면 비용을 1/50까지 줄일 수 있습니다.

www.jadam.kr

JADAM

100 Herbs

자닮 천연농약의 효과를 높이는 산야초 100선

글/사진 : 유걸

편집 디자인 : 조영상, 주선화
표지 디자인 : 조영상, 윤승서
이북 편집 : 조성우

교정 : 이원경, 이상희

한글판 1쇄 발행 2013년 3월 31일
한글판 2쇄 발행 2016년 11월 15일
영문판 1쇄 발행 2016년 5월 25일

펴낸곳 : 자닮(자연을닮은사람들)
펴낸이 : 조영상
인쇄 : 금강인쇄(주)

주소 : 대전광역시 유성구 테크노2로 187, 미건테크노월드2차 311호
(우편번호 34025)
대표전화 : 1899-5012
이메일 : vnt0226@naver.com
사이트 : www.jadam.kr
출판사등록일 : 2000년 5월 29일
출판사 등록번호 : No. 20-1-41

IISBN 978-89-89220-12-1 16480

자닮의 초저비용 유기농업 연구 보급하는데 여러분들의 후원을 받습니다.
국내 : 하나은행 741-910013-08404 조영상 국외 : paypal, vnt0226@naver.com

자닮 활동의 핵심은 농업기술의 주도권을
농업의 주체인 농민에게 옮겨오는 것이다.

농업기술이 상업자본에 종속되는 것을 막고
농민의 역량으로 주도되는 초저비용농업의 실현으로
유기농업을 대중화시켜 농민과 소비자는 물론
대자연과 함께 상생하는 농업의 신세계를 열고자 한다.

발간사

우리는 4천 5백년이 넘는 유기농업의 역사를 가진 나라입니다. 선조들이 해왔던 수천 년간의 유기농업은 농자재부분에서 '원가가 거의 없는 농업'이었습니다. 종자에서부터 묘목, 퇴비와 액비 등이 거의 농가에서 자급으로 해결되었기 때문입니다.

농업에 필요한 거의 모든 부분이 '가까이 있고, 쉽게 구할 수 있는 것'을 기반으로 했었기 때문에 가능했던 일입니다. 그런데 현대의 농업은 반대로 '멀리 있고 쉽게 구할 수 없는 것'을 기반으로 하는 외부 의존적인 형태, 그리고 에너지 집약적인 형태로 변해버렸습니다. 그래서 돈이 없으면 도저히 엄두를 낼 수 없는 자본집약적 산업으로 변모합니다.

고비용 구조 농업으로의 변화는 농업 수익성의 악화로, 농가부채의 증가와 파산으로 이어지고 있고 농산물 수입개방에 앞서서 국가적 농업 존립에 심대한 문제가 되고 있습니다. 우리의 농업은 이제 수입개방과 에너지 위기를 슬기롭게 넘기지 못하면 존립하기 어려운 국면으로 들어갑니다.

현대의 농업이 고비용 구조의 농업이 고착화되는 것에 농민들이 미생물과 액비, 그리고 농약을 거의 전적으로 외부 의존으로 해결해 나가는 것이 큰 부분을 차지합니다. 농업의 고비용화 문제를 근본적으로 해결하려면 가격이 가파르게 상승해 온 화학농약과 지하자원과 에너지 집약으로 만들어 지는 화학비료 문제를 농가 스스로 극복할 수 있는 길을 열어주어야 합니다.

자연을닮은사람들(자닮)'은 화학농약과 화학비료의 문제를 농가 스스로 극복할 수 있는 대안을 만들기 위해 꾸준히 노력해 왔습니다. 그 결과 미생물과 액비는 물론 화학비료와 화학농약을 대체할 수 있는 방법까지 만들어 내는 데 성공을 거두었습니다. 자닮이 개발한 자가제조 기술은 아주 간단하고 쉽기 때문에 농업의 초저비용화에 중대한 기여를 하고 있습니다.

농약에 핵심인 전착효과를 발현시키는 물질을 손쉽게 만드는 '자닮오일 제조법'을 개발하였고, 살균과 살충에 탁월한 효과를 가지고 있는, 유황을 가열하지 않고 10분 내에 물에 녹이는 '자닮유황 제조법'도 전세계 최초로 개발하게 되었습니다. 이 '자닮유황'은 하우스 비닐과 파이프에 손상을 거의 주지 않는 물성을 가지고 있기도 합니다.

'자닮'은 신기술의 기술독점을 기반으로하는 자재산업화를 꾀하지 않고 모든 농민과 함께 하고자 '기술공개'를 선택하였습니다. 그래서 자닮 개발 기술은 농가들에게 보편적인 천연농약 자가제조법으로 자리매김되고 있습니다. 자닮의 농약 자가제조법은 국제 유기재배 인증기준에 적합하기에 친환경 유기농업을 더욱 확산시키는데 중요한 기반이 되고 있습니다.

'자닮'은 이러한 제조법들을 기반으로 관행적 일반농업과 친환경농업에 비해 농자재 비용을 1/50이상으로 줄일 수 있는 평당 100원대의 '초저비용농업(Ultra Low Cost Agriculture, ULC)'을 적극 보급하고 있습니다. 이것이 우리 농업을 수입개방의 위기에서 구하며 농민과 소비자를 함께 살리는 길이라고 굳게 믿기 때문입니다.

천연농약 자가제조법을 보급하면서 충기피식물에 대한 자료를 수집하던 차에 이 분야에 대한 정리가 전 세계적으로 미흡하다는 판단을 하게 되었습니다. 그리고 농가들이 산야초를 손쉽게 알아볼 수 있게 하는데 꼭 필요한 사진이 매우 부족했습니다.

천연농약의 효과를 더욱 공고히하고 농가 스스로 연구자로 참여할 수 있도록 5년 이상 '천연농약의 효과를 높이는 산야초 100선'의 발간을 염두에 두고 준비하였습니다. 꾸준히 노력해온 세월의 결실이 이렇게 집대성되니 감회가 새롭습니다.

지리산에서 만나 '자닮'과 삶을 함께하고 있는 산야초 전문가 유걸님을 만나지 못했다면 이러한 발간은 불가능 했을 것입니다. 긴 시간 전국 산하를 다니며 꼼꼼히 관련사진을 담고 관련자료를 집대성한 저자 유걸님의 열정에 깊은 감사를 드립니다. 이 책은 전 세계적으로 충기피식물에 대한 저작물에 중요한 이정표가 될 것이라고 생각합니다.

산야초를 천연농약에 활용하는 방법은 자닮이 발간한 「초저비용으로 전진하는 자닮 유기농업」에 자세히 기술되어 있으니 참고하시기 바랍니다. 그리고 이와관련 '천연농약 전문강좌'도 개설되어 있습니다. 자닮오일과 자닮유황, 그리고 충기피식물의 활용은 아주 흥미롭고 손쉽고 값싼 천연농약의 세계를 열고 있습니다.

이제 천연농약은 특정 전문가의 고유영역이 아닙니다. 누구나 쉽게 접근해서 답을 얻어 낼 수 있는 '생활 과학'이 되었습니다. 이 책을 접하는 독자여러분은 천연농약이 우리 손으로 직접 만들어 질 수 있다는 확신을 어렵지 않게 갖게 될 것입니다. 천연농약을 만들어 활용하는 초저비용농업 현장은 www.jadam.kr을 통해 생생하게 보실 수 있습니다.

긴 시간 쉼 없이 함께한 저자 유결님의 인내와 성심에 깊은 존경을 보냅니다. 또한 오랜 기다림 속에 꾸준히 자닮을 지켜보고 오신 여러분께 깊은 감사를 드립니다.

자연을닮은사람들 대표 조 영 상

인사말

우리나라에는 약 5천여 종의 식물이 자생하고 있습니다. 전 세계적으로는 30만여 종에 가까운 식물이 알려져 있지요. 4억 5천만 년 전, 물에서 뭍으로 녹조류가 올라오면서 시작된 식물은 이후 이끼류에서 양치식물로, 다시 겉씨식물을 거쳐 꽃을 피워 번식을 하는 속씨식물로 진화를 거듭해왔습니다.

잘 알려진 것처럼, 식물은 태양에너지를 원동력으로 하여 광합성을 통해 생존에 필요한 유기영양물을 만들어내고 있습니다. 각종 미생물과 곤충을 포함한 동물들은 식물을 숙주로 하거나 먹이로 함으로써 이들 유기화합물을 얻고 있습니다. 그 대가로 식물은 미생물의 도움 하에 필요한 물과 미네랄을 흙에서 얻고, 곤충이나 동물을 통해서는 번식에 필요한 꽃가루받이를 이루어내고 있습니다.

생태계 순환이라는 큰 틀에서 보면 이 과정은 필연적이고 자연스러운 것일지 모릅니다. 그러나 식물 개개나 종의 입장에서 보자면 병해충으로 표현되는 미생물이나 곤충으로부터의 공격은 생사의 기로나 종의 멸종을 가져올 수 있는 매우 심각한 문제입니다. 더욱이 이동이 제한되어 있는 식물에게는 더욱 절박한 문제이지요.

때문에 식물은 진화과정 중에 미생물 및 곤충과의 공생을 도모하면서도 이들의 위협으로부터 스스로를 지키기 위해 생체면역 및 방어 체계를 끊임 없이 발전시키고 고도화해 왔습니다. 신진대사에 필요한 물질 이외에 이들 위협으로부터 스스로를 지키기 위한 다양한 방어용 화학물질을 만들어낸 것이 그 단적인 예입이다.

이들 유기화합물은 냄새나 향을 내어 병해충의 접근을 막거나 먹고자 하는 병해충의 신경계를 마비시키거나 소화 장애를 유발하기도 하며, 호르몬에 작용해서는 탈피와 번식을 방해하기도 하고 심하게는 죽음에 이르게도 합니다. 어떤 식물들은 공격을 받을 때에 다른 천적곤충을 불러들여 해충을 물리치기도 합니다.

이 책에서는 이러한 병해충 방어용 물질을 많이 함유하고 있다고 알려진 100종의 식물, 산야초를 선정하여 형태와 재배 방법, 약성 및 활용, 친환경농업에서의 이용방안에 대해 사진을 첨부하여 소개하고 있습니다. 이들 산야초가 함유하고 있는 대표적인 방어용 유기화학물질로는 알칼로이드, 강심·청산·사포닌·쓴맛 등의 각종 배당체와 타닌, 플라보노이드 등의 색소성분과 정유를 들 수 있습니다.

알칼로이드(alkaloid)는 질소를 함유한 염기성 유기화합물을 총칭하는 것입니다. 대부분 독성을 가지고 있고 비교적 소량으로도 사람이나 동물에 현저한 약리작용을 나타냅니다. 석산·수선화의 리코린(lycorine), 투구꽃의 아코니틴(aconitine), 천남성의 코니인(coniine), 미국자리공의 피톨락신(phytolaccine), 피마자의 리시닌(ricinine), 담배의 니코틴(nicotine), 주목의 택신(taxine), 애기똥풀의 켈리도닌(chelidonine)·프로토핀(protopine), 고삼의 마트린(matrine), 일일초의 빈돌린(vindoline), 피나물·매미꽃의 크립토핀

(cryptopine), 박새·여로의 예르빈(yerbine), 미치광이풀·독말풀의 히오시아민(hyoscyamine), 커피의 카페인(caffeine) 등입니다.

배당체(配糖體)/글리코시드(glycoside)는, 당(sugar)이 비당기(non sugar group)와 결합하여 생긴 화합물을 가리킵니다. 결합된 비당기를 아글리콘(aglycone) 혹은 게닌(genin)이라고 합니다. 배당체는 산 또는 효소 글리코시다아제에 의해 당과 아글리콘으로 가수분해 됩니다. 배당체는 비당부분인, 아글리콘의 성질에 따라 분류하는 것이 일반적입니다.

강심(强心) 성분의 스테로이드를 비당부문으로 하는 강심배당체로는, 디기탈리스의 디기톡신(digitoxin), 협죽도의 올레안드린(oleandrin), 은방울꽃의 콘발라톡신(convallatoxin)이 대표적이고, 청산(HCN) 성분을 비당부분으로 하는 청산배당체로는 살구의 아미그달린(amygdalin), 은행나무 등이 있습니다. 거품을 내는 사포닌배당체를 가진 산야초로는 때죽나무, 천남성, 여뀌, 멀구슬나무, 팔손이 등이 있습니다. 쓴맛을 내는 쓴맛배당체를 가진 산야초로는 소태나무와 가죽나무를 들 수 있습니다.

마늘, 양파, 겨자 등은 황을 비당부분으로 하는 황화합물이 들어있는 산야초로 자극적인 향과 맛을 냅니다. 냄새와 향이 있으면서 휘발성이 있는, 정유(精油) 성분을 가지고 있는 산야초로는 박하·로즈마리·라벤더·계피·정향·쑥·소엽(차즈기)과 약모밀(어성초)·삼백초와, 창포·석창포와 산초·초피나무와 편백·노간주나무·개비자나무·향나무 등이 있습니다. 그 외에 플라보노이드는 색소 성분으로 대부분의 산야초에 함유되어 있는데, 봉선화, 마디풀, 땅빈대,

금창초, 팥꽃나무, 치자나무, 회화나무, 피라칸다 등이 대표적입니다.

이들 병해충 억제에 효과적인 유기화합물질은 식물의 과와 속, 종에 따라 특이성을 나타내는 경우가 많습니다. 다시 말하면, 어느 종이 병해충 억제에 효과적인 물질을 함유하고 있다면 그와 같은 속에 속한 유사 식물에서도 그런 성분이 들어있을 가능성이 높습니다. 어느 산야초가 병해충 억제 효과를 보인다면 같은 속에 속한 산야초에서도 그와 유사한 효과를 기대할 수 있다는 얘기이지요.

예를 들자면, 석산에는 리코린(lycorine)이라는 대표적인 알칼로이드 성분이 들어 있는데, 리코린은 같은 상사화속(lycoris)에 속하는 상사화와 수선화속의 식물에도 들어 있습니다. 마찬가지로 아코니틴(aconitine)이라는 알칼로이드는 투구꽃 외에도 투구꽃속(aconitum)의 다른 식물, 진범이나 바꽃, 돌쩌귀, 백부자 등에서도 찾아볼 수 있습니다. 이러한 특이성은 식물계의 진화 계통과 밀접한 관계에 있습니다. 따라서 이를 활용하면 여기에 소개한 100종 외에도 주변에서 병해충 억제에 효과적인 산야초를 추가로 찾아낼 수 있습니다.

이들 산야초에 함유된 물질이 병해충에 어떤 식으로 억제작용을 하는지, 이들 산야초를 어떻게 제조해야 천연농약이 더 효과적인지 등의 좀 더 깊은 연구 과제가 남았지만, 아무쪼록 이 책이 그러한 연구의 밑거름이 되었으면 합니다. 또한 열악한 농업환경에도 불구하고 친환경농업에 힘쓰고 계신 농업인들에게 도움이 되기를 희망합니다.

산야초를 천연농약으로 활용하는 방법은 각각의 산야초 소개 말미에 간단히 적어놓았습니다만, 더 구체적인 방법을 알고 싶으신 분은 「초저비용으로 전진하는 자닮 유기농업(조영상 저)」의 '천연농약 만들기' 편을 참조하시기 바랍니다.

끝으로 이 책이 나오기까지 물심양면으로 지원을 아끼지 않은 '자연을닮은사람들'의 조영상 대표와 자닮 가족분들에게 감사를 드립니다.

목 차

[충기피식물 1]

디기탈리스

잎을 말려 강심제, 이뇨제로 쓴다. 맛이 매우 쓰다. 잎에 디기톡신, 기톡신, 기탈록신 등 30여 종류의 강심배당체가 들어 있다. 독성이 강해 과량 또는 장기 투여 시 구역질, 구토, 부정맥, 빈맥, 심실진전 등의 부작용이 나타나고 심하면 심장이 멈출 수 있다.

디기탈리스(Digitalis purpurea L.)는 현삼과의 여러해살이풀로 유럽이 원산지이며 약용 또는 관상용으로 흔히 재배한다. 높이는 1m 전후이고 줄기는 곧게 자라며 가지를 내지 않는다. 전체에 짧고 연한 털이 있다. 잎은 어긋나고 달걀 모양의 타원형으로 줄기 아래 잎은 잎자루가 있으며 양면에 주름이 있고 가장자리에 물결 모양의 톱니가 있다. 꽃은 5~7월에 종 모양으로 핀다. 줄기 끝에

서 차례를 이루어 달리고 밑쪽부터 피어 올라간다. 꽃은 홍자색으로 안에 짙은 반점이 있다. 꽃받침은 5개로 갈라지며 수술은 4개인데 그중 2개가 길다. 열매는 삭과(蒴果)로 원뿔 모양이며 꽃받침이 남아 있다. 잎 모양이 지황과 유사하여 양지황(洋地黃)이라고도 한다. 또 컴프리와도 비슷한데 디기탈리스 잎은 쓴맛이 강하다.

재배 방법

따뜻하고 햇볕이 많이 드는 곳, 물빠짐이 좋은 모래참흙이 재배 적지이다. 음지에서는 생육이 부진하다. 번식은 주로 씨앗으로 한다. 봄 또는 가을에 파종한다. 중부이북에서는 가을에 파종 시 짚을 두껍게 덮어주는 것이 좋다. 가을 파종은 8월 하순~11월 상순, 봄 파종은 3월 하순경이 적기이다. 씨앗이 작기 때문에 모래와 섞어 뿌린 후 흙을 얕게 덮고 짚을 깔아준다. 파종 후 3주일이 지나면 싹이 튼다. 직파의 경우 밀생한 것은 솎아서 포기사이를 20cm로 하고, 옮겨심기의 경우 뿌리 잎의 길이가 손가락 길이정도 자랐을 때 본밭에 옮겨 심는다. 1년째에는 뿌리에서 잎이 모여 나고, 2년째부터 줄기에서 잎이 나온다.

약성 및 활용

생약(生藥)에서 잎을 말려 강심제, 이뇨제로 쓴다. 맛이 매우 쓰다. 잎에 디기톡신(digitoxin), 기톡신(gitoxin), 기탈록신(gitaloxin) 등 30여 종류의 스테로이드계 사포닌인 강심배당체가 들어 있다. 최근에도 gitostin, glucodigiqlucoside등이 분리되고 있다. 심부전(心不全) 치료에 주로 쓰인다. 독성이 강해 과량 또는 장기 투여 시 구역질, 구토, 부정맥, 빈맥, 심실진전 등의 부작용이 나타나고 심하면 심장이 멈출 수 있다. 디기톡신의 추정 치사량은 체중 1kg당 5mg이라고 알려져 있다. 디기탈리스 배당체는 다른 강심약인 스트로판틴, 은방울꽃, 복수초보다 흡수와 분해가 천천히 진행되므로 체내에 축적되기 쉽다. 그래서 옛날에는 잘못된 투여로 사망하는 경우가 많았다. 근래에는 환자의 혈중농도를 측정하여 투여량을 조절하고 이뇨제를 병용하면서 부작용이 많이 줄어들었다.

「약초의 성분과 이용」에서는 디기탈리스에 대해서, "심장과 미주신경의 중추와 말초, 콩팥, 장, 중추신경 계통에 작용하지만 주로 심장혈액순환, 오

줌배설 기능에 영향을 준다. 디기탈리스 강심 배당체는 심장에 선택적으로 작용하여 수축을 강화하고 짧게 하며 확장기를 길게 한다. 또한 심박량과 1분 동안에 내보내는 양을 늘리며 심장의 율동을 느리게 하고 대사과정을 개선하여 심근의 영양에 좋은 영향을 준다. 잎에 들어 있는 동, 망간과 같은 미량원소는 강심 배당체의 생물학적 활성을 크게 높여준다. 잎가루 또는 우림약, 엑스가 깨끗하게 분리한 강심 배당체 제제보다 치료 효과가 좋고 부작용이 적은 것은 미량 원소와 크게 관련된다. 강심 배당체의 생물학적 활성은 미량원소와 함께 있을 때 크게 높아진다. 재배할 때 망간, 동을 주면 강심 배당체의 생합성이 잘되어 함량이 높아질 뿐 아니라 독성이 적고 활성은 세진다.

심장판막 장애, 고혈압과 기타 질병으로 인한 만성적 대상기능부전 2, 3기에 쓴다. 또한 세동성 부정맥으로 인한 심계항진에 효과가 있다. 이 약을 쓰면 부기와 숨가쁨이 없어지고 울체현상이 적어지며 맥박이 정상화되고 피 흐름 속도가 빨라지며 오줌이 많아지고 일반상태가 좋아진다. 그러나 너무 많이 쓰면 심한 느린맥과 숨가쁨이 있을 수 있고 심장 부위에 불쾌감을 느끼게 되며 잠을 잘 자지 못한다."고 적고 있다. 독성이 강한 디기탈리스를 친환경농업에서 천연농약으로 활용할 수 있다. 생즙을 내거나 말려 달이거나 알코올에 우려내어 사용한다.

[충기피식물 2]

석산(꽃무릇)

비늘줄기 형태의 알뿌리를 약재로 사용한다. 거담, 이뇨, 소종, 복수, 최토의 작용이 있으며, 기침, 가래, 임파선염, 각종 종기 등에 사용한다.

석산(Lycoris radiata Herb.)은 수선화과의 여러해살이풀로 중국의 양쯔강 유역이 원산지로 알려져 있으며 우리나리를 비롯해 일본, 동남아 등지에서 널리 관상용으로 재배하고 있다. 잎은 부추모양의 선형으로 가운데 흰색의 줄이 있다. 길이 30~40cm, 너비 1.5cm이며 가을에 꽃이 진 뒤 알뿌리에서 뭉쳐난다. 잎은 겨울을 나고 자라서는 이듬해 5월이 되면 시든다. 비늘줄기 형태의 알뿌리는 넓은 타원 모양이고 지름이 2.5~3.5 cm이며 겉

껍질이 검다. 9~10월에 잎이 없는 상태에서 높이 약 30~50cm의 꽃줄기가 올라와 4~5개의 붉은 꽃을 줄기 끝에 매단다. 꽃잎은 여섯 장으로 거꾸로 세운 바소 모양이며 뒤로 말리고 가장자리에 물결 모양의 주름이 있다. 수술이 여섯이고 암술이 하나인데 모두 붉은 색으로 길게 꽃 밖으로 나온다. 석산을 흔히 꽃무릇이라고 부른다. 재배하는 것은 대부분 염색체가 3배체여서 열매를 맺지 못한다.

재배방법

석산은 반그늘로 다소 축축한 곳에서 잘 자란다. 그러나 환경적응력이 뛰어나 어느 곳에서나 재배가 비교적 쉬운 편이다. 번식은 알뿌리(비늘줄기)로 한다. 꽃이 피는 시기를 피해서, 주로 잎이 진 뒤에 알뿌리 포기를 나누어 심거나 알뿌리를 조각내어 심는다. 흙의 표면이 마르지 않도록 물을 준다. 화분에 재배할 경우 가능하면 큰 화분에 심고, 3년에 한번 정도는 잎이 마른 뒤 알뿌리를 파내서 포기를 분리해주는 것이 좋다. 화분 내에서 뿌리가

엉키면 생육불량이 오기 쉽기 때문이다. 밭이나 화단에서 재배할 경우 수년간 구근을 파낼 필요는 없다. 꽃이 지고 잎이 나올 시기에 잎의 성장이 더디면 질소중심의 거름을 약간 준다. 잎의 성장이 부진하면 다음해 좋은 꽃을 볼 수 없다.

약성 및 활용

비늘줄기 형태의 알뿌리를 약재로 사용한다. 잎이 쓰러질 때 캐어 깨끗이 씻은 다음 잘게 썰어 햇볕에 말리거나 생으로 사용한다. 거담, 이뇨, 소종, 복수, 최토의 작용이 있으며, 기침, 가래, 임파선염, 각종 종기 등에 사용한다. 말린 약재를 한번에 0.5~3g 정도 달여서 복용한다. 종기에는 생뿌리를 짓찧어서 붙이거나 달인 물로 씻는다. 독성이 강하므로 복용 시 소량을 지키고, 절대 생즙을 내어 먹어서는 안 된다. 과다 복용 시 구토, 설사, 호흡부전, 경련, 중추마비 등이 일어나며 심하면 죽음에 이른다. 석산의 독은 물에 잘 녹는다.

때문에 옛날 흉년이 들어 배가 고플 때에는 알뿌리를 찧어서 물로 씻어 독을 제거하고 식용으로 하기도 했었다. 알뿌리에는 전분이 20% 정도 함유되어 있다. 충분히 독을 빼지 않고 음식을 해먹어 사람이 죽는 경우도 많이 있었다. 알뿌리 말린 가루를 풀이나 안료에 섞어 바르면 벌레가 생기지 않고 아주 오래도록 그림이 벌레가 먹거나 변색되는 것을 막을 수 있다고 한다.

주요 독성분은 리코린(lycorine), 타제틴(tazettine), 리코라민(lycoramine), 리코레닌(lycorenine), 호모리코린(homolycorine), 갈라타민(calarthamine) 등의 알칼로이드 성분이다. 리코린의 치사량은 약 10g정도라고 알려져 있다. 알뿌리에 영양분이 가장 많이 함축된 잎이 지는 시기에 독성분도 가장 많다. 토양에 심어두면 두더지나 뱀을 퇴치하는데 도움이 된다고 한다. 친환경농업에서 석산의 알뿌리를 생즙을 내거나 물에 달이거나 알코올에 우려내어 천연농약으로 사용한다. 토양에 두더지를 퇴치하는데 도움이 된다.

[충기피식물 3]

투구꽃 (초오)

땅 속 덩이줄기 모양이 까마귀 머리를 닮았다 하여 초오(草烏)또는 오두(烏頭)라고 하며, 오두의 자근(子根)을 부자(附子)라고 한다. 독성이 강해 옛날 사약의 재료로 많이 이용되었으며, 화살촉이나 창에 묻혀 짐승을 사냥할 때 사용했다고 전해진다.

투구꽃(Aconitum jaluense Kom.)은 미나리아재비과의 여러해살이풀로 산골짜기에 주로 자생하며 높이는 약 1m이다. 놋젓가락나물(A. ciliare)·지리바꽃(A. chiisanense)·진돌쩌귀(A. seoulense)·세잎돌쩌귀(A. triphyllum)·그늘돌쩌귀(A. uchiyamai) 등 같은 투구꽃속(Aconitum)에 여러 유사종이 있다. 덩이줄

기에서 줄기가 나와 비스듬히 자란다. 잎은 어긋나게 달리고 손바닥 모양으로 3~5개로 깊게 갈라진다. 각 갈래조각은 다시 갈라지며 잎자루가 길다.

9월경에 자주색 꽃이 가지 끝에 총상(總狀)꽃차례를 이루며 무리지어 핀다. 작은 꽃줄기와 꽃받침에 잔털이 있다. 꽃잎처럼 생긴 꽃받침조각이 투구 모양으로 암수술을 감싸고 있어 투구꽃이라는 이름이 붙었다. 달팽이 머리 모양의 꽃잎은 2개로 긴 대에 달려 윗부분 꽃받침 속에 들어있다. 수술은 많고 암술은 3~4개이다. 열매는 골돌과로서 3개가 붙어 있고 타원 모양이며 10월에 익는다.

재배방법

투구꽃은 북쪽 경사면의 그늘진 계곡 습지에서 주로 자생한다. 때문에 건조하고 직사광선이 들이치는 곳에서는 생육이 좋지 않다. 여름에 직사광선이 닿지 않도록 하고 흙이 마르지 않도록 주의한다. 화분에 재배할 경우에는 2년

에 한 번씩 덩이줄기를 분리해준다. 번식은 씨앗이나 덩이줄기로 한다. 씨앗의 경우 10월경 종자를 받아 바로 심거나 이듬해 봄에 뿌린다. 덩이줄기의 경우 곁뿌리와 곁뿌리로부터 다시 분화된 자구 등을 이용하는데 상처가 없고 눈이 충실한 것을 골라 심는다. 눈이 위쪽으로 향하도록 해서 심는데 가을에는 동해를 받을 염려가 있으므로 약간 깊이 심는 것이 좋고 봄에 심는 경우에는 3~5cm 정도의 깊이를 유지해준다. 8월 하순에서 9월 상순경 꽃망울이 생기기 시작할 때 꽃을 제거해주면 덩이줄기가 충실해진다. 수확은 9월말에서 10월 중순까지 꽃이 피기 시작할 때나 개화가 완전히 끝났을 때 등 두 시기 모두 가능하다. 캔 포기는 줄기를 바짝 자르고 원뿌리와 곁뿌리를 분리해서 잔뿌리를 제거하고 물에 씻어 햇볕에 말린다.

약성 및 활용

투구꽃 및 동속의 식물들은 땅 속에 덩이줄기를 하고 있는데 그 모양이 까마귀 머리를 닮았다 하여 초오(草烏)또는 오두(烏頭)라고 하며, 오두의 자근(子根)을 부자(附子)라고 한다. 독성이 강해 옛날 사약의 재료로 많이 이용되었으며, 가을에 즙을 낸 것을 햇볕에 말려 화살촉이나 창에 묻혀 짐승을 사냥할 때 사용했다고 전해진다.

초오는 혀를 마비시킬 정도로 몹시 맵고 쓰며 성질은 뜨겁고 독이 많다[辛苦熱大毒]. 한방에서는 소금물에 반복해서 우려내거나 증기로 쪄서 독성을 완화하여

약재로 쓴다. 풍습증으로 인한 마비증상이나 인사불성, 류머티즘성관절염, 신경통, 요통, 파상풍 등을 치료하며 배가 차가워서 생기는 복통 등에 응용한다. 약리작용으로 진통, 진정, 항염, 국부마비완화 작용이 있다.

주요 독성분은 아코니틴(Aconitine), 메사코니틴(Mesaconitine), 히파코니틴(Hypaconitine) 등의 알칼로이드로서 매우 강한 심장 및 신경독성물질이다. 덩이줄기뿐만 아니라 식물전체에 함유되어 있다. 초오의 맹독성 알칼로이드는 어미 덩이줄기에서 새끼뿌리가 6~7월에 생겨 가을까지 커나가는 과정에서 함량이 많아진다.

초오는 조금씩 먹으면 기운이 세어지고 뱃속이 더워지며 위와 장, 간, 신장이 튼튼해지지만 많이 먹으면 중독되어 목숨을 잃을 수도 있다. 처음에는 맥박이 줄어들고 혈압이 내려가며 토하다가 먹은 지 1~2시간에 후에는 마비가 온다. 마비는 처음 입 안과 손발에 오고 차츰 심장과 연수에 미쳐 호흡이 떨어지고 혼수에 이른다. 치사량은 아코니틴의 경우 3~4mg정도이다. 본 식물 추정 최소 치사량은 1g로 되어 있다. 즉, 투구꽃의 뿌리 단 1g을 먹어도 죽을 수 있다. 초오에 중독되었을 때는 검정콩과 감초를 진하게 달여서 먹거나 잔대 뿌리 또는 청미래덩굴 뿌리를 달여서 먹거나 검정콩이나 감초를 구하기 어려우면 흑설탕을 진하게 끓여서 마시는 방법이 있다.투구꽃 및 동속식물의 이런 강한 독성을 활용하여 친환경농업에서 덩이줄기나 식물전체를 생즙을 내거나 물에 달이거나 알코올에 우려내어 천연농약으로 이용한다.

[충기피식물 4]

협죽도(유도화)

주로 가로수나 정원수로 많이 활용되는데 독성으로 인하여 '죽음의 울타리'라고 불리기도 했었다. 식물 전체에 독성이 있으나 한방에서는 가지, 잎, 꽃을 강심제 이뇨제로 활용한다.

협죽도(Nerium oleander L.)는 협죽도과의 늘푸른 떨기나무로 인도와 페르시아 지방이 원산지이다. 제주도를 비롯한 남부 지역에서 가로수 및 정원수 등으로 심고 있다. 잎이 버드나무 모양이고 꽃이 복숭아꽃과 비슷하여 유도화(柳桃花)라고도 부른다. 높이 약 3m까지 자란다. 밑에서 줄기가

포기를 이루어 큰다. 수피는 검은 갈색이다. 잎은 3개씩 돌려난다. 가는 피침형으로 두껍고 양면에 털이 없다. 가장가리는 밋밋하다. 꽃은 7~8월에 피지만 가을까지 계속된다. 품종에 따라 홍색·백색·자홍색 및 황백색이 있고 겹꽃도 있다. 대체로 꽃은 지름 3~4cm로서 윗부분이 5개로 갈라진다. 갈래조각은 꼬인 형태로 일부가 겹쳐진다. 수술은 5개이다. 열매는 골돌로 여러 개의 씨방으로 이루어져 있다. 길이 10cm로 익으면 세로로 벌어진다. 종자에는 연갈색 털이 빽빽하다.

재배방법과 생리

협죽도는 햇볕이 많이 드는 양지에서 잘 자란다. 공해와 염분에도 강하다. 생장속도가 빠르다. 다만 추위에 약해 기후가 따뜻한 남부지역에서만 실외에서 월동이 가능하다. 중부지방에서는 하우스나 실내에서 길러야 한다. 번식은 주로 꺾꽂이로 한다. 꺾꽂이의 경우 새싹이 트기 전인 봄에 지난해 자란 가지를 10~15cm 길이로 잘라 심거나 7~8월경에 꽃피지 않은 가지를 잘라 심는다. 심기 전 자른 가지를 물에 꽂아 놓으면 발근율이 높아진다. 이식의 경우 포기가 커지므로 면적을 넓게 잡아 심는 것이 좋다. 너무 크게 자랄 때는 줄기를 뿌리 쪽에서부터 짧게 잘라 새로 줄기를 낸다.

약성 및 활용

협죽도의 꽃은 고대 그리스와 이탈리아에서 장례식에 이용되었으며 인도에서는 부처님 앞에 올리거나 혹은 죽은 사람의 얼굴을 가리는 꽃으로 이용되기도 했다. 주로 가로수나 정원수로 많이 활용되는데 독성으로 인하여 '죽음의 울타리'라고 불리기도 했었다. 식물 전체에 독성이 있으나 한방에서는 가지, 잎, 꽃을 강심제 이뇨제로 활용한다.

「중약대사전」에 의하면, "맛은 쓰고 성질은 차며 독이 있다. 강심작용을 하며 이뇨한다. 담을 삭이고 천식을 멎게 하며 진통하고 어혈을 제거하는 효능이 있다. 심부전, 천식해수, 전간, 타박상으로 인한 부종 및 동통, 폐경을 치료한다."고 한다. 줄기를 잘라보면 하얀 액이 나오는데 피부의 상처에 직접 닿아 흡수되면 위험하다. 야외에서 나무젓가락이나 음식 꽂이용으로 이용하였다가 사망하는 경우가 종종 있을 정도로 독성이 강하다. 신선한 나무껍질이 잎보다 독성이 강하고, 마른 후에는 독성이 약해진다. 잎의 독성분은 개화기에 제일 많고 묵은 것이 어린잎보다 많다.

주요 독성분은 올레안드린(oleandrin)이다. 이것은 oleandrigenin과 oleanedrose로 이루어진 강심배당체이다. 그 외에 네리안틴(neriantin), 아

디네린(adynerin), 디기톡시게닌(digitoxigenin), 기톡시게닌(gitoxigenin), 우자라게닌(uzarigenin) 등이 들어 있다. 주요 중독증상으로는 설사, 구토, 현기증, 복통, 식은 땀 등이다. 심할 경우 맥박이 어지러워지고 결국에는 심장마비를 일으켜 죽음에 이르게 된다. 동물에 대한 치사량은 체중 1kg당 0.30mg이라고 알려져 있고 이는 무게 60kg을 기준했을 때 18mg이 된다. 협죽도의 이런 강력한 독성을 친환경농업에서 천연농약으로 이용하고 있다. 생즙을 내거나 물에 달이거나 알코올에 우려내어 사용한다. 태워도 독성이 나오므로 하우스 안에서 훈증제로 이용해도 된다.

[충기피식물 5]

천남성

입에 대면 감각이 술에 취한 것과 같이 되고 졸림, 구토, 혈압저하 등 중독 증상을 일으킨다. 뒤이어 호흡과 심장의 마비가 발생한다.

천남성(Arisaema amurense f. serratum)은 우리나라 각처 산지의 나무 밑이나 음습한 곳에서 자라는 여러해살이풀이다. 높이 15~50cm까지 자란다. 덩이줄기는 편평한 공 모양이다. 주위에 작은 덩이줄기가 2~3개 달리고 윗부분에서 수염뿌리가 사방으로 퍼진다. 줄기는 원기둥 모양으로 겉은 녹색이지만 때로는 자주색 반점이 있다. 잎은 5~11개의 작은 잎으로 갈라진다. 달

걀 모양의 바소꼴로 대개 가장자리에 톱니가 있다. 꽃은 5~7월에 피고 단성화로 암수딴그루이다. 깔때기 모양의 포는 녹색이고 윗부분이 활처럼 앞으로 구부러진다. 꽃대 상부가 곤봉 모양이나 회초리 모양으로 발달하는 것도 있다. 열매는 장과(漿果)로 옥수수처럼 달리고 10월에 붉은색으로 익는다. 우리나라에는 천남성 외에도 점박이천남성, 두루미천남성, 큰천남성, 무늬천남성 등의 유사종이 여럿 있다.

재배 방법

유기질이 풍부하고 보습성이 좋은 토양과 반그늘 또는 그늘진 환경 조건에서 잘 자란다. 뿌리는 봄철에만 생장하는데 그 기간에 거름을 충분히 주는 것이 좋다. 건조해지면 잎이 누렇게 변하고 미끈미끈해지면서 떨어진다. 번식은 뿌리에 해당하는 덩이줄기나 씨앗으로 한다. 덩이줄기의 경우 비옥한 환경이라면 어미뿌리 주위에 아들뿌리가 많이 생긴다. 이들 어린 덩이줄기

를 이식하기 좋은 9~10월쯤 분리하여 심는다. 씨앗으로도 번식이 잘된다. 가을에 잘 익은 것을 채취하여 직파하거나 건조하지 않도록 노천매장하였다가 이듬해 봄에 파종을 하면 발아가 잘된다.

약성 및 활용

관상용으로 재배하거나 독성을 법제하여 진통, 거담, 항경련 등의 목적으로 약용한다. 가을에 덩이줄기를 캐서 잔뿌리를 다듬어 버리고 물에 씻어 껍질을 벗긴 다음 쪼개어 햇볕에 말린다.

「동의학사전」에 따르면, "맛은 쓰고 매우며 성질은 따뜻하다. 폐경, 비경, 간경에 작용한다. 습을 없애고 담을 삭이며 경련을 멈추고 어혈을 없앤다. 중풍으로 말을 못하고 입과 눈이 비뚤어지며 반신불수, 전간, 소아경풍, 파상풍, 풍담으로 어지러운 데, 관절통, 가래가 나오면서 기침하는 데, 부스럼, 연주창, 타박상으로 어혈진 데 등에 쓴다. 급성 및 만성 기관지염에도 쓴다. 독성이 강하므로 내복약으로 쓸 때에는 반드시 법제하여 쓴다. 즉 생강즙이나 백반물과 함께 삶아 속까지 익혀서 말린다. 하루 3~6g(법제한 것)을 탕약, 산제, 환약 형태로 먹는다. 외용약으로 쓸 때에는 생것을 짓

찧어 붙이거나 가루내서 기초제에 개어 붙인다."고 한다.

천남성속(Arisaema)의 식물 덩이줄기에는 트리테르페노이드계 사포닌(triterpenoidal saponin), 안식향산(benzoic acid), 녹말(starch), 아미노산(amino acid)등이 함유되어 있다. 또한 열매에 코니인(coniine)과 같은 맹독성의 알카로이드 성분이 들어 있다. 식물 전체에 독이 있으나 그중에서도 뿌리인 덩이줄기에 강한 독성을 가지고 있다. 입에 대면 감각이 술에 취한 것과 같이 되고 졸림, 구토, 혈압저하 등 중독 증상을 일으킨다. 뒤이어 호흡과 심장의 마비가 발생한다. 천남성의 이런 독성을 친환경농업에서 천연농약으로 이용한다. 덩이줄기를 포함한 식물 전체를 생즙을 내거나 물에 달이거나 알코올에 우려내어 사용한다.

[충기피식물 6]

미국자리공

뿌리를 생즙내어 독성으로 물고기를 잡거나 잎을 충분히 우려내어 나물로 하거나 뿌리를 달인 물로 식혜를 만들기도 한다.

미국자리공(Phytolacca americana L.)은 북아메리카가 원산지인 자리공과의 다년생 식물이다. 1950년경 우리나라에 들어온 것으로 추정되는 귀화식물로 지금은 우리나라 도처에서 자라고 있다. 높이는 1~1.5m이다. 줄기는 윗부분에서 가지가 갈라지고 붉은빛이 강한 자주색이다. 잎은 어긋나고 길이 10~30cm의 긴 타원 모양이다. 꽃은 6~9월에 붉은빛이 도는 흰색으로 총상꽃차례를 이루며 달린다. 수술과 암술대는 각각 10개씩이다. 열매는 장과

이고 지름이 3mm이며 붉은빛이 강한 자주색으로 익는다. 꽃받침이 남아 있고 10개의 검은색 종자가 들어 있다. 산성 토양에서 잘 자라는 미국자리공은 열매와 뿌리 또한 산성을 띠고 있어 토양을 더 산성화시키고 왕성한 번식력으로 우리 생태계를 위협하고 있다.

재배 방법

아스팔트의 조그만 틈에서도 자라는 것에서 알 수 있듯이 아주 강한 식물이기 때문에 어디서든 키우는 게 가능하다. 건조에도 매우 강하다. 햇볕이 잘 드는 곳에서 생육이 더욱 왕성하다. 도처에서 자라기 때문에 쉽게 구할 수 있다. 재배하고자 하면 야생의 것을 이식하거나 꺾꽂이, 씨앗으로 한다.

이식할 경우 봄에 새싹이 나온 지 얼마 안 된 것이 좋다. 봄에는 뿌리가 깊지 않을 뿐만 아니라 성장기라서 뿌리가 조금만 붙어 있어도 이식하면 쉽게 뿌리를 내린다. 씨앗의 경우 가을에 잘 익은 씨앗을 채집해 심는다. 2~3년

후에는 뿌리가 크게 성장한다. 꺾꽂이로도 간단하게 뿌리를 내리므로 봄에서 여름에 걸쳐 10cm 정도의 가지를 삽목해도 된다.

약성 및 활용

뿌리를 생즙내어 독성으로 물고기를 잡거나 잎을 충분히 우려내어 나물로 하거나 뿌리를 달인 물로 식혜를 만들기도 한다. 한방에서는 자리공을 상륙(商陸)이라 하여 오줌내기약으로 콩팥염, 문정맥성 간경변으로 인한 부기, 물고임에 쓴다. 그 외에 뿌리를 물에 달인 것을 구토약, 살충제, 설사약으로도 쓴다.

「중약대사전」에서는, "깨끗이 씻어 물에 담가 충분히 수분이 스며든 다음 썰어서 햇볕에 말린다. 맛은 쓰며 성질은 차고 독이 있다. 비·대장·소장 3경에 들어간다. 대소변을 통하게 하고 사수(瀉水)하여 수종, 창만(복수, 복막염 등), 각기, 인후 동통, 옹종, 악성창을 치료한다." 적고 있다.

과거에는 서양에서도 자리공을 구토제나 류머티스 약으로 사용하기도 했으나 약효 보다는 강한 독성 때문에 현재에는 거의 사용하지 않고 있다. 그러므로 일반인은 사용에 주의할 필요가 있다. 풀 전체에 독이 있으나, 특히 뿌리와 잘 익은 열매에 많이 포함되어 있다. 피톨락신(phytolaccine), 다량의 질산 칼륨, 사포닌(saphonin)을 함유한다.

주요 중독 증상으로는 두드러기, 구토, 설사 등이다. 심할 경우 맥박이 약해지고 혈압이 이상적으로 낮아져 심장마비에 이를 수도 있다. 그러나 투구꽃과 같은 맹독성에는 미치지 못한다. 때문에 병이나 체력이 현저하게 떨어져 있는 어린아이나 노인의 경우라면 몰라도 어른이라면 대량으로 먹지 않는 이상 죽음에 이르지는 않는다. 자리공의 독성을 친환경농업에서 천연농약으로 이용한다. 식물 전체를 생즙을 내거나 물에 달이거나 알코올에 우려내어 사용한다.

[충기피식물 7]

피마자(아주까리)

씨앗으로부터 주로 피마자유를 얻는다. 씨앗에 들어 있는 리신(ricin)은 자연 발생적 생물물질로는 독성이 가장 강한 것 중의 하나이다.

아주까리로 흔히 알려진 피마자(Ricinus communis)는 인도, 소아시아, 북아프리카 등지가 원산지로 전 세계의 온대 지방에서 널리 재배되는 대극과의 식물이다. 원산지에서는 나무처럼 높고 단단하게 자란다. 그러나 우리나라에서는 겨울에 얼어 죽기 때문에 한해살이식물에 해당한다. 다 자라면 높이 2m 이상이며 가지는 나무처럼 갈라진다. 손바닥 모양으로 생긴 잎은 어긋나게 붙고 잎자루가 길며 5~11개로 갈라진다. 가장자리에 날카로운 톱니가 있고 끝이 뾰족하다. 8~9월에 줄기 끝에 길이 20cm 정도의 꽃대가 나와 암꽃과 수꽃이 총상꽃차례로 달린다. 수꽃은 밑에 달리고 수술대가

잘게 갈라지며 노란 꽃밥이 붙어 있다. 윗부분에 달리는 암꽃은 꽃잎이 붉고 5갈래로 갈라진다. 수정이 이루어지면 부드러운 가시에 덮인 길이 약 2cm의 둥근 열매가 달린다. 열매는 익으면 3갈래로 갈라지고 각각에 하나씩의 씨앗이 들어 있다. 씨앗은 타원형으로 밋밋하며 암갈색의 무늬가 있다.

재배 방법

우리나라 전역에서 재배가 가능하다. 파종 시기는 4월 중순에서 하순에 걸쳐 하는 것이 좋다. 발아의 적정온도는 25~35℃ 정도가 적합하다. 2m 이상 자라는 대형 식물이지만 소형으로 키우고 싶을 경우에는 파종 시기를 늦추면 된다. 씨앗은 하룻밤 물에 담갔다가 파종거리 60cm 정도로 하고 서너개씩을 넣어줘, 싹이 나면 상태가 좋은 것 하나를 두고 나머지는 뽑아낸다. 햇볕이 많이 드는 곳에 심고 건조하지 않도록 한다.

약성 및 활용

씨앗으로부터 주로 피마자유를 얻는다. 씨앗에는 지방유가 40~50% 함유되어 있으며, 지방유를 짜낸 찌꺼기에는 리신(ricin), 리시닌(ricinine), 리파아제(lipase) 등이 들어있다. 지방유는 89%가 리시놀레산(ricinoleic acid)이고 그 외에 팔미트산(palmitic acid), 스테라르산 (stearic acid), 리놀산(linoleic acid) 등이 들어있다. 지방유는 십이지장내에서 지방을 분해시켜 설사를 일으키는 주성분이다.

「동의학 사전」에서는 피마자에 대해서, "가을에 씨가 여문 다음 열매를 따서 껍질을 벗겨 버리고 햇볕에 말린다. 맛은 달고 매우며 성질은 평하고 독이 있다. 간경, 비경에 작용한다. 부종을 내리고 고름을 빼내며 해독한다. 씨껍질을 벗기고 갈아서 꿀에 개어 부스럼, 연주창 등에 붙인다. 피마자기름(가열처리한 것)은 설사약으로 한 번에 15~30ml 씩 먹는다. 피마자잎은 각기, 음낭이 붓고 아픈 데, 가래가 있어 기침하는 데 쓰며 뿌리는 파상풍, 전간, 연주창, 풍습으로 아픈 데 등에 쓴다."고 적고 있다. 중풍으로 인한 안면마비, 반신불수 등에도 활용되고 있으나 비위가 허약한 사람, 대장이 약한 사람이나 설사 환자, 임산부 등은 사용을 해서는 안 된다. 씨앗에 들어 있는 리신(ricin)은 자연 발생적 생물물질로는 독성이 가장 강한 것 중의 하나이다. 탄저균이나 파상풍균 등과 함께 주요 생화학무기의 하나로 다루어지고 있고 세계 1~2차 대전 중에 사용된 역사가 있다. 1978년에는 불가리아 반체제인사가 런던에서 버스를 기다리다 리신이 묻은 우산 끝에 찔려 살해된 바 있다.

사람이 리신을 상당량 흡입하거나 리신이 혈액 속에 침투되면 위·폐출혈을 일으켜 72시간 안에 사망할 수 있다. 리신의 성인 치사량은 0.16g으로 알려져 있다. 피마자 잎과 씨앗 등 풀 전체에 분포하나 특히 씨앗에 많이 함유되어 있다. 리신과 리시닌 등은 독성이 매우 강하지만 열에는 약한 성질을 가지고 있어 어린잎을 끓는 물에 데쳐 나물로 해먹기도 한다. 피마자의 독성을 친환경농업에서 천연살충제로 활용할 수 있다. 잎이나 덜 익은 열매를 생즙을 내거나 물이나 알코올에 우려내어 사용한다. 기름을 짜고 남은 찌꺼기를 물에 우려내어 사용해도 된다.

[충기피식물 8]

담배

니코틴은 맹독성의 유독성분으로 과다흡입 시 신경계를 자극하여 흥분, 마비, 경련 등을 유발하며 심하면 사망에까지 이를 수 있다. 반면 흡연에 의한 소량의 니코틴은 신경을 자극하여 상쾌감을 주고 어느 정도 피로 회복의 효과를 나타낸다.

담배(Nicotiana tabacum)는 아열대 지방이 원산지인 가지과의 한해살이풀로 생육기간이 짧고 기후에 순응하는 성질이 강하여 온대 북부 지방까지도 널리 재배되고 있다. 우리나라에는 17세기 초 광해군 때에 도입된 것으로 보인다. 줄기는 곧게 서고 높이 1.5～2m까지 자란다. 잎은 어긋나고 길이 50cm 정도에 끝이 뾰족한 타원 모양이고 가장자리가 밋밋하다. 잎자루는 짧고 날개가 있으며 밑으로 흐른다. 꽃은 7～8월에 피고 줄기 끝에 큰 원추꽃차례를 이루며 달린다. 화관은 깔때기 모양이다. 윗부분이 5개로 갈라지며 연한 붉은 색이다. 수술은 5개이고 밖으로 나오지 않거나 약간 나온다. 열매는 삭과이고 달걀 모양이며 꽃받침으로 싸여 있다. 열매 개당 2~3천개의 많은 종자가 들어 있다. 종자는 짙은 갈색이고 타원형으로 아주 작고 가볍다.

재배 방법

담배는 싹이 트고 어린싹이 자라려면 25～28℃의 온도를 유지해야 하므로 온상에 파종하고 육묘한다. 보통 이식 전 60일을 기준으로 3월 상순경에 파종한다. 파종 후에 질이 좋고 고운 흙으로 얇게 덮어준다. 파종 후 묘의 잎이 4～5장이 되면 비닐포트로 옮겨 심어 잎이 9～10장 될 때까지 육묘한 후 밭에 심는다. 줄기가 자라면 순자르기를 한다. 일반 작물과는 달리 열매가 아닌 잎을 수확하는 식물이기 때문에 열매를 맺기 위해 꽃에 영양분이 몰리는 성질을 막기 위해서이다. 잎은 보통 한 줄기에 20장 정도가 붙는데 잎이 퇴색하기 시작하면 수확하여 건조시킨다. 건조 과정에서 잎 색이 녹색에서 황색, 갈색으로 점차 변한다. 그에 따라 물에 녹기 어려운 고분자 화합물이 물에 녹기 쉬운 저분자 화합물로 분해된다.

약성 및 활용

담배가 우리나라에 도입된 초기에는 의약품 대용으로 사용되기도 하였다. 곤충에 물렸을 때나 기생충으로 인한 복통이나 치통, 상처부위의 지혈이나 화농방지제 등으로 이용되었다. 특히 담배가 담을 제거하는 데 효력이 있다 하여 담파괴(痰破塊)라 하였다가 그 후 '담비'를 거쳐 오늘날의 담배로 불리어지게 되었다.

담배에는 약 10종의 알칼로이드(alkaloid)가 함유되어 있다. 니코틴(nicotine)이 95%로서 대부분을 차지하고 있으며, 그 외에 노르니코틴(nornicontine)과 극미량의 아나바신(anabasine)이 함유되어 있다. 니코틴은 뿌리의

선단 분열조직에서 생성되어 물관을 통해 위로 이동하며, 상위엽으로 갈수록 니코틴 함량이 많아진다. 순자르기를 해주면 세근이 발달되어 니코틴의 합성이 증가된다.

니코틴은 맹독성의 유독성분으로 과다흡입 시 신경계를 자극하여 흥분, 마비, 경련 등을 유발하며 심하면 사망에까지 이를 수 있다. 니코틴의 치사량은 30~100mg이라고 알려져 있다. 현재 국내에서 시판되는 담배의 니코틴 함량은 많은 것이 1mg 정도이다. 흡연에 의한 소량의 니코틴은 신경을 자극하여 상쾌감을 주고 어느 정도 피로 회복의 효과를 나타낸다. 신경질적인 기분을 진정시키면서 한편으로는 멍한 상태의 두뇌를 각성하는 작용도 있다. 니코틴의 독성을 활용해 친환경농업에서 담배를 천연살충제나 훈증제로 이용한다. 재배한 담뱃잎이 있다면 잎을, 잎이 없으면 담배꽁초를 물에 달이거나 알코올에 우려내어 사용한다.

[충기피식물 9]

옻나무

옻나무 줄기에 상처를 내면 유백색의 독성을 가진 수액이 배출된다. 이 수액은 곤충이나 동물의 공격으로부터 스스로를 보호하며 상처 부위를 아물게 하는 기능을 가지고 있다. 이것을 채취한 것을 생옻이라 하며 건조시켜 굳은 것을 마른옻이라고 한다.

옻나무(Rhus verniciflua Stokes)는 옻나무과의 낙엽이 지는 큰키나무로 다 자라면 10~20m에 이른다. 중국이 원산지로 주로 민가에서 재배하며 일부 야생화한 것이 있다. 잎은 어긋나고 9~11개의 작은 잎으로 된 깃꼴겹잎이다. 작은 잎은 달걀 모양 또는 타원형으로 끝이 뾰족하고 가장자리는 밋밋하다. 5월에 황록색 꽃이 원추형 꽃차례로 핀다. 9~10월이 되면 팥알 크기의 연노랑색 둥글납작한 열매가 성글게 달린다.

우리나라에는 칠과 약재로 쓰기 위해 오래 전부터 재배한 (참)옻나무를 비롯해 산에서 흔하게 만나는 개옻나무와 붉나무, 산검양옻나무, 검양옻나무 등이 자생한다. 그중에서 옻나무의 독성이 제일 강하다. 붉나무는 잎자루에 날개가 있고 잎에 톱니가 있다. 개옻나무는 작은잎의 개수가 보통 13장 이상으로 옻나무에 비해 많고 어린가지도 좀 더 붉은색을 띤다. 옻나무와 달리 열매에 강한 털이 있다. 재배지가 아닌 보통 야산에서 만나는 것은 대부분 개옻나무라고 보면 된다.

재배 방법

옻나무는 우리나라 전역에서 재배가 가능하나 겨울철 바람이 심하지 않고, 햇볕이 잘 드는 곳으로 산기슭이나 다소 비탈진 밭이 좋다. 번식은 종자나 뿌리삽목을 통해 한다. 종자번식의 경우 10월 하순경 옻액 생산이 많은 나무에서 채종한다. 종자가 매우 견고해 발아가 잘 되지 않기 때문에 과피를 제거하고 황산 및 저온처리를 통해 발아를 촉진시킨다. 재배하고자 하는 면적이 크지 않을 경우 묘목을 구입해서 심는 것이 수월하다.

나무가 크면 줄기가 2m 높이까지 곧게 유지되도록 가지치기를 해준다. 묘목 식재 후 6년 정도 경과해 나무 굵기가 10여cm 정도 되면 옻을 채취한다. 줄기에 상처를 내어 채취하는 방법과 나무를 베어내고 채취하는 방법이 있는데 후자가 많이 이용된다. 보통 6월 중순부터 옻채취가 가능하나 장마가 끝난 7월 10일에서 9월 10일까지 60일간이 적기로 가장 양질의 옻을 얻을 수 있다. 하루 중에서는 맑은 날 한낮에 채취하는 것이 좋다.

약성 및 활용

옻나무 줄기에 상처를 내면 유백색의 독성을 가진 수액이 배출된다. 이 수액은 곤충이나 동물의 공격으로부터 스스로를 보호하며 상처부위를 아물게 하는 기능을 가지고 있다. 이것을 채취한 것을 생옻(생칠:生漆)이라 하며 건조시켜 굳은 것을 마른옻(건칠:乾漆)이라고 한다.

생옻의 주성분은 우루시올(urushiol:66～72%)이며 그 밖에 고무질(4～8%), 함질소물질(2～3%), 수분(11～16%) 등이 함유되어 있다. 우루시올은 페놀혼합물로 점성이 있는 무색 액체이나 공기 중에서는 검게 산화되어 응고한다. 옻은 경도(硬度)가 높고 아름다운 광택을 가지며 오래 저장하여도 변하지 않고 산이나 알칼리 또는 70℃ 이상의 열에 대해서도 변하지 않는다. 이러한 특성을 이용해 주로 고급전통 칠이나 특수분야의 도료로 이용되고 있다. 또한 옻닭 등의 식용이나 약으로 이용한다.

마른옻에 대해 「동의보감」에는, "성질은 따뜻하고(溫) 맛은 매우며(辛) 독이 있다. 어혈을 삭히며, 산가증(산후통)을 낫게 한다. 소장(小腸)을 잘 통하게 하고 회충을 없애며, 뜬뜬한 적(積)을 헤치고 혈훈을 낫게 하며 3충을 죽인다. 전신노채(전염성 결핵)에도 쓴다." 고 기록되어 있다.

인산죽염의 창시자 인산 김일훈은, "옻은 위장에서는 위를 따뜻하게 하고 염증을 없애며 소화를 잘 되게 하여 모든 위장병을 치료하고, 간에서는 어혈(瘀血)을 풀고 염증(炎症)을 다스리며, 심장에서는 청혈제(淸血劑)가 되어 온갖 심장병을 다스리고, 폐에서는 살충제(殺蟲劑)가 되어 결핵균을 없애며, 콩팥에서는 이수약(利水藥)이 되어 온갖 신장질병을 다스린다. 옻은 오장육부의 여러 병을 다스릴 뿐 아니라, 신경통·관절염·피부병 같은 데에도 훌륭한 약이 된다."고 했다. 옻의 살충, 살균 효과를 활용하여 친환경농업에서 천연농약으로 이용한다. 물에 달이거나 알코올에 우려내어 사용한다. 시설하우스 내에서는 태워 훈증을 하는 것도 방법이다.

[충기피식물 10]

주목(朱木)

종자를 둘러싸고 있는 과육은 빛깔이 탐스럽고 달콤한 맛이 있어 사람들이 이따금 먹는다. 그 자체로 큰 문제는 없지만 그 안에 들어 있는 종자를 같이 먹을 경우 중독 사고가 일어날 수 있다.

주목(Taxus cuspidata Siebold & Zucc.)은 고산지대에서 자라는 주목과의 늘푸른 큰키나무로 다 자라면 높이 20m, 지름 2m에 달한다. 한국, 일본, 중국 동북부, 시베리아 등지에 분포한다. 큰가지와 원줄기는 붉은갈색이며 껍질이 얇게 대팻밥 모양으로 벗겨진다. 침 모양의 잎은 나선상 또는 깃처럼 2줄로 달린다. 길이 1.5~2.5cm, 너비는 2~3mm로 표면은 짙은 녹색이고, 뒷면

에 기공조선(氣孔條線:잎이 숨 쉬는 부분)인 황록색 줄이 있다. 꽃은 4월에 핀다. 잎겨드랑이에 암꽃 수꽃이 따로 달린다. 수꽃은 갈색으로 6개의 비늘조각으로 싸여 있고 8~10개의 수술과 8개의 꽃밥이 있다. 암꽃은 녹색으로 달걀 모양이며 1~2개씩 달리며 10개의 비늘조각으로 싸여 있다. 9~10월이 되면 붉은 과육에 둘러싸인 종자가 달리는데, 종자의 일부분이 바깥으로 노출되어 있다. 잎이 주목에 비해 좀 더 넓고 회색이 도는 것은 회솔나무, 원줄기가 곧게 서지 않고 밑에서 여러 개로 갈라지는 것은 눈주목이라고 한다.

재배 방법

소백산, 덕유산, 태백산 등 고산 지대에 주로 서식하지만 관상용으로 개발되어 공원이나 아파트, 개인 정원 등에 많이 심겨지고 있다. 성장이 느린데 비해 맹아력이 좋아 가지치기와 전정을 통해 울타리로 하거나 삼각형 또는 원뿔 등 다양한 형태로 디자인할 수 있다. 번식은 종자나 꺾꽂이로 한다. 9~10월경에 종자를 채집해 겉의 과육을 벗겨내고 바로 파종하거나, 모래처

리를 하였다가 다음해 봄에 파종한다. 꺾꽂이는 4월 중순에서 5월 초순 사이에 2~3년생 가지를 10~15㎝ 길이로 잘라서 심는다.

약성 및 활용

민간에서는 주목을 통경, 이뇨약, 당뇨병 등에 사용한다. 유럽에서는 종자를 설사 및 기침약으로 쓰고, 잎은 구충제로 사용했다고 한다. 1967년에 주목에서 추출한 택솔(taxol)이란 성분이 난소암과 각종 종양, 백혈병을 억제하는 효능이 있는 항암제로 알려지고, 이를 대량으로 배양하여 생산할 수 있는 기술이 우리나라에서 개발되어 주목받고 있다.

그러나 주목에는 알칼로이드계의 택신(taxine)이란 강한 독성분이 있다. 영어의 독소(toxin)도 taxine에서 유래되었다고 한다. 주로 종자와 잎에 함유되어 있다. 치사량은 체중 50kg인 사람의 경우 약 0.25g이라고 알려져 있다. 섹스피어의 유명한 희곡 '햄릿'에 보면, 선잠이든 왕의 귀에 동생이 작은 병의 독약을 부어 넣어 죽이는 장면이 나오는데, 이때 사용된 독이 유럽 주목의 씨에서 얻은 것이라고 한다.

「약초의 성분과 이용」에서는, "주목에 들어있는 택신(taxine) 성분이 혈압을 내리고 심장의 운동을 느리게 하며 많은 양에서 확장기 정지를 일으킨다. 숨쉬기에는 영향을 주지 않으나 심장기능이 약

할 때에는 영향을 준다. 많은 양에서 택신에 의한 중독사의 원인은 심장 정지이다. 그리고 위장염을 일으킨다. 그러나 적은 양에서 택신은 강심작용이 있다. 응용은 나무 줄기 또는 껍질을 민간에서는 기침약, 신경통 치료약으로 쓴다."고 적고 있다.

종자를 둘러싸고 있는 과육은 빛깔이 탐스럽고 달콤한 맛이 있어 사람들이 이따금 먹는다. 그 자체로 큰 문제는 없지만 그 안에 들어 있는 종자를 같이 먹을 경우 중독 사고가 일어날 수 있다. 실제로 미국에서는 식물에 의한 중독 사고 상위에 항상 주목이 들어 있다고 한다. 주목의 독성을 친환경농업에서 천연농약으로 이용할 수 있다. 식물 전체를 생즙을 내거나 물에 달이거나 알코올에 우려내어 사용한다.

[충기피식물 11]

은행나무

은행은 조금씩 장기 복용하거나 증세에 따라 약으로서 적당량을 먹으면 인체에 유익하지만 독이 있어 날로 먹거나 한꺼번에 많이 먹는 것은 좋지 않다.

약 2억5천만 년 전 중생대에 가장 번성한 것으로 알려진 은행나무(Ginkgo biloba L.)는 다 자라면 높이 40~60m에 이른다. 줄기는 곧게 자라고 나무껍질은 회색이다. 잎은 부채꼴이며 위 중간에서 2개로 얕게 갈라진다. 잎맥은 나란하다. 암수딴그루로 봄에 암꽃과 수꽃이 따로 핀다. 수꽃은 작은

오디 모양의 꽃차례로 달린다. 연한 황록색이며 꽃잎이 없고 2~6개의 수술이 있다. 암꽃은 자루 끝에 곤봉 모양의 2개의 밑씨가 자라 그 중 1개가 종자로 발육한다. 열매는 둥글고 10월에 노란색으로 익는다. 구린내가 많이 나고 피부에 닿으면 염증을 일으킨다. 은행(銀杏) 또는 백자(白子)로 불리는 종자는 달걀 모양의 원형이며 2~3개의 능(稜)이 있고 흰색을 띤다. 일반적으로 수나무는 가지가 손을 치켜든 것처럼 위쪽으로 자라고, 암나무는 수평으로 뻗는 경향이 있다고 알려져 있으나 열매를 맺기 전까지는 확실하지 않다.

재배 방법

은행나무는 느티나무, 팽나무, 회화나무 등과 함께 가장 오래 사는 나무의 하나로, 우리나라에는 천연기념물로 지정된 은행나무가 여럿 있다. 은행나무는 어디서든 크게 땅을 가리지 않고 잘 자라며, 병해충에도 강하고, 성장도 아주 빠른 편이다.

번식은 주로 종자나 접목에 의한다. 3~4월경에 종자를 심는데 짚이나 차광망으로 덮어 습도유지를 해 주어야 발아가 잘 된다. 싹트는 시기는 종자마다 일정치 않다. 실생묘의 경우 수형이 곧게 위로 자라고 성장속도 또한 접목묘에 비해 훨씬 빠르나 암수를 구분할 수 없는 단점이 있다. 접목은 실생묘의 대목에 좋은 품종의 접순을 접붙이는 것으로 성공률이 높은 편이다.

약성 및 활용

은행나무의 종자를 식용하거나 한방에서는 백과(白果)라 하여 약용한다. 맛은 쓰고 달고 떫으며 성질은 평하고 독이 조금 있다. 폐(肺), 신경(腎經)에 작용한다. 수렴성이 있어서 해수, 가래, 천식에 유효하다. 따라서 폐열로 인한 해수와 천식, 폐허로 인한 해수와 천식 모두에 응용된다.

안덕균의 「한국본초도감」에서는 백과(白果)에 대해서, "습열로 인해 소변 색깔이 희고 대하의 색깔이 노랗고 냄새가 심할 때에 효과가 있다. 살충 작용이 있어서 옴, 전염성피부병에 쓰이며, 배농작용이 있어서 유방염에 쓰인다. 은행잎은 해수, 천식에 유효하며, 관상동맥, 심장과 뇌혈관의 혈액 순환 개선 및 고지혈증을 저하시킨다."고 적고 있다. 은행은 조금씩 장기 복용하거나 증세에 따라 약으로서 적당량을 먹으면 인체에 유익하지만 독이 있어 날로 먹거나 한꺼번에 많이 먹는 것은 좋지 않다. 과다복용시 구토, 설사, 복통, 경련, 폐수종을

유발하고 심하면 폐렴 또는 호흡곤란으로 죽는 경우가 있다. 빈속에 150개쯤 먹으면 중독될 위험이 있다. 불에 익히면 독성이 훨씬 줄어든다.

「중약대사전」에 의하면, "은행 종자에는 소량의 시안산 배당체, 지베렐린(gibberellin)과 시토키닌(cytokinin)과 같은 물질을 함유한다. 내배유에서는 2종의 리보뉴클레이스(ribonuclease)가추출된다. 외종피는 독이 있는 성분 진겔락산(ginkgelic acid), 하이드로진코릭산(hydroginkgolic acid), 하이드로진코리닉산(hydroginkgolinic acid)와 빌로볼(bilobol), 진놀(ginnol)을 함유한다. 또 아스파라긴(asparagine), 포름산(formic acid), 프로피온산(propionic acid), 젖산(lactic acid), 옥탄산(octanoic acid)등을 함유한다. 여러 가지의 포도상구균, 연쇄상구균, 디프테리아균, 탄저균, 고초균(hay bacillus), 대장균, 장티푸스균 등에 대하여 정도는 다르지만 억제작용이 있고, 과육은 과피보다 항균력이 강하다. 침제는 진균에 대해서도 억제 작용이 있다."고 한다. 이런 은행의 독성분 때문에 은행잎을 책갈피에 꽂아 두면 좀이 먹지 않으며 집안 구석구석에 놓아 두면 버퀴벌레 등의 해충을 막을 수 있다.

충기피효과 살충효과가 매우 뛰어나서 친환경농업에서 은행나무의 독성을 다양하게 천연농약으로 활용하고 있다. 열매를 통째로 삶아서 사용하는 것이 가장 효과적이다. 거의 모든 해충을 제어할 수 있는 강력한 천연농약의 원재료이다.

[충기피식물 12]

수선화

주요 보유 독성분은 꽃무릇이나 상사화 종류에 많이 함유되어 있는 리코린으로, 주로 비늘줄기에 분포되어 있다. 민간에서는 비늘줄기를 짓찧어서 곪은 데, 여러 가지 부스럼과 상처에 붙인다. 거담이나 백일해 등에 약용하기도 한다.

수선화(Narcissus tazetta var. chinensis Roem.)는 수선화과의 여러해살이풀로 지중해 연안이 원산지로 알려져 있다. 우리나라에는 오래전에 중국을 통해 들어온 것으로 추정된다. 주로 관상용으로 인가에서 재배하고 있지만

제주도나 거문도 등 따뜻한 남쪽에선 야생하는 것이 많이 있다. 속명인 나르키수스(Narcissus)는 그리스 신화에 등장하는 미소년 나르시스(나르키소스)에서 유래한다. 물속에 비친 자기 얼굴에 반해서 빠져 죽었는데, 그곳에서 수선화가 피었다고 전해진다.

땅속 비늘줄기는 넓은 달걀 모양이다. 흰색의 수염뿌리가 달려 있으며 껍질은 검은갈색이다. 양파처럼 겹으로 이루어져 있으며 늦가을에 줄 모양의 잎이 나온다. 다 자라면 길이 20~40cm, 나비 8~15mm에 이른다. 끝이 둔하고 흰빛을 띤다. 12~3월에 잎 사이에서 솟아오른 꽃줄기 끝에 5~6개의 꽃이 옆을 향하여 달린다. 6갈래의 꽃잎은 보통 흰색이거나 옅은 노란색이고, 가운데에 금잔처럼 생긴 노란색 부화관이 있다.

재배방법

수선화는 열매를 맺지 못하기 때문에 비늘줄기로 번식시킨다. 수많은 품종이 개발되어 있어, 화원에 가면 얼마든지 손쉽게 다양한 품종을 저렴하게 구입할 수 있다. 잎이 나오기 전인 가을에는 비늘줄기를, 봄철에는 꽃이 핀 수선화를 판매한다. 비늘줄기 이식은 10월에서 11월에 하는 것이 좋다. 늦어도 12월 중순에는 마쳐야 한다. 비늘줄기 높이의 약 2배 정도의 깊이로 심는다.

화분에 심을 경우에는 물빠짐이 좋은 흙을 사용하고, 야외에서 재배할 경우에는 배수가 양호한 곳에 심는다. 그렇지 않을 경우 비늘줄기가 흙속에서 썩어 버리기 때문에 봄이 되어도 싹이 나오지 않는다. 꽃이 진 후에는 꽃줄기를 뿌리로부터 잘라준다. 화분재배의 경우 6월경 잎이 마르기 시작하면 비늘줄기를 파내어 잘 건조시켜 차가운 암실에 저장하거나, 그대로 심어둘 경우에는 여름철 고온에 약하기 때문에 선선한 곳에 놓아 두는 것이 좋다.

약성 및 활용

주로 관상용으로 심고 민간에서는 비늘줄기를 짓찧어서 곪은 데, 여러 가지 부스럼과 상처에 붙인다. 거담이나 백일해 등에 약용하기도 한다.

「중약대사전」에 의하면, "맛은 달고 쓰며 성질은 차갑고 독이 있다. 옹종창독(癰腫瘡毒)을 치료하고 농을 배출하고 부기를 가라앉히며 열을 내리고 풍을 제거하며 각종 벌레에 물린 상처와 생선가시가 목에 걸린 증상을 치료한다."고 한다.

주요 보유 독성분은 석산이나 상사화 종류에 많이 함유되어 있는 리코린(lycorine)이다. 그 외에 갈란타민(galantamine), tazettine, pseudolycorine, pretazettin, hemantidine 등의 알칼로이드가 함유되어 있다. 이들 알칼로이드는 상당한 항암 및 항바이러스 작용을 한다. 비늘줄기에 주로 분포한다.

리코린의 치사량은 10g이라고 알려져 있다. 중독 증상으로는 구토, 기분나빠짐, 복통, 설사, 탈수쇼크 등이다. 적은 양이라면 기관지점막의 분비기능을 항진시키며 거담작용한다. 말초혈관을 확장시켜 열내림 작용을 보이기도 한다. 때문에 리코린은 가래약으로 급성기관지염, 기관지천식, 기관지확장증에 쓴다. 리코린은 수용성 성분이기 때문에 비늘줄기를 장시간에 걸쳐 물에 담가 두거나 삶은 경우 그 녹말은 식용할 수도 있다. 수선화녹말로 만든 풀로 화선지를 붙이면 벌레가 생기지 않는다고 한다. 친환경농업에서 수선화 비늘줄기를 천연농약으로 이용할 수 있다. 생즙을 내거나 물이나 알코올에 우려내어 사용한다.

[충기피식물 13]

애기똥풀

한방에서는 애기똥풀 전초를 백굴채(白屈菜)라고 한다. 5~7월에 꽃과 잎이 달린 전초를 채취하여 통풍이 잘 되는 그늘에서 말려 약으로 쓴다. 맛은 쓰고 매우며 성질은 약간 따뜻하다.

애기똥풀(Chelidonium majus var. asiaticum)은 양귀비과의 두해살이풀로 우리나라 각처 농가 인근이나 길가, 풀밭에서 흔하게 볼 수 있다. 줄기를 꺾으면 노란색의 액체가 나오는데 그 모양과 색이 아기 똥과 닮았다 하여 붙여졌다. '까치다리', '젖풀' 등으로도 불린다. 줄기는 속이 비어 있고 잎은 마

주나며 무잎처럼 깃꼴로 불규칙하게 갈라진다. 높이가 30~80cm이고, 줄기와 잎맥, 꽃봉오리 등에 하얀 털이 성기게 나 있다. 뿌리는 곧고 깊게 뻗으며 역시 노란색을 띤다. 봄에서 여름에 걸쳐 샛노란 꽃을 피운다. 줄기 윗부분의 잎겨드랑이에서 나온 꽃줄기 끝에 여러 송이가 돌아가며 2cm 정도 되는 꽃을 매단다. 때문에 같은 꽃차례에서도 꽃과 열매가 같이 붙어 있는 것을 종종 볼 수 있다. 꽃잎은 4장이며, 수술은 많고, 암술은 하나에 끝이 뭉툭하게 갈라져 있다. 수정이 되어 노란 꽃잎이 떨어지면 암술 밑 씨방이 자라 가느다란 원기둥 모양의 열매로 된다. 씨앗은 개미에 의해서 퍼진다.

재배방법

인가 근처에서 잡초처럼 흔하게 자라 구하는 데 어려움은 없다. 이식하려면 싹이 난 직후 것이 좋다. 그러나 싹만으로 애기똥풀을 찾기가 어렵다면 꽃이 필 때에 이식해도 된다. 싹이 난 직후 이식하면 쉽게 뿌리를 내리지만, 꽃이 필 정도로 크게 자라버리면 이식을 해도 좀처럼 뿌리를 내리지 못한다.

때문에 뿌리가 내리기 전까지는 건조하지 않도록 충분히 습한 상태를 유지해줘야 한다.

애기똥풀은 다년초가 아니기 때문에 계속해서 재배하고 싶을 경우에는 꽃이 진 후 씨를 받지 않으면 안 된다. 채취한 씨앗은 가을에 파종한다. 싹이 트기 전까지는 흙이 마르지 않도록 관리가 필요하다. 애기똥풀은 빛이 많이 드는 양지에서 잘 자라기 때문에 채광이 좋은 곳에서 재배하는 것이 좋다. 음지에 놓으면 말라버리거나 성장이 느려진다.

약성과 활용

한방에서는 애기똥풀 전초를 백굴채(白屈菜)라고 한다. 5~7월에 꽃과 잎이 달린 전초를 채취하여 통풍이 잘 되는 그늘에서 말려 약으로 쓴다. 맛은 쓰고 매우며 성질은 약간 따뜻하다. 위장염과 위궤양 등으로 인한 복부 통증에 진통제로 쓰고, 이질·황달형간염·피부궤양·결핵·옴·버짐 등에 사용한다. 줄기와 잎을 꺾으면 나오는 노란색 유액에는 여러 가지 알칼로이드가 함유되어 있다. 전초에 0.97~1.87%의 알칼로이드(alkaloid)를 함유한다. 그 중에 켈리도닌(chelidonine) 41%, 프로토파인(protopine) 22%, stylopine 17%, allocryptopine 9%, berberine 5%, chelerythrine 3%, samguinarine 1.5%, sparteine 0.1%가 함유되어 있다. 피부가 연한 사람은 이 유액에 닿기만 해도 염증이 생긴

다. 많이 먹으면 중독된다. 위장에 강렬한 자극을 일으키며 심하면 혼수와 혈관운동중추의 마비를 가져올 수 있다. 애기똥풀에 함유된 알칼로이드는 각종 균에 대한 억제작용을 한다.

켈리도닌은 아편의 효과만큼 만족스럽지는 못하지만 어느정도 진통효과를 지니고 있다. 아편에 들어 있는 모르핀(morphine)과 동일한 국소마취 작용이 있으나 중독성은 없는 것으로 알려져 있다. 옛날 중국에서는 말린 애기똥풀을 아편의 대용물로 사용했었다고 한다. 친환경농업에서 애기똥풀의 독성을 천연농약으로 이용하고 있다. 생즙을 내거나 물에 달이거나 알코올에 우려내어 사용한다.

[충기피식물 14]

때죽나무

열매나 잎 속에 작은 동물을 마취시킬 수 있는 에고사포닌이라는 성분이 들어 있어서 예부터 물고기를 잡는 데 이용하였다. 에고사포닌은 특히 열매 껍질에 다량으로 함유되어 있다.

때죽나무(Styrax japonicus Siebold & Zucc.)는 주로 계곡 근처의 양지에 자생하는 때죽나무과의 갈잎 큰키나무로 10여m 높이까지 자란다. 수피는 다갈색이며 표면이 잘게 갈라져 있다. 잎은 달걀 모양 또는 긴 타원 모양으로 어긋나게 달린다. 끝이 뾰족하고 가장자리에 톱니가 조금 있거나 없다.

5~6월에 잎겨드랑이에서 나온 꽃차례에 종모양의 흰색 꽃이 2~6개씩 아래를 향하여 매달려 핀다. 열매는 9월에 여물며 타원 모양이고 익으면 껍질이 불규칙하게 갈라져 종자가 나온다. 꽃이 예쁘고 향이 좋으며, 추위와 공해에도 매우 강해 조경수로 많이 심겨지고 있다. 목재는 세포의 크기와 배열이 일정하여 나이테가 보이지 않을 정도로 곱다. 쉽게 갈라지지 않으면서 가공이 쉬워 농기구의 자루나 목걸이, 완구, 장기알 등을 만드는 데 이용되었다. 종자에서 짜낸 기름은 머릿기름으로, 꽃의 향기는 향수의 원료로 이용되기도 한다.

재배 방법

조경수로 많이 이용되기 때문에 조경수 파는 곳에 가면 어렵지 않게 구할 수 있다. 번식시키려면 봄에 새로 난 가지를 10여cm 정도 잘라서 밑부분에 발근제를 발라 꺾꽂이 하거나 가을에 씨앗을 채취하여 파종한다. 높이 자라

기 때문에 기본적으로 화분 재배는 어렵다. 양지에서 잘 자라므로 음지에는 심지 않도록 한다. 심을 때에는 나무의 크기에 따라서 다르지만 50cm 정도의 깊이로 갈아주고 유기질이 부족할 경우 부엽토를 섞어주면 좋다.

약성 및 활용

열매나 잎 속에 작은 동물을 마취시킬 수 있는 에고사포닌이라는 성분이 들어 있어서 예부터 물고기를 잡는 데 이용하였다. 열매나 잎을 찧어 물속에 풀면 물고기가 떠오른다. 또한 에고사포닌은 물에 풀면 비눗물처럼 기름때를 없애주기 때문에 세제가 없던 시절에는 때죽나무 열매를 찧어 푼 물에 빨래를 하기도 했다. 민간에서는 꽃을 인후통이나 치통에, 잎과 열매는 풍습(風濕)에 썼다. 에고사포닌은 특히 열매껍질에 다량으로 함유되어 있다.

「약초의 성분과 이용」에 의하면, "열매껍질에는 약 10%의 에고사포닌이 있

다. 씨에는 약 45%의 기름이 있다. 기름은 팔미트산, 스테아르산, 리놀산, 라우르산, 미리스트산 등의 글리세리드이고 비누화되지 않는 에고놀이 5~8% 있다. 꽃에는 사포닌이 있다."고 한다.

열매를 잘못하여 먹으면 목이 심하게 자극을 받는다. 치사적인 독은 아니지만 식도와 위가 짓무르는 경우가 있다. 또한 에고사포닌은 원형질 독으로 용혈작용과 혈구 파괴를 하기 때문에 예상치 못한 증상을 일으킬 수 있다. 그러나 아주 쓴맛이 나기 때문에 어지간히 둔한 사람이 아니면 때죽나무 열매를 삼키는 일은 없을 것이다. 보통은 입에 넣었다가도 곧 토해내게 된다. 만약 때죽나무 씨를 먹었을 경우에는 계란 노란자를 먹으면 낫는다고 하는데 근본적인 치료는 되지 않는다고 한다. 친환경농업에서는 때죽나무 열매를 천연농약으로 이용이 가능하다. 열매를 생즙을 내거나 물에 달이거나 알코올에 우려내어 사용한다.

[충기피식물 15]

살구

보유 독성분은 아미그달린으로 주로 미숙한 열매와 종자에 함유되어 있다. 씨의 약 3% 정도이다. 아미그달린은 날것으로 먹으면 산소의 작용에 의해 가수분해되어서 청산을 만든다.

살구나무(Prunus armeniaca var. ansu Maxim.)는 장미과의 큰키나무로 높이 5m 정도까지 자란다. 원산지는 중국으로 우리나라에 전해진 시기는 확실하지 않으나 삼국시대 이전부터 야생해온 것으로 추정된다. 나무껍질은 붉은빛이 돌며 어린 가지는 갈색을 띤 자주색이다. 잎은 넓은 타원 모양으로 어긋나게 달린다. 가장자리에 불규칙한 톱니가 있다. 꽃은 4월에 잎보다 먼저 피고 연한 붉은색이다. 꽃자루가 거의 없으며 꽃잎은 5개이고 둥근 모양이다. 열매는 지름 3cm 정도로 둥글며 털이 많다. 6~7월에 노란색 또는 노란색을 띤 붉은색으로 익는다. 과육과 씨가 쉽게 분리된다. 열매의 약 90%가 과육이며 주요 성분은 당분이다. 유기산은 시트르산·사과산 등이 1~2% 들어 있고, 무기질은 칼륨이

59%로 가장 많이 들어 있다. 또한 비타민A의 효과를 내는 베타카로틴이 말린 열매에 5~8mg이 들어 있다. 보통 날로 먹거나 건과·잼·통조림·음료 등을 만들어 먹는다.

재배 방법

우리나라 각지에서 재배할 수 있으나 개화기 전후 늦서리 피해가 발생하지 않는 지역이 좋다. 뿌리는 침수에 매우 약해 지하수위가 높거나 물빠짐이 나쁜 과원에서는 나무가 말라 죽을 수 있다. 대부분 살구, 매실, 자두, 복숭아 종자 등을 사용해 대목을 만들어 원하는 살구 품종을 접목해 묘목을 육성한다.

묘목은 가을이나 봄에 심는다. 가을에는 낙엽 후 땅이 얼기 전까지로 대략 11월 중순에서 12월 상순까지, 봄에는 땅의 해빙과 함께 시작하여 늦어도 3월 중순까지는 심어야 한다. 가을심기가 봄심기보다 활착이 빠르고 심은 후의 생육이 좋은 편이다. 재배할 경우 6×6m 정도 간격으로 심되, Y자수형의 밀식재배 시에는 열간 6m에 주간거리를 2~2.5m 정도로 한다. 자가불임성이 특히 심한 나무이므로 20~30% 정도 수분수를 섞어 식재하는 것이 좋다.

약성 및 활용

한방에서는 종자를 행인(杏仁)이라는 약재로 쓰는데, 해열·진해·거담·소종 등의 효능이 있어 기침·천식·기관지염·인후염·급성폐렴·변비에 사용한다. 민간에서는 개고기를 먹고 체했을 때 종자를 달여 마신다. 또한 종자는 여성의 피부 미용에도 사용한다.

「동의학사전」에서는 살구씨(행인:杏仁)에 대해서, "벚나무과에 속하는 교목인 살구나무와 산살구나무의 씨를 말린 것이다. 살구나무와 산살구나무(개살구나무)는 우리나라 각지의 산과 들에서 자란다. 익은 열매를 따서 살을 벗기고 굳은 껍질을 까 버린 다음 끓는 물에 담가서 씨껍질을 없애고 그대로 또는 볶아서 쓴다. 맛은 쓰고 달며 성질은 따뜻하다. 폐경, 대장경에 작용한다. 기침을 멈추고 숨찬 것을 낫게 하며 대변이 잘 나가게 하고 땀이 나게 하며 해독한다. 성분 아미그달린이 진해작용을 나타낸다는 것이 실험적으로

밝혀졌다. 여러 가지 원인으로 기침이 나는 데, 변비, 고기를 먹고 체한 데 등에 쓴다. 하루 6~12g을 물로 달이거나 환을 지어 먹거나 가루내어 먹는다."고 적고 있다. 그러나 독성이 있으므로 섭취에 주의해야 하며, 덜 익은 열매는 몸에 좋지 않다.

보유 독성분은 아미그달린(amygdalin)으로 주로 미숙한 열매와 종자에 함유되어 있다. 씨의 약 3% 정도이다. 아미그달린은 청산배당체로서 날것으로 먹으면 산소의 작용에 의해 가수분해되어서 청산(시안화합물)을 만든다. 청산은 미량의 경우 호흡중추와 혈관중추를 흥분시키기 때문에 호흡곤란과 같은 곳에 약으로 사용되나 대량으로 사용 시 호흡중추를 마비시켜 질식사 시킨다. 중독이 되면 어지러움, 구토, 동공확대 등이 일어나며 증상이 심할 경우 의식장애, 경련, 호흡장애 등을 일으키고 죽음에 이른다.

「중약대사전」에서는 "중독된 환자에게 살구나무 껍질이나 살구나무 뿌리를 달여서 복용하면 구급할 수 있다."고 한다. 아직 친환경농업에서 살구를 천연농약으로 사용했다는 사례는 없으나 미성숙 열매나 종자를 활용할 가능성은 열려 있는 것으로 보인다. 미성숙 열매를 생즙을 내거나 물에 우리거나 달여 사용한다.

[충기피식물 16]

남천

이뇨, 기침 멈춤, 해열작용이 있으며, 천식이나 편도염 등의 행굼제, 입욕제 등으로도 사용된다. 단, 남천은 약으로 사용할 경우에는 설명하는 사용량을 꼭 지켜야 한다. 보유 독성분은 난디닌과 도메스티신 등이다.

남천(Nandina domestica Thunb.)은 매자나무과의 떨기나무로 일본, 중국이 원산지이다. 추위에 비교적 약한 편으로 우리나라에서는 남부에서 관상용으로 많이 식재되고 있으며, 중부 이북에서는 실내 온실이나 화분에 주로 심겨지고 있다. 늘 푸른나무이지만 추운 곳에서는 낙엽이 지기도 한다. 나무 높이는 보통 1~3m 정도로, 줄기가 다발을 이뤄 자란다. 나무껍질은 회색으로 세로 방향으로 골이 져 있다. 잎은 3장의 쪽잎으로 이루어진 3회 깃꼴겹잎으로, 광택이 나고 주로 줄기 끝에 모여 난다. 쪽잎은 타원형의 바소꼴로 끝이 뾰족하다. 처음에는 진한 녹색을 띠다가 가을이 되면 붉게 단풍이 든다. 6~7월에 줄기 끝이나 잎겨드랑이에서 흰색의 꽃이 원추(圓錐) 꽃차례를 이루며 무리지어 핀다. 10월이 되면 둥근 열매가 붉게 익는다. 원예품종에는 열매의 빛깔이 흰색이거나 연한 자줏빛인 것 등이 있다.

재배 방법

흙은 특별히 가리지 않기 때문에 아주 상태가 나쁘지 않다면 어디든지 심어도 상관없으나 물이 잘 빠지는 반그늘 흙이라면 더 좋다. 번식은 주로 삽목(揷木)으로 하지만 접목도 한다. 씨에 의한 실생번식도 가능하다. 새순이 잘 나오지 않고 뿌리가 깊게 내리지 않으므로 옮겨 심을 때 조심해야 하고 가지는 되도록 많이 잘라주지 않도록 한다. 화원이나 조경농장에서 구입할 때는 가능하다면 어린 것보다는 50cm 이상의 것을 구입하는 것이 키우기가 수월하다. 관상용으로 심을 때는 서너 그루를 모아 심으면 보기가 훨씬 좋다.

이식한 후 뿌리가 내릴 때까지는 건조하지 않도록 주의할 필요가 있다. 화분재배를 할 경우에는 표면의 흙이 말랐을 때 듬뿍 물을 주도록 한다. 일단 뿌리가 내리면 아주 튼튼한 식물이기 때문에 그 후의 관리는 간단하다.

약성 및 활용

이뇨, 기침 멈춤, 해열작용이 있으며, 천식이나 편도염 등의 행굼제, 입욕제 등으로도 사용된다. 줄기와 뿌리의 껍질은 위병, 탈공, 졸음병 등에 효과가 있다. 열매인 남천자에 대해서 「중약대사전」에서는, "맛은 시큼하고 달며 성질은 평하다. 염폐(斂肺), 지해(止咳), 청간(淸肝), 명목(明目)한다. 만성 해수, 천식, 백일해, 학질, 하감궤란(下疳潰爛)을 치료한다."고 한다. 단, 남천을 약으로 사용할 경우에는 설명하는 사용량을 꼭 지켜야 한다.

식물 전체에 여러 가지 알칼로이드를 함유하고 있다. 열매에는 주로 O-methyldomesticine과 그 밖에 protopine, isocorydine, nandinine, domesticine이, 뿌리에는 주로 domesticine, o-methyldomesticine과 그 밖에 nandazurine, berberine, jatrorrhizine이, 줄기와 가지에는 magnoflorine, berberine, jatrorrhizine, menisperine(N-methyll iso-

corydinium), domesticine, O-methyldomesticine, nandazurine, isoboldine이 함유되어 있다.

팥밥 위에 남천 잎을 올려놓으면, 잎에 함유되어 있는 난디닌(nandinine)이 열과 수분에 반응하여 미량의 시안화수소를 발생시키기 때문에 부패를 방지하는 데 도움이 된다. 이 시안화수소는 독성이 강하지만 발생하는 양이 아주 미량이기 때문에 해가 없다. 그러나 일정량 이상의 난디닌은 호흡중추를 자극시켜 나중에 마비에 이르게 한다. 도메스티신(domesticine) 또한 중추신경에 직접 작용하여, 경련, 지각마비, 호흡마비를 일으켜 죽음에 이르게 할 수 있다. 친환경농업에서 남천의 독성을 천연농약으로 이용할 수 있다. 열매나 잎과 가지를 생즙을 내거나 물에 달이거나 알코올에 우려내어 사용한다.

[충기피식물 17]

여뀌

민간에서는 여뀌 전초를 짓찧어 물고기를 잡을 때에 이용하기도 한다. 흐르는 물을 돌리고 정체된 물에 짓이긴 여뀌즙을 풀면 물고기 아가미 신경이 마비되어 물고기들이 떠오른다.

여뀌(Persicaria hydropiper)는 마디풀과의 한해살이풀로 주로 물기가 많은 습지 또는 냇가에서 자란다. 잎이 버들잎과 닮았다 하여 버들여뀌라고도 하고, 잎 등 전체에서 매운 맛이 나기 때문에 매운여뀌, 맵쟁이라 부르기도 한다. 영어식 이름도 'water pepper'라 하여 그 매운맛을 이름으로 삼고 있다. 여뀌를 한자로는 료(蓼)라 하는데, 그 자생지 특성에 빗대어 수료(水蓼), 택료(澤蓼), 천료(川蓼)라고도 한다. 높이 40～80cm까지 자라고 털이 없으며

가지가 많이 갈라진다. 잎은 버들잎 모양으로 길이 3~12cm, 너비 1~3cm 정도이며 어긋나게 달린다. 턱잎은 잎집같이 생기고 얇은 종이처럼 반투명하며 가장자리에 털이 있다. 꽃은 6~9월에 밑으로 처지는 이삭 모양의 꽃차례에 달린다. 이삭의 길이는 5~10㎝ 정도이다. 꽃잎은 없고 꽃받침은 4~5조각이며 연한 녹색이지만, 끝부분에 붉은빛이 돌고 선점이 있다. 수술은 6개이고, 암술대는 2개이다. 열매는 검고 달걀을 거꾸로 세운 모양이며 꽃받침으로 싸여 있다.

재배 방법

습지 또는 냇가에서 흔히 자라는 잡초이기 때문에 따로 재배 방법을 거론할 필요는 없을 것 같다. 굳이 재배한다면 물을 좋아하므로 물이 충분히 공급되는 토질이면 좋을 것이다. 여뀌는 고마리나 다른 여뀌속 식물들처럼 수질을 정화시키는 유용한 수변식물이다. 대부분의 잡초가 그러하듯이 여뀌 종자도 휴면성이 있다. 종피로 잘 보호되어 있어서 토양 속에서 보통 3년은 지탱할 수 있으며, 피해를 입을 조건만 아니면 20년까지지도 견딜 수 있다. 그러다가 자연적인 기후 변화에 의해 물에 휩쓸리거나 흙이 무너져 내리면서 또는 인위적인 경운, 쇄토, 제초 등의 교란에 의해 종자가 바깥으로 드러나게 되면 광발아성 성질에 의해 발아하게 된다. 이러한 광발아성은 종자가

일시에 발아하는 것을 막아 종의 생존 가능성을 높여준다. 또한 여뀌는 생육초기에 생장속도를 빨리하고 후반기에는 타감 물질을 분비하여 인접식물의 생육을 억제하기도 한다.

약성 및 활용

일본에서는 싹이 튼 여뀌를 생선요리에 쓰기도 하고, 생선회 등에 곁들이는 야채로 사용하기도 한다. 민간에서는 여뀌 전초를 짓찧어 물고기를 잡을 때에 이용하기도 한다. 흐르는 물을 돌리고 정체된 물에 짓이긴 여뀌즙을 풀면 물고기 아가미 신경이 마비되어 물고기들이 떠오른다. 약재로 이용하고자 할 경우 전초는 꽃이 필 때 채취하고 열매는 가을에 따서 말린다. 여뀌는 지혈작용이 있어서 자궁출혈·치질출혈 및 그 밖의 내출혈에 사용된다. 잎과 줄기에는 탄닌이 많이 함유되어 항균작용이 뛰어나며, 휘발성의 정유 성분이 들어 있어 혈관을 넓혀 주어 혈압을 내려주고 소장과 자궁의 긴장도를 강화시킨다. 뱀에게 물렸을 때, 독충에 쏘였을 때도 생즙을 내 붙인다. 기생충 구제에도 효과가 있다.

「동의보감」에서는 여뀌 씨앗인 요실(蓼實)에 대해서, "성질이 차고[冷] 맛이 매우며[辛] 독이 없다. 이 약 기운은 코로 들어간다. 신(腎)에 있는 사기를 없애고 눈을 밝게 하며 습기를 내린다. 옹종, 창양을 치료하며 5장에 몰린 기를 통하게 한다. 많이 먹으면 물을 토하게 되고 양기가 상하며 가슴이 아프다." 고 적고 있다.

여뀌의 독성분에 대해서는 충분한 연구가 이루어진 것이 없지만 함부로 먹으면 구토와 함께 심한 발작을 일으킬 수 있다. 임산부가 먹으면 위험하고, 생리 중에 마늘과 함께 먹으면 부작용이 있다고 한다. 물고기를 잡거나 기생충 구제에 효과가 있는 것에서도 알 수 있듯 어느 정도의 독성분은 있는 것으로 보인다. 친환경농업에서 여뀌를 천연살충제로 활용할 수 있다. 전초를 생즙을 내거나 물에 달이거나 우려내어 사용한다.

[충기피식물 18]

고삼(너삼)

고삼은 살충효과가 뛰어나 예로부터 가축 피부에 기생하는 기생충과 재래식 화장실의 구더기를 없애는데 이용되어 왔다. 요즘에는 친환경농업에서 천연살충제로 깍지벌레와 진딧물, 응애 등 해충 방제에 이용하기도 한다.

고삼(Sophora flavescens Solander ex Aiton)은 볕이 드는 길가 풀밭에 흔히 자라는 콩과의 여러해살이풀이다. 높이는 80~150cm 정도로, 줄기는 곧게 서나 위에서 가지가 많이 나고 아랫부분은 목질처럼 단단하다. 전체적으

로 녹색이지만 가지와 만나는 잎자루 끝에는 한 쌍의 가는 턱잎과 보라색 무늬가 있다. 잎은 어긋나게 달리며 아카시아나무 잎처럼 홀수깃꼴겹잎 형태를 하고 있다. 6~8월에 가지 끝에 나비 모양의 연한 노란색 꽃이 한쪽으로 치우쳐 20cm 내외의 총상꽃차례를 이룬다. 꽃받침은 통처럼 생겼고 겉에 털이 나며 끝이 5개로 얕게 갈라진다. 꽃이 지면 길이 7~8cm의 짧고 긴 콩열매를 맺는다. 속에는 4~5개의 씨앗이 들어 있다. 씨와 씨 사이는 약간 잘록하여 염주 같으며 수직으로 쳐져 달린다. 처음에는 녹색이나 익으면 까매진다.

고삼(苦蔘)이란 이름은 약으로 이용하는 뿌리가 매우 쓴 데서 연유한다. 고삼과 닮아 구분이 쉽지 않은 것으로 황기가 있다. 고삼이 맛이 쓰고 성질이 찬 데 비해 황기는 맛이 달고 성질이 따뜻하여 고삼을 쓴너삼, 황기를 단너삼이라 부르기도 한다.

재배 방법

고삼은 물이 잘 빠지는 사질토양 또는 점질토양을 좋아한다. 재배하려면 3월 하순에서 4월 중순에 콩 심 듯 종자를 심어 재배한다. 종자 채취는 콩열매가 충분히 익었을 때 하는 것이 좋다. 고삼은 재배하거나 파는 곳이 거의 없기 때문에 종자를 채취하거나 살아 있는 뿌리를 구해 심으려면 직접 채취하러 가야만 한다. 도심에서는 좀처럼 발견하기 힘들지만 인근 야산, 볕이 드는 길가에서는 어렵지 않게 볼 수 있을 것이다. 고삼은 생명력이 강한 식물이기 때문에 재배하기는 간단하다. 단, 채광이 좋은 양지쪽에서 키우는 것이 좋다. 음지에서는 성장이 더디다. 고삼은 넝쿨성 식물이 아니기 때문에 지주가 필요 없으나, 그대로 놔두면 바람 등에 의해 넘어지기 때문에 보조로 지주를 세워 묶어주는 것도 좋다.

약성 및 활용

주요 독성분은 마트린(matrine)과 시티진(cytisine)이다. 풀 전체에 들어 있으나 주로 씨앗에 시티진이, 뿌리에는 마트린이 함유되어 있다. 고삼은 먹으면 토하고 싶을 만큼 쓴맛이 있는데 원인은 마트린에 있다. 시티진에 의한 주요 중독 증상은 입으로 섭취를 한 경우, 잠시 뒤에 입안이 뜨거워지며, 목이 마르고, 구토, 복통, 설사, 호흡곤란, 언어불능, 시각장애, 청각장애, 의식불명, 호흡마비 등에 이르게 된다.

「약초의 성분과 이용」에서는, "뿌리를 가을에 캐어 물에 씻어서 햇볕에 말린다. 맛이 쓰지만 인삼과 같은 효과가 있다는 뜻에서 고삼(苦蔘)이라 하게 되었다. 식물 전체에 알칼로이드 성분이 있다. 동의치료에서 뿌리를 건위약, 오줌내기약, 열내림약, 아픔멎이약, 살충약으로 이용한다. 황달, 오줌을 누지 못할 때, 옴, 습진, 마른버짐에도 쓴다. 또한 수렴성 피멎이 작용이 있어 적리와 설사, 치질, 자궁출혈에도 쓴다. 뿌리로 만든 고약은 트리코모나스질염, 습진, 신경성 피부염에 쓴다." 고 적고 있다.

안덕균의 「한국본초도감」에는, "맛은 쓰고 성질은 차다. 하초습열(下焦濕熱)로 인한 황달, 이질, 대하, 음부가려움증에 유효하다. 가려움증에는 달인 물로 환부를 세척한다. 피부가려움증과 농포창, 옴이나 버짐 등에도 활용되며, 열이 쌓여서 소변을 잘 못 보고 아픈 증상에 효력을 보인다."고 한다.

고삼은 또한 살충효과도 뛰어나 예로부터 가축 피부에 기생하는 기생충과 재래식 화장실의 구더기를 없애는 데 이용되어 왔다. 요즘에는 친환경농업에서 천연살충제로 깍지벌레와 진딧물, 응애 등 해충 방제에 이용하기도 한다. 친환경 농약으로 시판되는 다수가 고삼뿌리 추출액을 주원료로 하고 있다. 뿌리나 전초를 생즙을 내거나 물에 달이거나 알코올에 우려내어 사용한다.

[충기피식물 19]

멀구슬나무(Neem)

뿌리와 줄기 껍질을 고련피라고 하며, 열매를 고련자, 련실, 천련자라고 부른다. 주로 구충제로 쓴다. 꽃에는 살충의 효능이 있어서 자리 밑에 깔아 놓으면 벼룩과 이를 없애고 태운 연기는 모기를 쫓는다.

멀구슬나무(Melia azedarach L.)는 우리나라 남부와 일본·타이완·서남 아시아에 분포하는 낙엽이 지는 키큰나무로 15m 내외까지 자란다. 잎은 어긋나게 달리며 날개깃처럼 갈라져 있는 겹잎이다. 쪽잎은 달걀 모양 또는 타원형으로 가장자리에 톱니가 있다. 연한 자주색의 꽃이 5월쯤 가지 끝에 원추

꽃차례로 핀다. 꽃잎과 꽃받침은 각각 5장이고, 수술은 10개이나 하나의 통처럼 되어 있다. 열매는 핵과(核果)로 타원형이고 9월에 노란색으로 익는다.

님오일로 잘 알려진 인도의 님나무(Neem, Melia azadirachta L.)와는 같은 멀구슬나무과(Meliaceae) 식물이다. 님나무는 상록성이며 꽃이 흰색으로 핀다. 멀구슬나무라는 이름은 열매로 염주를 만들던 데서 '목(木)구슬나무' 부르던 것이 변해서 된 것이라 하고 혹은 동글동글한 열매 모양이 말똥과 같다 하여 붙여졌다고 한다. 구주목이라고도 하며, 제주도에서 '먹쿠실낭, 멀쿠슬낭'등으로도 불린다. 인도 벵갈 지방에서는 멀구슬나무를 'Ghoda neem'이라고 하는데 'Ghoda'는 '말(馬)'이라는 뜻이다.

재배 방법

자생지가 주로 제주, 경남, 전남 등 남부의 해안 지방과 섬으로 온대 남부 지역에서 잘 자란다. 특히 신안군에는 반경 1km 안에서 어디서든 멀구슬나

무를 수십 그루는 확인할 수 있을 정도이다. 추위에 약하나 나무가 크면 어느 정도 내한력이 증가한다. 병충해에 강하다. 성장도 빠른 편으로 햇빛과 물을 많이 필요로 한다. 토질이 좋을 경우 종자를 심어 2년 정도 재배하면 키가 1m 이상 되고, 7~8년이며 꽤 큰 나무로 자란다. 야생에서는 직박구리 등의 새에 의하여 번식이 이루어진다. 번식하려면 늦가을에 열매를 따서 과육을 제거하고 종자를 발라내어 노천매장하였다가 이듬해 3~4월에 파종한다. 종자와 파종상이 건조하지 않도록 주의한다. 발아율은 높은 편이다. 고창군은 천연기념물로 지정된 군청 광장의 멀구슬나무를 친환경 농업의 상징으로 육성하기 위해 이 나무에서 종자를 채취, 농업기술센터 시범포에서 매년 1만 5000주 가량의 멀구슬나무 묘목을 육성한 뒤 농가에 보급하고 있다.

약성 및 활용

뿌리와 줄기 껍질을 고련피라고 하며, 열매를 고련자, 련실, 천련자라고 부른다. 주로 구충제로 쓴다. 회충을 죽이고 설사를 일으킨다. 요충과 십이지장충도 없애고 병원성 사상균에 대하여 억균작용을 나타낸다. 꽃에는 살충의 효능이 있어서 자리 밑에 깔아 놓으면 벼룩과 이를 없애고 태운 연기는 모기를 쫓는다. 「동의보감」에서는, "온병, 상한으로 열이 몹시 나고 답답하여 미칠 듯한 것을 낫게 하며 오줌을 잘 나가게 하고 배안의 3가지 충을 죽이며 옴과 헌데를 낫게 한다."고 적고 있다.

독성은 열매에 많은데 새들에게는 괜찮지만 사람에게는 해롭다. 일정량 이상 먹게 되면 증상이 몇 시간 후에 나타난다. 식욕감퇴, 구토, 변비나 설사, 혈변, 복통, 폐충혈, 경직과 경련, 심장마비 등의 증상이 나타나며 심하면 24시간이 지나 사망에 이를 수 있다. 이러한 독성분은 화학적으로 님오일(Neem oil)의 주요 살충성분인 아자디락틴(azadirachtin)과 관계가 있다. 아자디락틴(azadirachtin)은 200여종의 곤충에게 영향이 있는 것으로 알려져 있으며 섭취방해 성장교란 등의 효과를 나타낸다.

친환경농업에서 천연살충제로 이용하는 방법은 열매를 분쇄기로 분쇄한 후에 분쇄한 양에 물을 2배 이상 넣고 작은 불로 6시간 이상 끓이고 이를 걸러내어 소금이나 알코올 30%로 해서 저장해서 쓰거나 뜨거운 상태서 밀봉 보관해 사용하는 방법이 있다. 또는 가을에 노란 열매를 따서 완전히 말린 후에 님오일처럼 기름을 내서 이용할 수도 있다.

[충기피식물 20]

박하

독특한 상쾌감을 유발하는 멘톨(menthol)은 박하의 잎이나 줄기를 수증기 증류하여 얻는다. 무색의 바늘 모양 결정으로, 물에는 거의 녹지 않으나 에탄올·에테르·클로로폼에는 잘 녹는다.

박하(Mentha piperascens)는 꿀풀과의 여러해살이풀로 대표적인 허브 식물의 하나이다. 주로 습기가 있는 들판에서 자라거나 재배되고 있다. 줄기는 네모지고 전체에 털이 있으며 키는 60cm 정도이다. 잎은 긴 타원형으로 마주나며 가장자리에 톱니가 있다. 표면에 기름샘이 있어 건드리면 톡 쏘는 시원한 향이 난다. 여름에서 가을에 걸쳐 줄기 위쪽 잎겨드랑이에 엷은 보라색의 자잘한 꽃이 이삭 모양으로 모여 달린다. 수술은 4개이고 암술머리는 끝이 둘로 갈라져 있다.

전 세계에 수십 종이 재배되고 있는데 크게 서양종과 동양종으로 나눌 수 있다. 서양종은 정유(精油)의 성질에 따라 페퍼민트(peppermint/M. piperita), 스피어민트(spearmint/M. spicata), 페니로열

민트(M. pulegium) 등으로 구분한다. 동양종은 일본박하(Mentha arvensis)라고도 하는데 줄기가 붉은 적경종(赤莖種)과 그렇지 않은 청경종(靑莖種)으로 나누기도 한다. 우리나라에는 중국을 거쳐 매우 오래 전에 들어와 약용으로 이용된 것으로 추정되나 채유 목적으로 재배가 시작된 것은 1910년경이라고 한다.

페퍼민트는 잎과 줄기에 털이 없으며, 꽃은 가지 끝에 이삭 모양으로 모여 핀다. 스피어민트는 잎자루가 매우 짧거나 없으며, 페퍼민트보다도 포기가 작고 꽃이삭이 가늘며 길다. 페니로열민트는 붉은빛을 띠는 줄기가 옆으로 낮게 뻗으며 자라는 포복성이다. 동양종 박하는 서양종들과 비교하면 정유에서 멘톨(menthol) 함량이 많아 멘톨원료용으로는 좋으나, 멘톤(menthone) 함량이 많아 향기가 떨어지고 쓴맛이 나서 향료로서의 품질은 낮은 편이다.

재배 방법

박하는 대체로 온난한 기후에 알맞은 작물로 우리나라에서는 남부 지방에서 잘 자란다. 일조량이 많을수록 좋으나 토양이 건조하거나 가뭄에는 약하다. 습기가 있으되 배수가 좋은 양토나 사양토가 재배에 적합하다. 번식은 주로 뿌리줄기를 나누어 심거나 꺾꽂이로 한다. 늦은 가을에 못자리를 만들어 종근을 심거나 그대로 방치했다 이듬해 뿌리줄기가 10~15cm로 자라면 나누어 심는다. 또는 1차 수확 직전인 7월 중에

3~4마디 정도로 줄기를 잘라 땅속에 묻어 뿌리를 내리도록 한다. 박하 잎이나 줄기에 함유된 정유는 꽃이 필 때 가장 많고 질도 좋다. 꽃이 피고 줄기와 잎이 튼튼한 상태에서 아랫잎이 점점 누렇게 변할 때 베어 그늘에서 건조한다. 햇볕에 말리면 수분과 함께 유효 성분이 증발한다. 또한 수확 시기에 비가 많이 내리면 유분 함량이 떨어진다. 건초에는 대략 1.3~2%의 정유가 함유되어 있다. 정유의 주성분은 멘톨로 약 77~78%를 차지하며, 다음이 멘톤으로 8~12% 정도 된다. 멘톨의 함량은 박하의 종류나 품종에 따라 차이가 있다.

약성 및 활용

한방에서는 잎과 줄기 말린 것을 박하(薄荷)라고 하여, 발한·해열·진통·건위·해독제로서, 감기 초기, 두통, 인후통, 피부병 등의 치료에 쓴다. 과민성 장(腸) 증후군, 메스꺼움, 구토, 설사 등에도 효과가 있다. 또한 특유의 향이 입냄새를 없애는 데도 도움이 된다. 독특한 상쾌감을 유발하는 멘톨(menthol)은 박하의 잎이나 줄기를 수증기 증류하여 얻는다. 무색의 바늘 모양 결정으로, 물

에는 거의 녹지 않으나 에탄올·에테르·클로로폼에는 잘 녹는다. 많은 양을 입에 넣으면 혀를 찌르는 듯한 느낌이 있으나, 소량일 때에는 청량감이 난다. 의약품·과자·화장품 등에 첨가하며, 진통제나 가려움증을 멈추는 데에도 사용하고 있다.

「동의학사전」에서는 박하(薄荷)에 대해서, "맛은 맵고 성질은 서늘하다. 폐경, 심포경, 간경에 작용한다. 풍열(風熱)을 없애고 통증을 멈추며 발진을 순조롭게 하고 간기(肝氣)를 잘 통하게 한다. 약리실험에서 피부모세혈관확장작용, 땀샘분비촉진작용, 해열작용, 관상혈관확장작용, 소화선분비촉진작용, 위장윤동운동촉진작용, 진통작용, 이담작용, 억균작용, 소염작용, 방부작용 등이 밝혀졌다. 풍열표증(風熱表證), 풍열감모, 두통, 인후종통, 관상혈관순환장애, 심장부위통증, 위염, 소화장애, 기관지염 등에 쓴다. 소양증, 신경통, 후두염 등에 박하기름을 바르기도 한다. 하루 4~8g을 달이거나 환을 지어 또는 가루내어 먹는다. 외용약으로 쓸 때는 달인 물로 씻거나 신선한 것을 짓찧어 즙을 내어 바른다. 박하를 달일 때는 오래 달이지 않는다."고 적고 있다.

박하가 천연농약으로 사용된 사례는 잘 알려져 있지 않으나 페니로열민트나 페퍼민트류의 박하에서는 일부 살균, 구충의 효과가 있는 것으로 알려져 있다. 특히 페니로열민트는 예부터 벼룩을 쫓는 데 이용되었으며, 파리, 모기, 벼룩, 개미 등의 천연구충제로 사용되고 있어 친환경농업에서 충기피제로서의 가능성은 열려 있다고 본다. 멘톨(menthol)은 물에는 녹지 않지만 에탄올에는 잘 용해되므로 주정이나 알코올에 담가 활용한다.

[충기피식물 21]

로즈마리

독특한 향과 정유성분이 충의 접근을 막는 것으로 추정된다. 때문에 양배추나 콩, 당근, 새비어 등의 작물을 경작할 때 로즈메리를 같이 심어주면 해충을 예방하는데 도움을 준다고 한다.

로즈마리(Rosmarinus officinalis L.)는 남유럽의 지중해 연안이 원산지인 꿀풀과의 상록관목으로 대표적인 허브 식물의 하나이다. 높이 1~2m로 줄기는 네모지고 가지가 많이 갈라진다. 잎은 선형(線形)으로 마주나고 길이

1.5~3.5cm이며 가장자리가 뒤로 말린다. 앞면은 광택이 있고 짙은 녹색이며, 뒷면은 흰색으로 솜털과 함께 유점(油點)이 있다. 꽃은 겨울과 봄에 피며 색깔은 연한 청색, 흰색, 분홍색, 자주색 등이 있다. 주로 줄기 윗부분에 있는 잎겨드랑이에 무리지어 달린다. 화관은 입술 모양인데, 윗입술은 2개로 갈라지고 아랫입술은 3개로 갈라진다. 가운데에 자줏빛 반점이 있다. 줄기와 잎 등 식물 전체에서 자극적이면서도 독특한 향이 난다. '로즈마리'라는 이름은 라틴어로 '바다(marinus)의 이슬(ros)'이란 뜻의 'rosmarinus'에서 왔다. 지중해 연안이 원산지이지만 유럽과 미주 온대 지역에까지 널리 퍼져 있고 관상용으로 정원에 많이 심겨지고 있다. 우리나라에는 1900년대 초에 도입되었는데, 남부 지방은 원산지와 기후가 비슷하기 때문에 야외에서도 겨울을 날 수 있다.

재배 방법

주로 종자나 꺾꽂이로 번식시킨다. 싹이 트려면 지온이 20℃ 정도 되어야 하므로 5월경에 파종한다. 파종용 흙은 배수가 잘되는 것이 중요하다. 단, 한번 건조하면 발아하지 않으므로 파종 후 짚이나 신문지 등을 덮어서 건조하지 않도록 한다. 약 2주일이 지나면 발아한다. 꺾꽂이 시기는 6~7월이나 9~10월이 좋다. 그해 자란 가지가 다소 굳어져서 목질화한 때가 적기다. 7~10cm 길

이로 잘라 밑쪽 잎을 1/3쯤 따버리고 심는다. 반 그늘지게 하면 대개는 20~30일이면 뿌리가 난다. 햇빛이 잘 들고 물이 잘 빠지는 다소 건조한 땅에서 잘 자란다. 1주일에 한 번 정도는 하루 종일 햇볕을 받도록 하고 가능하면 바람을 많이 쐬어주는 것이 좋다. 물은 자주 주지 말고 겉흙이 뽀얗게 말랐을 때 흘러내릴 정도로 충분히 준다. 알카리성 토양을 좋아하므로 분갈이할 때 석회석이나 계란껍질 말린 것을 잘게 부수어 섞어주면 좋다. 또한 이식을 싫어하므로 애초 분갈이를 할 때 큰 화분에 심어서 몇 년 정도를 한곳에서 키우도록 한다.

약성 및 활용

그늘에 말려 사용한다. 잎과 잔가지는 주로 육류 요리에 향을 내거나 고기 냄새를 없애는 데 이용한다. 각종 수프, 스튜, 바비큐소스 등의 양념구이용 조미료에도 좋고 감자, 꽃양배추 등 삶은 야채에 뿌려 먹기도 한다. 입냄새 제거에도 효과가 있다. 꽃과 잎은 설탕 절임을 하여 과자로 만들거나 차로 이용하기도 한다. 고대 그리스 시대부터 유럽에서는 로즈마리향이 두뇌를 명석하게 하고 기억력을 증진시키는 효능이 있다고 여겼고, 몸을 따뜻하게 하는 약으로 마시기도 하였다. 약용으로 사용할 때는 정유를

추출하여 이용하는 경우가 많다. 정유(精油)는 보르네올(borneol)이 주성분으로 0.3~2% 정도 들어 있으며 증류하여 얻는다. 강장, 진정, 소화, 수렴 등의 효과가 있으며 구풍작용, 항균작용이 있다.

특히 두통에는 뛰어난 효과가 있다. 미용 효과도 뛰어나 침출액은 화장수, 샴프, 헤어토닉, 린스, 오데코롱의 원료로 쓰인다. 로즈마리는 일반적으로 안전하다고 알려져 있으나 과다 복용 시에는 혼수, 경련, 구토, 폐수종 등의 부작용을 유발할 수도 있다. 특히 임산부나 모유를 수유하는 여성은 많이 섭취하지 않도록 주의하는 것이 좋다.

로즈마리는 곤충에 강한 식물의 하나이다. 독특한 향과 정유 성분이 충의 접근을 막는 것으로 추정된다. 때문에 양배추나 콩, 당근, 새비어 등의 작물을 경작할 때 로즈마리를 같이 심어주면 배추벌레나 콩바구미, 당근파리 등의 해충을 예방하는데 도움을 준다고 한다. 로즈마리 잎과 줄기를 물에 달이거나 알코올에 우려 활용해도 된다.

[충기피식물 22]

고사리

잎이 펴지 않은 새순을 채취해 나물 또는 국거리로 쓴다. 식물 전체를 가을에 캐서 햇볕에 말린 다음 이뇨제·해열제로 쓰기도 한다. 서양에서는 뿌리를 조충과 회충의 구제, 피임 등에 사용한다고 한다.

고사리는 세계적으로 널리 분포하는 여러해살이 양치식물로서 남극이나 사막과 같은 곳을 제외한 온대와 열대 지역의 모든 대륙에서 발견된다. 과거에는 하나의 종(Pteridium aquilinum)으로 취급했으나 오늘날에는 12개의

변종으로 분류되어 고사리속을 형성한다. 우리나라에 자생하는 고사리는 변종 라티우스쿨룸으로, 북유럽과 동아시아 그리고 북아메리카에 걸쳐 분포하고 있다. 직경 1cm 정도의 굵고 검은색의 뿌리줄기가 땅속에서 사방으로 퍼지며 이 뿌리줄기에서 고사리 잎이 자라 나온다. 뿌리줄기가 땅속 깊이 뻗어 있어 산불이 나도 살아남아 다른 식물보다 앞서 번식하게 된다. 잎줄기가 긴 것은 1m까지 자라며, 지하부는 검은색으로 갈색의 털이 약간 빽빽하게 자라있다. 잎은 넓은 계란형삼각형을 하고 있으며, 2~3회 깃털 모양으로 갈라져 있다. 다 자란 고사리의 잎 뒷면에는 포자낭이 생겨 터지면 그 안의 포자가 땅에 떨어져 번식한다.

재배 방법

고사리를 재배하려면 최소한 1년 이상 뿌리줄기(근주:根株) 양성이 필수적이다. 처음에는 근주를 전문으로 파는 곳에서 구입하거나 산야에 자생하는 우량 근주를 채취하여 사용하도록 한다. 전국 산야에서 쉽게 찾을 수 있지만 대개 뿌리가 깊고 흙이 단단하며 돌이 많은 곳에서 자라기 때문에 굴취하는 작업이 쉽지 않다. 근주의 채취 시기는 잎줄기가 고사하는 10~11월경부터 이듬해 땅속의 눈이 움직이기 시작하는 3월 상중순까지가 적기로, 겨울 전에 굴취한 근주는 건조와 동해를 막기 위

하여 땅속에 매장하여 두도록 한다. 심는 시기는 일반적으로 눈이 움직여 나오기 전인 3월 상중순에 실시하는 것이 보통이다. 근주를 눈이 붙도록 길이 20~30cm 정도로 절단하여 60~90cm 정도의 사이를 두고 심되 10cm 이상 다소 깊게 심는다. 근주는 세력이 매우 강한 1~2년생의 것이 좋다. 묵은 것은 생육이 둔하기 때문에 이랑을 좁히고 많이 심어야 한다. 정식 후 짚이나 낙엽으로 피복하고 7~8월 여름철 가뭄 시에는 밭 전면에 관수를 하는 등 특히 건조방지에 주력한다. 늦가을에 잎줄기가 말라 죽어 쓰러지면 월동을 위하여 그대로 두었다가 이듬해 봄 새싹이 나오기 전에 소각하거나 제거한다.

약성 및 활용

이른 봄 고사리의 새순이 나와 잎이 펴지지 않고 둥그렇게 말려 있을 때 채취해 삶은 다음 나물 또는 국거리로 쓰며, 뿌리줄기에서는 녹말을 얻는다. 또한 식물 전체를 가을에 캐서 햇볕에 말린 다음 이뇨제·해열제로 쓰기도 한다. 소염, 해독작용이 있어 칼에 베인 상처나 뱀에 물렸을 때 사용하기도 한다. 서양에서는 뿌리를 조충과 회충의 구제, 피임 등에 사용한다고 한다.

「동의보감」에서는, 고사리순을 궐채(蕨菜)라 하여 "성질이 차고[寒] 활(滑)하며 맛이 달다[甘]. 갑자기 나는 열을 내리고 오줌을 잘 나가게 한다. 삶아서 먹으면 맛이 아주 좋다. 그러나 오랫동안 먹어서는 안 된다. 양기가 줄어들게 되

고 다리가 약해져서 걷지 못하게 되며 눈이 어두워지고 배가 불러 오른다."고 적고 있다.

특히 날것으로 과다복용해서는 안 된다. 소나 말, 양과 같은 가축이 고사리를 다량으로 뜯어먹고 중독 증상을 일으켜 폐사하는 경우가 종종 있다고 한다. 고사리에서 문제가 되는 독성분은 아노이리나제(Aneurinase)와 후디키로사이트이다. 아노이리나제는 비타민 B1을 파괴시켜 각기병을 유발해 보행곤란, 직립불가 등의 증상을 유발할 수 있으며, 후디키로사이트는 암을 유발하는 발암물질로 알려져 있다. 그러나 고사리순처럼 어린잎을 충분히 삶고 우려 가끔 먹는 경우에는 문제가 되지 않는다고 한다.

최근에는 새로운 살충제 성분을 고사리에서 찾고 있다는 보고가 있다. 뿌리를 기생충의 구제에 사용하는 경우도 있어 고사리를 천연농약의 자재로 사용할 가능성은 충분하다고 하겠다. 뿌리줄기가 잎에 비해 5배 이상 독성이 강하다고 알려져 있으므로 뿌리줄기나 다 자란 성숙한 잎줄기를 물에 삶아내는 방법으로 활용하면 효과적이다.

[충기피식물 23]

마삭줄

관절염, 신경통, 어혈, 각기, 무릎이 시큰시큰 쑤시고 아픈 데, 고혈압 등에 뛰어난 치료 효과가 있다. 그러나 다량섭취하면 호흡, 심운동의 억제, 마비를 일으킨다.

마삭줄(Trachelospermum asiaticum)은 남부 지방에선 흔하게 볼 수 있는 협죽도과의 늘푸른 덩굴성식물이다. 뻗어나간 줄기 마디에서 뿌리가 나서 다른 물체에 붙어 올라간다. 대부분 바위나 나무 그루터기에 무리지어 자라지만 살아 있는 나무를 타고 오르기도 한다. 잎은 달걀모양으로 마주난다.

작은 것은 1cm 정도에서 큰 것은 7~8cm정도에 이른다. 표면은 짙은 녹색이고 윤기가 있다. 그러나 건조한 곳이거나 겨울철에는 잎이 적갈색을 띠기도 한다. 가장자리는 밋밋하다. 개체에 따라 흰색 잎맥이 선명한 것이 있는 반면 그렇지 못한 것도 있다.

꽃은 5~6월에 핀다. 꽃대 하나에 대여섯 개의 꽃이 모여 핀다. 지름 2~3cm이며 5개의 흰색 꽃잎이 바람개비 모양으로 달린다. 인동꽃처럼 시간이 지나면 노란색으로 변하며, 은은한 향기가 난다. 가을에 달리는 열매는 팥의 기다란 꼬투리 모양으로 생겼다. 길이 10~20cm 정도로 두 개씩 마주 달린다. 익어 벌어지면 민들레처럼 갓털을 단 종자가 바람에 날아가도록 되어 있다. 마삭줄에 비해 전체가 대형인 것을 백화등, 잎의 뒷면에 짧은 털이 밀생하는 것을 털마삭줄이라 하여 따로 구분하기도 한다.

재배 방법

남부 지방에선 밭두둑이나 산에서 흔하게 만날 수 있어 굳이 재배를 필요로 하지는 않지만 중부 이상의 지역이거나 도심에서 분재 형태로 키우고자 할 경우에는 원예점에서 구입하거나 꺾꽂이를 이용하는 것이 좋다. 꺾꽂이의 경우 봄철 새순이 나오기 전이나 6~7월에 줄기를 15cm 정도로 잘라 아랫잎을 따버리고 심는다. 심은 후에는 해가림을 해주고 마르지 않도록 관리한다. 뿌리가 잘 내리는 편이다. 종

자를 이용하고자 할 경우에는, 가을에 씨앗을 채취하여 직파하거나 모래와 섞어 두었다가 이듬해 봄에 파종한다. 음지에서도 잘 자라지만 음지에서는 거의 꽃이 피지 않으므로 꽃을 보려면 햇빛이 어느 정도 드는 곳에서 키우는 것이 좋다. 적습지를 좋아하지만 건조한 토양에도 아주 강한 편이다. 화분에서 키우는 경우 표면의 흙이 마르면 충분히 물을 주고, 겨울에는 실내에서 관리 하는 것이 좋다. 그리고 덩굴성 식물이므로 가능하면 작을 때부터 지주에 감아서 키우도록 한다. 꽃은 몇 년이 지나야만 핀다.

약성 및 활용

관절염, 신경통, 어혈, 각기, 무릎이 시큰시큰 쑤시고 아픈 데, 고혈압 등에 뛰어난 치료 효과가 있다고 한다. 「동의학사전」에서는 마삭줄에 대해 "사철 푸른 덩굴나무인 마삭줄의 줄기와 잎을 말린 것이다. 마삭줄은 우리나라 남부의 산기슭 나무숲이나 바위 위에 자란다. 여름철에 잎이 붙은 줄기를 베어 햇볕에 말린다. 맛은 쓰고 성질은 약간 차다. 심경, 간경, 신경에 작용한

다. 풍습을 없애고 경락을 잘 통하게 한다. 비증, 사지경련, 요통, 관절통, 편도염, 부스럼 등에 쓴다. 하루 5~10g을 물로 달여서 먹는다."고 적고 있다. 줄기에 아르크티인(arctiin), 트라켈로시드(tracheloside), 마타이레시노사이드(matairesinoside), 노르트라켈로사이드(nortracheloside), 담보니톨, β-시토스테릴 글루코사이드, 키마로스 등의 성분이 들어 있다.

다량 섭취하면 호흡, 심운동의 억제, 마비를 일으킨다. 아르크티인(arctiin)은 약리실험에서 혈관을 확장시켜 혈압을 강하시키고 냉혈동물과 온혈동물에게 경련을 일으키며 대량 투여 시 호흡곤란을 가져오는 것으로 알려져 있다. 중독 증상으로는 설사, 구토, 식은땀 등을 일으킨다. 맥박이 흐트러지고 다음에는 호흡곤란과 심장마비 등에 의해 죽음에 이를 수 있다. 마삭줄의 독성을 친환경농업에서 천연농약으로 이용할 수 있다. 식물 전체를 물에 달이거나 우려내어 사용한다.

[충기피식물 24]

편백나무

편백나무에는 피톤치드를 발생시키는 정유가 다른 나무에 비해 매우 많이 함유되어 있다. 편백정유의 항균성은 농약의 원료로 사용되고 있는 황산동(黃酸銅)과 비슷하거나 그보다 높다는 연구 결과가 있다.

편백(Chamaecyparis obtusa)은 측백나무과의 늘푸른 키큰나무로 일본이 원산지이며, 우리나라에는 1900년대 초에 도입되어 남부 지방에 식재되었다. 일본어로는 히노키(檜木)라고 하며, 영어로는 hinoki cypress라고 한다. 나무 모양이 원추형을 이루며 높이 30~40m, 지름 2m까지 자란다. 가지는 옆으로 퍼지고, 수피(樹皮)는 적갈색에 세로로 얇게 벗겨진다. 비늘처럼 생긴 조그만 잎은 2장씩 서로 마주보며 4장이 모여 달린다. 위아래에 달리는 잎은 짧고 끝이 뭉툭한 반면 좌우에 달리는 잎은 약간 길다. 뒤쪽에 Y자형의 흰색 무늬가 있으며 잎에서 특유의 향이 난다. 4월에 타원형의 수꽃과 공처럼 생긴 암꽃이 가지 끝에 따로따로 핀다. 열매는 공처럼 둥글게 생겼으며 지름 1cm 정도에 홍갈색을 띤다. 8~10개의 조각(실편)으로 되어 있고 조각마다 씨가 2~5개씩 들어 있다. 재질이 좋아 일본에서는 옛날부터 최고급 건축재나 내장제로 사용되어 왔다. 비슷한 나무로 화백이 있는데, 편백과 달리 잎 뒤쪽에 W자형의 흰색 무늬가 있다. 편백에 비해 습한 곳에서 잘 자라고 성장이 빠른 반면 재질은 떨어진다. 여러 원예 품종들이 있다.

재배 방법

우리나라에는 삼나무와 같이 도입되어 고흥, 장성, 해남, 장흥 등 남부 지방과 제주도에 많이 식재되어 있다. 난대 및 온대 남부의 해발고 400m 이하의 산기슭 및 계곡으로, 토심이 깊고 배수가 잘되는 곳에서 잘 자란다. 다소 건조한 곳과 척박한 곳에서도 잘 견디나 내한성과 내염성은 약한 편이다. 목재로서의 가치뿐만 아니라 최근에는 웰빙 바람을 타고 편백나무숲이 건강 및 체험 공간으로서 각광을 받고 있다.

재배하려면 종묘상에서 어린 묘목을 구해 심거나 종자 및 삽목으로 번식한다. 종자 번식의 경우 9~10월에 종자를 채취하여 건조한 곳에서 저장 후 이듬해 봄에 파종하여 증식한다. 삽목의 경우는, 4월 중에 전년도 가지를 10~15cm 길이로 다듬어 2~3시간 물에 담가두었다가 아래쪽의 잎만 따서 반 정도를 땅에 꽂는다. 삽목 후 해가림을 해주고 발근 촉진제 처리를 하면 더욱 효과적이다. 나무를 심은 후 3~5년간은 풀베기를 해주고 가지치기, 잡목 솎아베기와 간벌을 약하게 자주 계속해 주어 굵은 마디가 생기지 않도록 한다.

약성 및 활용

편백나무 등 상록침엽수 숲에 가면 독특하면서도 상쾌한 향을 맡을 수 있는데 이것은 피톤치드(phytoncide) 때문이다. 피톤치드는 식물을 의미하는 phyton(英=plant)과 살균력을 의미하는 cide(英=killer)의 합성어로, 수목이 해충이나 병원균으로부터 자신을 보호하기 위해 분비하는 천연 항균 물질을 총칭하는 말이다. 피톤치드는 테르펜을 비롯한 페놀 화합물, 알칼로이드 성분, 글리코시드 등으로 구성되어 있다.

지금까지 밝혀진 피톤치드의 효과로는 아토피와 같은 알레르기 및 피부 질환 개선, 강력한 항균작용, 소취작용 및 유해물질 중화, 인체의 면역력 강화, 진정작용과 쾌적효과, 스트레스 완화작용 등이 있다. 편백나무에는 이러한 피톤치드를 발생시키는 정유가 표에서 보듯이 다른 나무에 비해 매우 많이 함유되어 있다. 또한 국립산림과학원 등이 편백나무와 함께 소나무, 잣나무, 화백나무 등 4종류의 침엽수를 대상으로 스트레스를 일으키는 호르몬인 '코르티솔(cortisol)'을 낮추는 효과를 실험한 결과에서도 편백나무에서 추출한 정유가 훨씬 우수한 것으로 나타났다. 충북대

수종	겨울	여름	수종	겨울	여름
전나무	2.9	3.3	삼나무	3.6	4.0
구상나무	3.9	4.8	편백나무	5.2	5.5
소나무	1.7	1.3	화백나무	3.1	3.3
잣나무	1.6	2.1	향나무	1.8	1.4
리기다소나무	0.7	0.8	측백나무	1.0	1.3
국내산 침엽수잎의 정유함량(단위: ml/100g) 자료: 박재철, 1991. <환경과 조경> 중에서					

동물의학연구소의 실험에서는 편백정유를 5% 농도로 희석하여 포도상구균, 레지오넬라균 등에 투여하였는데, 일반 항생제에 버금가는 효과가 있는 것으로 확인됐다. 또한 새집증후군의 원인 물질인 '포름알데히드'와 아토피를 유발하는 집먼지진드기에 대해서도 뛰어난 효과를 보이는 것으로 조사되었다.

편백정유의 항균성은 농약의 원료로 사용되고 있는 황산동(黃酸銅)과 비슷하거나 그보다 높다는 연구 결과가 있다. 친환경농업에서 편백나무를 활용한 예는 흔치 않으나 향후 그 가능성은 충분하다고 하겠다. 특히 편백정유는 천연물질로서 강력한 항균작용을 하면서도 기존의 항생제가 갖는 고질적 문제점인 내성이 없다는 점에서 주목된다. 편백정유는 편백 잎 및 가지를 잘게 부순 뒤 가압증류하면 얻을 수 있다. 잎을 갈아 즙을 내거나 물에 달이거나 알코올에 우려내는 등의 방법으로 천연농약으로 이용할 수 있다.

[충기피식물 25]

마늘

마늘에서 살균, 살충작용을 나타내는 가장 유효한 성분은 알리신(Allicin)이다. 알리신은 감기가 많이 도는 때나 소대장염을 앓을 때 쓰면 유효하며, 결핵균·콜레라균·이질균·임질균에 대한 살균 효과도 뛰어나다.

마늘(Allium sativum L.)은 백합과 파속에 속하는 여러해살이풀로 주로 재배되고 있다. 원산지는 중앙아시아로 추정되며 한국, 일본, 인도, 열대 아시아 전지역, 남유럽 등지에 분포한다. 고대 이집트 시대에 마늘이 널리 재배되었다는 기록이 있으며, 우리나라에는 중국을 거쳐 전래된 것으로 여겨지는데, 「삼국유사」 단군신화'조에 기록되어 있는 것으로 보아 재배 역사가 매

우 오래된 것으로 보인다. 마늘의 어원에 대해 1870년경에 발간된 「명물기략(名物紀略)」에서는, '맛이 매우 날(辣)하다 하여 맹랄(猛辣)이라 부르던 것이 마늘이 되었다'고 한다.

키는 60cm 가량이며 수염뿌리는 얕게 뻗고 줄기 아래쪽에 둥근 원추형의 비늘줄기를 형성한다. 비늘줄기는 연한 갈색의 껍질 같은 잎으로 싸여 있으며, 안쪽에 5~12개의 작은 비늘조각, 즉 마늘쪽이 둥글게 열을 지어 들어 있다. 마늘쪽은 대개 3면으로 되어 있고 둥근삼각뿔 형태다. 잎은 긴 피침형으로 줄기에서 3~4장이 어긋나게 달린다. 7월에 잎 속에서 나온 꽃줄기, 즉 마늘종 끝에 연자주색 꽃이 산형화서로 달린다. 화피는 6장이고 꽃 사이에 무성아가 촘촘히 달린다. 결실기는 9월이다.

재배 방법

마늘은 재배 역사가 오래된 만큼 수없이 많은 품종들이 만들어졌는데 심는 장소와 시기, 꽃대가 자라는 정도 및 비늘줄기에 들어 있는 마늘쪽 수 등으로 구분하고 있다. 우리나라에서는 크게 난지형과 한지형으로 나뉜다. 난지형은 대부분 조생종으로 8월 하순~9월 초순에 뿌리내림이 시작되며 파종 후 곧 싹이 트고 생장이 계속되어 상당히 자란 상태에서 월동한다. 마늘쪽은 10~12쪽이고 매운 맛이 적으며 저장성이 약하다. 반면 한지형은 파종 후 뿌리

는 내리지만 월동 전에 싹이 트지 못하고, 해동하면서 싹이 출현한다. 마늘쪽 수는 6~8개 정도이고 매운 맛이 강하며 저장성도 좋다.

일반적으로 남부 지방에서는 난지형 마늘인 여러쪽마늘, 중북부 지방에서는 한지형인 여섯쪽마늘을 선택하여 재배한다. 한지형을 난지에서 재배하면 저온요구도가 불충분하여 마늘쪽 크기가 불량해지고, 반대로 난지형을 한지에서 재배하면 동해를 받아 생육이 저조하고 수량이 감소한다. 보통 남부 지방은 9월~10월 상순에 파종하여 6월 상순에 수확하고, 중부 내륙 지방은 10월 상중순경에 파종하여 6월 중하순에 수확한다. 심는 방법은 마늘쪽을 위로 향하도록 곧게 심되, 줄 사이 20cm, 포기 사이 10cm 정도로 하여 마늘쪽의 2~3배 정도 또는 5~7cm 가량 복토하는 것이 적당하다. 이보다 더 깊이 복토하면 통이 작아지기 쉽고, 얕게 심으면 겨울 동안의 한해와 벌마늘이 많아진다. 중북부 지방에서는 비닐 피복을 하지 않을 경우 볏짚, 낙엽, 두엄 등으로 덮어주는 것이 좋다.

약성 및 활용

우리나라에서 마늘은 거의 모든 음식의 양념으로 쓰이고 있다. 마늘종을 데쳐 나물로 만들어 먹거나 마늘을 간장에 절여 마늘장아찌를 만들기도 한다. 한방에서는 마늘을 대산(大蒜) 또는 호산(葫蒜)이라고 하여 약재로 이용한다.

「동의학사전」에서는 마늘에 대해서 "맛은 맵고 성질은 따뜻하다. 비경, 위경에 작용한다. 기를 잘 돌게 하고 비위(脾胃)를 덥혀주며 풍한(風寒)을 없앤다. 또 온역(溫疫)을 예방하고 살충하며 해독하고 부스럼을 낫게 한다. 억균작용, 유행성감기바이러스에 대한 억제작용, 건위작용, 강압작용(소량에서), 동맥경화예방작용, 항암작용, 면역부활작용, 이뇨작용, 자궁수축작용 등이 실험적으로 밝혀졌다." 고 적고 있다.

마늘에서 살균, 살충작용을 나타내는 가장 유효한 성분은 알리신(allicin)이다. 마늘에는 아미노산의 일종인 알린(allin)이 상당량 들어 있는데, 마늘을 씹거나 다지면 알린이 알리신(allicin)과 디알릴 디설파이드(diallyl disulfide)로 분해된다. 이때 마늘의 강한 향이 만들어진다. 알리신은 감기가 많이 도는 때나 소대장염을 앓을 때 쓰면 유효하며, 결핵균·콜레라균·이질균·임질균에 대한 살균 효과도 뛰어나다. 알리신(allicin)이 함유된 마늘 추출물과 오일은 광범위한 농업해충 종류에 대하여도 살충, 기피, 살선충과 살균의 특성을 나타내는 것으로 알려져 있다. 간단히 생마늘을 갈아 즙을 내거나 물이나 알코올에 우려내는 등의 방법으로 친환경 농사에 활용할 수 있다. 단 마늘에 열을 가하면 효소가 파괴되어 매운맛이나 냄새, 살균작용이 없어지므로 주의한다.

[충기피식물 26]

양파

양파는 주로 비늘줄기를 식용으로 이용한다. 맛이 달고 매우며 성질은 따뜻하고 독이 없다. 수프를 비롯하여 카레라이스 및 각종 고기 요리에 사용한다.

양파(Allium cepa L.)는 백합과 파속에 속하는 2년생 또는 여러해살이풀로 땅속 둥근 비늘줄기를 식용으로 하는 채소의 하나이다. 원산지는 이란·파키스탄 및 그 북부 산악지역이라고 추정하고 있다. 기원전 3000년경의 이집트 벽화 속에 마늘과 함께 기록될 정도로 재배 역사가 길며 지금은 거의 전 세계에서 재배가 이루어지고 있다. 우리나라에서는 1900년대 초에 처음으로 재배되기 시작했는데, 서양에서 들여온 것으로 파와 같은 향이 난다고 해서

양파라고 부르게 되었다. 잎은 속이 비어 있는 원기둥 모양이며 길이 30~50㎝ 정도로 여러 개가 어긋나게 달린다. 꽃이 필 때 마르며 밑 부분은 두꺼운 비늘 조각으로 되어 있다. 땅속 비늘줄기는 납작한 둥근 모양 또는 둥근 모양이며 지름 10㎝ 정도로 겉에 자줏빛이 도는 얇은 갈색 껍질이 있고, 층층이 겹쳐진 안쪽 비늘은 두꺼우며 매운맛이 난다. 여름에 길이 50~100㎝의 굵은 꽃줄기가 뻗어 나와 그 끝에 흰색의 자잘한 꽃으로 이루어진 공 모양의 꽃이삭이 달린다. 종자는 검은색이고 길이 2~3㎜이다.

재배 방법

우리나라에서는 8~9월에 모판에 파종하여 10월에 어린모를 밭에 정식하고, 다음해 6월 무렵에 수확하는 가을뿌림재배가 대부분을 차지하고 있다. 조생종이거나 추위가 빨리 오는 내륙 지방일수록 파종을 빨리하는데 너무 빠르면 생육이 지나쳐 분구 및 꽃대 발생이 많아진다. 남부 지방을 기준하면 9월 초순에 씨를 뿌리는 것이 적당하다. 0.5cm 두께로 흙을 덮어주고 짚

으로 멀칭한 후 가는 물뿌리개를 이용해 씨앗이 드러나거나 한쪽으로 쏠리지 않도록 여러 번에 걸쳐 나누어 물을 준다. 싹이 틀 때까지 건조하지 않도록 관리하는 것이 중요하다. 5~7일 후 싹이 돋아나서 1cm 정도 되었을 때 짚을 걷어준다.

아주심는 시기는, 어린뿌리가 생장할 수 있는 최저온도가 4℃이므로 그 지방의 평균기온이 4℃로 내려가기 25~30일 전이 적당하다. 모의 키가 25~30cm에 잎수가 4매 정도인 것을 15cm 간격으로 3cm 정도 깊이로 얕게 심는다. 아주심기 전 두둑을 만들어 비닐멀칭을 해주면 지온이 높아지고 토양 수분이 보존되기 때문에 뿌리내림이 빨라지고 생육이 촉진되어 수량이 많아진다. 양파는 비료를 많이 요구하는 작물의 하나이다. 또한 산성토양에서는 생육 및 비늘줄기의 커짐이 매우 불량하므로 석회 등을 이용해 토양산도를 ph 6.3~7.3이 되도록 해준다. 잎이 쓰러져 마르기 시작하면 수확한다.

약성 및 활용

양파는 주로 비늘줄기를 식용으로 이용한다. 맛이 달고 매우며 성질은 따뜻하고 독이 없다. 수프를 비롯하여 카레라이스 및 각종 고기 요리에 사용한다. 피클이나 샐러드로도 이용하는데, 샐러드로서 생식할 때에는 매운맛이 적고 색깔이 아름다운 적색계통의 양파를 주로 쓴다. 한방에서는 창상, 궤양, 부인질염, 고혈당, 당뇨병 등에 이용한다. 비타민이 풍부하여

비타민 결핍증에도 효험이 있다.

생것에서 매우 자극적인 냄새와 매운맛이 강한 것은 이황화프로필알릴(allyl propyl disulfide)과 황화알릴(allyl sulfide) 등의 유황화합물 성분 때문이다. 이것들은 자극성이 있어 신경을 활발하게 하고 흥분시킨다. 또한 혈액순환을 촉진시키고 해독작용을 한다. 살균력이 매우 강하여 황색포도상구균, 디프테리아균 등을 죽이며 여성의 트리코모나스질염 치료에 사용된다. 황화알릴은 비타민 B1의 흡수를 높이며, 이황화프로필알릴은 혈당치를 낮추고, 양파의 노란색 색소인 퀘르세틴(quercetin)은 항산화 및 고혈압 예방에 효과가 있는 것으로도 알려져 있다. 친환경농업에서는 천연 살균제나 충기피제로서 마늘의 사용방법에 준하여 간단히 생즙을 내거나 물 또는 알코올에 우려내어 사용하면 된다.

[충기피식물 27]

매운고추

고추의 매운맛을 내게 하는 성분은 캅사이신(Capsaicin)이다. 부위에 따라 차이가 있는데 껍질 쪽보다 씨가 붙어 있는 태좌(胎座)라는 흰 부분에 많이 들어 있다. 눈과 입안에 있는 점막과 같은 예민한 피부에 닿을 경우 타는 듯한 느낌이 든다.

고추(Capsicum annuum L.)는 중부 열대 아메리카가 원산지로 여러해살이 풀이나 우리나라에서는 1년생으로 재배하는 주요 채소 작물이다. 임진왜란을 전후하여 일본을 통해 도입된 것으로 보인다. 높이 60㎝ 정도에 잎은 어긋나고 달걀형 바소꼴 모양으로 양끝이 좁고 가장자리가 밋밋하다. 여름에 흰색 꽃이 잎겨드랑이에서 핀다. 열매는 길이 5~10cm 정도의 원뿔형으로 익으면 빨갛게 된다. 고추는 쉽게 교잡종이 만들어지기 때문에 전 세계로 전파되는 가운데 수많은 품종이 생겨났으며 우리나라에서만도 재배되는 품종이 약 100여 종에 이르고 있다. 그중 매운맛 때문에 땡초, 청량초 등으로도 불리는 매운고추, 일명 청양고추는 매운맛을 내는 캅사이신(capsaicin) 성분이 다

량 함유된 만생종 고추를 가리킨다. 청양고추라는 이름의 유래에 대해서는, 첫 임상재배가 이루어진 경북 청송의 청(靑)과 영양의 양(陽)자를 합해 만들어졌다는 설이 유력하다. 청양고추의 캅사이신 함량은 100g당 250~300mg으로 풋고추의 12.5~15배에 달한다. 향기가 강하고 과피가 두꺼워 오래 저장해도 맛이 변하지 않는 장점이 있는 반면 기온이 낮고 일조량이 적으면 수확이 줄어드는 단점도 있다. 생산량은 경상남도 밀양과 진주가 전국 생산량의 70% 정도를 차지하고 있다.

재배 방법

고추는 고온성 작물로서 발육에 알맞은 온도는 25℃ 정도이다. 토양이 기름지고 물이 잘 빠지는 곳에서 잘 자란다. 고추씨를 바로 밭에 뿌려서 가꾸면 수확량이 적어지므로 온상에서 모종을 기른 다음 옮겨 심어 키운다. 품종에 따라 차이가 있지만 보통 노지재배의 경우 남부 지방은 2월 초순에 파종하여 5월 상순경에 아주심기하며, 중부 지방은 2월중하순에 파종하고 5월 중순경에 아주심는다. 6월중순부터 8월 상순까지는 풋고추를 수확하고, 8월 중순이후에 3~4회에 걸쳐 붉은고추를 수확한다. 고추묘를 구입하여 심는 경우, 구입한 묘는 포트 상태로 오래 두지 말고 늦어도 3~4일 안에 심는 것이 좋다. 맑은 날을 선택하여 심고, 전날 포트에 물을 충분히 주어 묘를 채취하기 쉽도록 한다. 심을 때는 포토에 심겨진 깊이대로 심는다. 너무 깊으면 줄기 부위에

서 새뿌리가 나와 활착이 늦고, 얕으면 건조해를 받기 쉽다. 이랑을 가능한 높게 하고 밀식재배를 피하면 역병이나 탄저병 등의 병균과 병충해 발생을 줄일 수 있다. 멀칭을 하면 지온이 높아져 생육이 빨라지고 잡초관리가 용이해진다.

약성 및 활용

김치 등 각종 요리에 양념으로 이용한다. 비타민C가 귤이나 사과에 비하여 매우 풍부하게 들어 있다. 한방에서는 고추 열매를 번초(蕃椒) 또는 당신(唐辛)이라고 하여 달인 물을 동상 걸린 곳에 바르거나 신경통이나 근육통의 치료제로 쓰기도 한다. 고추의 매운맛은 소화관의 운동을 촉진시키고 위산 분비를 촉진시켜 소화가 잘되게 한다. 또한 지방을 연소시켜 콜레스테롤을 낮추며 냉증을 없앤다. 음식의 발효를 돕고 산패를 막는 역할도 한다. 그러나 한꺼번에 너무 많이 먹으면 피부에 반점이 생기고 위를 상하게 할 수 있다.

고추의 매운맛을 내게 하는 성분은 캅사이신(capsaicin)이다. 순수한 캅사이신은 물과 섞이지 않는 무색무취의 밀랍성 결정체이다. 열에도 강해 쉽게 파괴되지 않는다. 부위에 따라 차이가 있는데 껍질 쪽보다 씨가 붙어 있는 태좌(胎座)라는 흰 부분에 많이 들어 있다. 눈과 입안에 있는 점막과 같은 예민한 피부에 닿을 경우 타는 듯한 느낌이 든다. 때문에 폭동 진압용 최루 스프레이로 활용되는데 과다노출 시 호흡곤란, 창백, 경련 등의 증상이 나타난

다. 대량의 순수 캅사이신은 사람을 죽음에 이르게도 할 수 있다. 고추가 캅사이신을 만들어 내는 이유는 자신을 다른 동물로부터 보호하고, 동시에 씨를 퍼뜨려 종자의 번식을 도모하기 위해서인 것으로 알려져 있다. 미국 애리조나주 남부의 칠레고추밭에서 칠레고추를 먹는 동물들을 관찰한 결과, 고추에게 위협이 되는 동물들에게는 캅사이신이 독으로 작용해 섭취를 방해하고, 고추의 씨를 퍼뜨리는 데 도움이 되는 동물, 주로 새들에게는 맛있는 먹이가 되어 고추씨가 이들의 배설물에 섞여 멀리까지 퍼진다는 사실이 발견되었다.

캅사이신은 또한 균을 억제하는 작용이 있다. 1만분의 1의 희석액에서도 억균작용을 보인다. 때문에 감자의 흑반병, 담배의 모자이크병을 예방하는 데도 이용한다. 친환경농업에서는 마늘처럼 생즙을 내어 다른 독초식물과 혼용하여 병충해 방제에 이용하고 있다. 고추 중에서도 캅사이신 성분이 많이 들어 있는 청양고추를 이용하면 더 효과적이다.

[충기피식물 28]

쇠비름

한방에서는 전초 말린 것을 마치현이라 하여 주로 임질, 요도염 등 비뇨기과 질환과 종창에 사용한다. 열을 내리고 해독하며 어혈을 없애고 살충하며 소변이 잘 나오게 한다.

쇠비름(Portulaca oleracea)은 쇠비름과에 속하는 한해살이풀로 길가·채소밭·빈터에서 흔히 볼 수 있는 다육질의 식물이다. 온대·열대에 걸쳐 널리 분포하며 인도와 유럽에서는 품종을 개량해 재배하기도 한다. 높이 15~30㎝ 정도이다. 줄기는 적갈색을 띠고 털이 없으며 매끈하다. 밑동에서 여러 갈래로 갈라져 땅을 기거나 비스듬히 서서 자란다. 잎은 달걀을 거꾸로 세운 모

양으로 마주나거나 어긋나지만 윗부분에서는 돌려나는 것처럼 보인다. 5월부터 노란색 꽃이 가지 끝에 달린다. 꽃잎은 5장이며 꽃자루는 없다. 아침에 피었다가 한낮이 되면 오므라든다. 그늘지거나 비가 오는 날에도 꽃봉오리를 닫는다. 열매는 타원형으로 8월에 익으며 윗부분이 뚜껑처럼 떨어져 나간다. 그 안에 긴 자루가 달린 검은 씨앗이 가득 들어 있다. 뿌리는 흰색이나 짓이기면 붉은색으로 변한다. 같은 속(屬)에 속하는 식물로는 채송화(P. grandiflora)가 있다.

재배 방법

쇠비름은 한 해 동안 네 번의 세대교체가 가능할 만큼 재생력과 번식력이 뛰어나다. 환경이 여의치 않을 때는 닫힌꽃가루받이로 자가수정을 하며, 뿌리가 뽑혀도 달린 씨앗은 성장을 멈추지 않는다. 다육질의 특성상 건조에도 강해 한여름에 뽑아 두어도 며칠씩 살아남는다. 그만큼 번식이 왕성해서 농사에서는 골치 아픈 잡초로 간주된다. 특히 참깨에 대해 타감작용이 강하다.

번식은 포기나누기로 하거나 씨로 한다. 주로 수분이 많고 거름지며 산성에 가까운 토양에서 잘 자란다. 햇볕을 좋아해 그늘진 곳에서는 생육이 부진하다. 파종에서 수확까지는 대략 6~8주가 걸린다. 조기 수확을 하려면 이른 봄 온상을 씌워 파종한다. 노지에서는 늦은 봄부터 여름까지 파종할 수 있다. 잎과 줄기를 잘라내도 계속해서 새줄기가 나오므로 여름내 수확이 가능하다.

약성 및 활용

서양에서는 상추와 더불어 샐러드에 쓰이며, 우리나라에서는 부드러운 잎과 줄기를 소금물에 살짝 데쳐 햇볕에 말려 저장하였다가 겨울철에 나물로 무쳐 먹는다. 주로 생선이나 해조류에 들어 있는 불포화지방산인 오메가 3(omega-3) 지방산, 특히 알파리놀렌산이 신선한 잎 100g에 300~400mg이 들어 있다. 칼륨도 560mg 정도로 풍부하다. 그 외에 비타민, 마그네슘, 칼슘, 노르아드레날린(noradrenaline), 도파민(dopamine) 등의 성분이 들어 있다. 한방에서는 전초 말린 것을 마치현이라 하여 주로 임질, 요도염 등 비뇨기과 질환과 종창에 사용한다. 「동의학사전」에서는, "여름부터 가을 사이에 전초를 채취하여 증기에 찌거나 끓는 물에 데쳐서 햇볕에 말린다. 신선한 것을 쓰기도 한다. 맛은 시고 성질은 차다. 심경, 대장경에 작용한다. 열을 내리고 해독하며 어혈을 없애고 살충하며 소변이 잘 나오게 한다." 고 적고 있다.

「약초의 성분과 이용」에서는, "전초의 알코올 추출액은 대장균, 적리균, 티푸스균에 대한 억균작용이 있다. 임상 연구자료에 의하면 트리코모나스증과 세균성 이질에 치료효과가 뚜렷하다. 칼륨염에 의한 이뇨작용이 있다. 이질, 장염, 세균성 적리에 달여 먹이며 종창, 단독, 옴, 습진 등에 달여 먹거나 씻는다. 또한 산후출혈, 자궁출혈에 주사약으로 만들어 쓴다. 십이지장충증에는 신선한 풀 300g을 달여 먹으면 된다. 벌레독과 뱀 독을 푸는 데에도 쓰이며 여러 가지 곪는 질병과 직장암에 효과가 좋다."고 적고 있다.

친환경농업에서는 쇠비름을 천연 착색제와 살균, 살충제로 활용하고 있다. 쇠비름에는 베타레인(betalain) 계열의 천연색소인, 붉은색 베타시아닌(betacyanin)과 노란색 베타크산틴(betaxanthin)이 붉은빛 줄기와 노란색 꽃에 들어 있다. 이것들은 강력한 산화(노화)방지 및 항돌연변이 특성을 가진 것으로도 알려져 있다. 생즙을 내거나 물 또는 알코올에 우려내어 사용한다.

[충기피식물 29]

약모밀(어성초)

잎과 줄기에서 생선 비린내가 난다하여 어성초(魚腥草)라고 한다. 강력한 항균작용과 해독, 이뇨작용이 있다. 농약 중독으로 인한 손발 등의 저림 현상에도 뛰어난 효과를 보인다고 한다.

약모밀(Houttuynia cordata Thunb.)은 삼백초과의 여러해살이풀로 어성초(魚腥草)라는 이름으로 더 알려져 있다. 잎과 줄기에서 생선 비린내가 난다하여 붙여진 이름이다. 우리나라 울릉도·안면도·거제도를 비롯한 남부 지역 산속 그늘지고 물기가 많은 곳에서 자란다. 일본, 동남아시아 등지에도 분포하며 많은 농가에서 재배하고 있다.

약모밀은 20～50cm 크기로, 흰색의 가느다란 땅속줄기가 옆으로 벋으며 번식한다. 잎은 어긋나게 달리고 심장 모양으로 메밀이나 고구마 잎과 흡사하게 생겼다. 뒷면은 보라색을 띤다. 5~6월에 줄기 끝에 이삭 모양으로 연노랑 꽃차례가 달린다. 꽃차례를 꽃잎모양의 커다란 흰색 총포 4장이 받치고 있어 전체가 마치 하나의 꽃처럼 보이지만, 꽃차례에 달린 실제 자잘한 꽃은 꽃잎과 꽃받침이 없는 3개의 수술과 암술로 되어 있다. 열매는 삭과이고, 종자는 연한 갈색이다.

어성초와 함께 자주 입에 오르내리는 같은 식물과의 삼백초는, 꽃차례가 어성초에 비해 길고, 꽃이 필 무렵 맨 위의 잎 2~3장이 하얗게 변한다. 때문에 삼백초라고 한다. 또는 잎과 꽃과 뿌리가 모두 흰색이어서 그런 이름을 얻었다고도 한다.

재배 방법

약모밀은 다소 습기가 있으면서 직사광선이 비치는 곳보다는 약간 반그늘진 곳에서 잘 자란다. 나무 아래 또는 뒤뜰에 심어 두면 번식력이 좋아 금방 불어난다. 재배하려면 가을에 뿌리줄기를 잘라서 심는다. 뿌리를 약 3~5마디(10cm) 정도의 길이로 잘라서 흙 속에 눕혀서 묻되, 심는 깊이는 3~5cm 정도로 한다. 이랑 간격은 20cm 정도, 뿌리 사이는 10~15cm 간격으로 하는 것이 적당

하다. 심은 다음 바로 관수해주는 것이 좋다. 중부 지방에서는 가끔 지상부가 동해를 받아 봄철에 새싹이 나오는 것이 늦어지는 경우도 있으므로 짚이나 왕겨 등으로 겨울철에 멀칭을 해주는 것이 안전하다. 집에서 소량 키우고자 할 때는 번식력이 강하므로 화분이나 박스 등에 심어 두고 이용하는 것이 좋다. 꽃이 필 때까지는 잎을 따서 쓰고, 꽃이 피면 전초를 베어 그늘에 말려두었다가 활용한다. 어성초의 주요 성분 중의 하나인 케르세틴(quercetin) 함량은 생육 초기인 4월 하순에 채취하였을 때 가장 높고, 개화기 전까지 감소하다가 개화기 이후로 증가한다는 연구 결과가 있다. 부위별로는 꽃에서 가장 높게 나타난다.

약성 및 활용

일본에선 어성초가 뛰어난 해독 능력이 있다 하여 '도꾸다미(毒橋 : 독을 교정)'라고 부른다. 농약 중독으로 인한 손발 등의 저림 현상에도 뛰어난 효과를 보인다고 한다. 일본에선 의약품은 물론 건강식품, 미용제로 폭넓게 이용

되고 있는데, 최근 우리나라에서도 어성초를 이용한 많은 미용, 건강상품이 개발되고 있다. 꽃이 필 때 뿌리째 뽑아 그늘에 말린 것을 즙채 또는 십약이라고 하여 한방에서 약재로 이용한다.

「동의학사전」에서는 즙채에 대해서, "맛은 맵고 성질은 차다. 간경, 폐경에 작용한다. 열을 내리고 해독하며 소변이 잘나오게 하고 부종을 내린다. 약리실험에서 강심이뇨작용, 모세혈관강화작용, 강한억균작용 등이 밝혀졌다. 폐렴, 폐농양, 임질, 요도염, 방광염, 자궁염, 유선염, 치루, 무좀, 헌데 등에 쓴다. 하루 9~15g을 탕약으로 먹는다. 외용약으로 쓸 때는 즙을 내어 바른다. 차처럼 늘 마시면 동맥경화를 예방할 수도 있다."고 기록하고 있다.

「약초의 성분과 이용」에 따르면, "어성초의 비린내는 데카노일아세트알데히드(decanoyl acetaldehyde)와 라우린알데히드(laurin aldehyde)에 의한 것이다. 이 두성분은 신선한 전초에만 들어 있으며, 수증기 증류하여 얻은 정유에는 변화 생성물인 methyl-n-nonyl-ketone, myrcene, capric acid 등이 있다. 잎에는 케르시트린(quercitrin)이, 꽃과 열매이삭에는 이소케르시트린(isoquercitrin)이 있다. 데카노일아세트알데히드는 비병원성 곰팡이는 물론 백선균, 무좀균 등에 대한 항균작용이 있으며 포도알균(포도상구균), 임균, 항산성균에도 억균작용이 있다. 포도알균에 대한 항균력은 1:40,000이며 항생제 설파제보다 세다. 케르시트린은 이뇨작용과 강심작용이 세다. 또한 대장균, 티푸스균, 파라티푸스균, 적리균, 임균, 포도알균, 사상균에 대한 항균작용과 모세혈관 강화작용이 있다. 이소케르시트린도 모세 혈관 강화작용이 있다. "고 한다. 친환경 농업에서는 어성초를 생즙을 내거나 물에 달이거나 알코올 등에 우려 천연살균제로 활용하고 있다.

[충기피식물 30]

감자

감자에 들어 있는 유독성분인 솔라닌(solanine)은 잎과 싹, 감자 껍질과 눈에 많다. 곤충이나 병원균, 포식자로부터 스스로를 지키기 위해 만들어내는 성분이므로 살균, 살충의 성질을 가지고 있다.

감자(Solanum tuberosum L.)는 가지과의 한해살이풀로 남아메리카 안데스 산맥의 고원 지대가 원산지로 알려져 있다. 16세기에 유럽을 거쳐 인도, 중국에 전파되었으며, 우리나라에는 1824년과 1825년 사이에 관북에서 처음 들어왔다는 기록이 조선 후기 실학자 이규경의 「오주연문장전산고」에 전한다. 김창환이 지은 「원저보」에는, 1832년 영국의 상선이 전라북도 해안에서 약 1개월간 머물고 있을 때, 배에 타고 있던 선교사가 씨감자를 나누어 주고 재배법을 가르쳐주어 보급시키게 된 내력이 기록되어 있다.

감자는 전 세계 온대지방에서 널리 재배된다. 높이는 60~100cm로, 땅속에 있는 줄기마디로부터 기는줄기가 나와 그 끝이 비대해져 우리가 먹는 덩이줄기를 형성한다. 덩이줄기의 오목하게 팬 눈 자국에서 싹이 돋아난다. 잎은 줄기의 각 마디에서 나오는데 대개 3~4쌍의 작은잎으로 된 겹잎이다. 6월경에 위쪽의 잎겨드랑이에서 기다란 꽃대가 나와 엷은 자주색 또는 흰색의 꽃이 취산꽃차례를 이루며 핀다. 꽃은 지름 2~3cm 정도이며 5갈래로 얕게 갈라진다. 꽃이 진 뒤에 토마토 비슷한 작은 열매가 달린다.

재배 방법

재배는 비교적 한랭한 지역의 배수가 잘되는 밭이 적당하다. 봄 재배의 경우 싹이 서리피해를 받지 않도록 지역에 따라 2월 하순부터 4월 하순에 걸쳐 파종한다. 파종 며칠 전에 미리 씨감자를 하나 이상의 눈이 남도록 하여 무게가 25~30g 정도가 되게 쪼갠다. 보통 큰 씨감자는 2~4등분하고 아주 작은 것은 그냥 심으면 된다. 쪼갠 후 3~4일 정도 그늘에서 보관해 절단면이 아물도록 한 후 심는 것이 좋다. 재가 있다면 절단면에 묻혀주는 것도 좋다. 지역에 따라서는 여름에 심어 가을에 수확하기도 한다. 심는 방법은 이랑 폭 60~75cm, 포기 사이 20~25cm 정도로 하여 깊이 10cm 이상 묻히도록 자른

면을 아래로 하여 심는다. 파종 후 20~30일이 지나면 싹이 올라온다. 실한 감자를 얻으려면 2개 정도의 싹만 남기고 나머지는 제거해주는 것이 좋다. 꽃이 필 때 꽃따주기를 해도 역시 감자가 굵어진다. 줄기와 잎이 시드는 하지 무렵 수확한다. 수확한 감자는 그늘에서 3일 정도 말린 후 통풍이 잘 되는 박스에 담아 그늘에서 보관하는 것이 좋다.

약성 및 활용

감자를 독일·러시아에서는 주식으로 이용하기도 하나 보통은 샐러드·튀김·수제비·조림 등 부식과 녹말, 엿, 주정, 당면 등 각종 가공식품의 원료로 사용된다. 감자는 수분 70%, 전분(녹말) 13~20%, 단백질 1.5~2.6%, 환원당 0.2%, 회분 0.6~1%로 이루어졌는데, 질소화합물의 절반을 차지하는 아미노산 중에는 밀가루보다 더 많은 필수아미노산이 함유되어 있다.

「동의학사전」에서는 감자에 대해서, "맛은 달고 성질은 평하다. 기(氣)를 보하고 비장과 위장을 튼튼하게 한다. 감자에는 독성이 센 솔라닌이 들어 있는데 소량에서는 강심작용, 소염작용, 조혈기능강화작용을 나타낸다. 위염, 위 및 십이지장궤양, 화상, 이하선염 등에 쓴다. 짓찧어 생즙을 내어 한번에 50ml씩 하루 2번 아침, 저녁 식전에 먹는다. 삶아 먹기도 한다. 외용약으로 쓸 때에는 생즙을 바르거나 생즙에 식초를 섞어서 바른다. 감자꽃과 감자싹에서는 글리코알칼로이드를 갈라내어 백혈구

감소증을 예방 치료하는 데와 알레르기성질병, 류마티스성관절염에 쓴다. 즉 한 번에 0.01~0.02g씩 하루 한번 먹거나 한 번에 0.03g씩 하루걸러 한 번 먹는다."고 기록하고 있다.

감자에 들어 있는 유독성분인 솔라닌(solanine)은 덩이줄기보다 잎과 줄기, 싹에 많다. 덩이줄기에도 껍질과 눈에는 함량이 높다. 덩이줄기를 햇볕에 두면 푸르게 변하는데, 이는 솔라닌 함량이 높아졌다는 걸 의미한다. 이를 먹으면 독성이 있어 위장장애와 식중독을 일으키게 되므로 싹이 튼 감자는 싹 부분을 도려내고 먹거나 푸르게 변한 감자는 먹지 않도록 하는 것이 좋다.

솔라닌은 과다복용 시 메스꺼움, 설사, 구토, 위경련, 심부정맥, 마비 등의 증상이 나타나며 심하면 죽음에까지도 이를 수 있다. 연구에 의하면 체중 1kg당 3~6mg의 경우 치명적이라고 한다. 솔라닌은 다른 가지과 식물인 까마중이나 토마토 등에도 들어 있는데 곤충이나 병원균, 포식자로부터 스스로를 지키기 위해 만들어내는 성분이므로 살균, 살충의 성질을 가지고 있다. 솔라닌 자체는 물에 거의 녹지 않으나 솔라닌염산염(solanine hydrochloride)은 물에 잘 녹아 농업용 살충제로 사용되기도 한다. 친환경농업에서는 감자의 잎과 줄기, 또는 음식으로 활용하고 남은 감자껍질을 생즙을 내거나 물에 우려내어 천연 살충, 살균제로 활용하고 있다.

[충기피식물 31]

일일초(매일초)

일일초는 관상용으로서 뿐만 아니라 당뇨병, 악성림프종, 백혈병 등의 치료 약재로 오래전부터 재배되어 왔다. 여름에 풀전초를 채집하여 건조한 것을 이용한다.

일일초(Vinca rosea, Catharanthus roseus)는 마다가스카르·자바 섬·브라질 등이 원산지인 협죽도과의 한해살이풀로 우리나라에서는 주로 화단을 장식하는 화초로 재배된다. 원산지인 열대에서는 늘푸른 상록저목 또는 여러해살이풀로 자라나 온대 지방에서는 겨울을 나지 못한다. 높이는 30～60cm 정도이고 잎은 마주나며 긴 타원형으로서 끝이 둔하다. 가장자리

는 밋밋하고 윤이 나며 흰색의 잎맥이 선명하다. 여름이 되면 꽃잎 가운데가 진붉은 엷은 자홍색 또는 흰색의 꽃이 핀다. 화관은 직경이 3cm 정도이며 꽃잎은 5장이다. 여름부터 가을까지 한두 송이 꽃이 피고지며 계속 붙어 있기 때문에 일일초 또는 매일초라고 부른다. 열매는 가늘고 길며, 익으면 세로로 갈라져 검은색의 씨앗이 떨어진다.

재배 방법

다양한 종류의 원예품종이 보급되어 있다. 절화로도 쓰이고 최근에는 15cm 정도 크기의 키작은 품종이 육성되어 화단용이나 분화용으로도 많이 이용되고 있다. 자생지인 열대에서는 여러해살이이나 우리나라에서는 1년생 화초이기 때문에 번식은 주로 종자를 가지고 한다. 온실에서는 3~4월에, 노지에서는 5월 상순 이후에 파종한다. 25℃에서 7~15일이면 발아한다. 상자에 파종하여 1회 가식한 다음 화단이나 밭에 정식하는데, 가급적 같은 색의 품종끼리 심는 것이 좋다.

일일초는 햇볕을 좋아하므로 채광이 좋은 곳에서 키우도록 한다. 건조에는 비교적 강하지만 여름에는 1일 1회 정도 물을 주는 것이 좋다. 여름부터 계속해서 꽃이 피기 때문에 양분을 많이 필요로 하므로 매월 1회 정도 비료를 주면 좋다. 열매가 익으면 벌어져 씨앗이 떨어져 나간다. 때문에 열매가 차갈색으로 익었을 때 따서 종이 봉지에 넣어서 보관했다가 다음해 봄에 다시 파종한다.

약성 및 활용

일일초는 관상용으로서 뿐만 아니라 당뇨병, 악성림프종, 백혈병 등의 치료 약재로 오래전부터 재배되어 왔다. 여름에 풀전초를 채집하여 건조한 것을 이용한다. 빈돌린(vindoline) 등 대략 60종 이상의 약성분이 일일초에서 추출되었는데 이를 통칭하여 빈카알카로이드(vincaalkaloid)라고 한다. 그 중 빈크리스틴(vincristine)과 빈블라스틴(vinblastine)은 암세포의 분열을 억제하는 작용과 백혈구가 지나치게 늘어나는 것을 막는 작용이 있어서, 급성백혈병, 호지킨씨병, 임파육종, 망상세포육아종, 신경아세포종, 횡문근아세포종, wilm's 종양, 고환암, 카포시육종, X조직구증식증 등의 치료 시 타 항암제와 병용해서 사용되고 있다. 부작용으로는 말초신경장애, 저나트륨혈증, 변비, 탈모 등이 보고되고 있다.

일일초에 함유되어 있는 성분에는 치사적인 독은 없다. 그러나 다량으로 섭취하면 구토와 전신마비가 일어나며, 급격한 백혈구 수 감소와 강압, 강혈당 등이 일어날 수 있으므로 사용에 세심한 주의가 필요하다. 친환경농업에서 천연농약으로 사용된 사례는 없으나 나랑의 일카로이드가 함유된 독성식물이므로 협죽도의 사용에 준하여 생즙을 내거나 물이나 주정에 우려 사용하면 된다.

[충기피식물 32]

계피(桂皮)

계피유는 진드기나 잡벌레에 대한 살충작용과 개선균, 백색염주균병에 대한 억제작용을 나타내며 모기의 유충인 장구벌레를 죽이는 데도 매우 효과적이라고 한다.

계피(桂皮)는 육계(肉桂)나무 종류의 줄기와 가지 껍질을 건조시킨 것을 총칭한다. 육계나무(Cinnamomum loureirii)는 베트남 등 동남아시아가 주산지로 우리나라에는 중국을 통해 들어와 제주도에 식재되어 있다. 육계나무 외에도 C. cassia, C. verum, C. burmannii 등의 유사한 나무들이 계피

(Cinnamomum)의 주원료로 이용된다. 육계나무는 베트남이 주산지로, 향이 강하고 계피유의 주요 성분인 계피알데하이드(cinnamic aldehyde) 함량이 제일 많아 가장 고가에 거래되고 있다.

육계나무는 녹나무과의 늘푸른큰키나무로 높이 약 8m 정도에 작은 가지는 녹색이며 털이 없다. 잎은 길이 10~12cm 정도로 달걀 모양 긴 타원형이다. 끝은 뾰족하고 가장자리가 밋밋하며 밑부분에 뚜렷한 3개의 맥이 있다. 5~6월에 연한 황록색 꽃이 새 가지 끝 잎겨드랑이에 산형꽃차례로 달린다. 꽃받침은 통 모양이며 윗부분이 6개로 갈라진다. 수술은 3개씩 4줄로 늘어서고 가장 안쪽 줄은 꽃밥이 없다. 열매는 12월에 검은색으로 익으며 길이 1.5cm, 지름 8㎜ 정도의 타원형이다. 가지와 잎에서 계피향이 난다.

재배 방법

육계나무나 C. cassia(따로 계피나무라고 칭하기도 한다)는 진짜 계피(cinnamon)로 알려진 인도 실론 지역의 C. verum에 비해 수피가 두껍고 더 자극적인 맛이 난다. 남부 유럽인들은 실론 계피보다도 이것을 더 좋아하지만 북아메리카에서는 계피가루로 구분 없이 팔리고 있다. 줄기와 가지에서 벗겨낸 수피는 건조하는 동안 똘똘 말린다. 얇은 것은 밝고 붉은 갈색을 띠고, 두꺼운 것은 회색을 보인다. 가루는 붉은색을 띤 갈색이다. 중국산은 베트남이나 인도네시아의 것에 비해 향기가 덜하다. 특히 베트남산이 뛰어나다.

육계나무는 열대성 식물로서 우리나라에서는 제주도에서 재배가 되고 있다. 반그늘에서 잘 자라므로 유묘기 때에는 차광을 해주는 것이 좋다. 그러나 성묘가 되면 충분한 햇볕에서 생장하도록 하는 것이 계피유 함량이 많고 질이 우수하다. 번식은 종자나 삽목으로 한다. 종자의 경우 12월 상순에 완숙한 열매를 채취하여 과피 제거 후 즉시 파종한다. 꺾꽂이는 3월 하순~4월 상순에 15~17㎝(4~5마디)로 순을 잘라서 밑의 잎은 따버리고 남은 3~4매는 잎의 4/5를 잘라내고 심는다.

약성 및 활용

계피는 후추, 정향과 함께 세계 3대 향신료 중 하나로 예로부터 음식, 과자, 음료 등의 향료로서 널리 사용되어 왔다. 한방에서는 293종의 생약재 중 두 번째로 이용 빈도가 높다.

「동의보감」에는 "성질은 몹시 열하며[大熱] 맛은 달고[甘] 매우며[辛] 조금 독이 있다. 속을 따뜻하게 하며 혈맥을 잘 통하게 하고 간, 폐의 기를 고르게 하며 곽란으로 쥐가 이는 것을 낫게 한다. 온갖 약 기운을 고루 잘 퍼지게 하면서도 부작용을 나타내지 않고 유산시킬 수 있다. 비늘처럼 된 겉껍질을 긁어 버린 다음 그 밑층에 있는 매운 맛을 가진 부분인 계심(桂心)은 9가지 가슴앓이를 낫게 하며 3충을 죽인다. 어혈을 헤치고 뱃속이 차고 아픈 것을 멈추며 모든 풍기를 없앤다. 5로 7상(五勞七傷)을 보하고 9규(竅)를 잘 통하게

하며 뼈마디를 잘 놀릴 수 있게 한다. 정(精)을 돕고 눈을 밝게 하며 허리와 무릎을 덥게 하고 풍비(風痺)를 없앤다. 또한 현벽, 징가, 어혈을 삭이고 힘줄과 뼈를 이어 주며 살을 살아나게 하고 태반이 나오게 한다."고 적혀 있다. 임산부 및 출혈이 있는 사람은 이용에 신중해야 한다.

계피유에는 계피알데히드(cinnamic aldehyde), camphene, cineol, linalool, eugenol 등의 성분이 들어 있다. 진드기나 집벌레에 대한 살충작용과 개선균, 백색염주균병에 대한 억제작용을 나타내며 모기의 유충인 장구벌레를 죽이는데도 매우 효과적이라고 한다. 11종의 식물정유 중 계피유가 식물성병원균에 대해서 가장 진균억제효과가 좋았다는 국내 연구결과도 있다. 때문에 생물농약으로의 개발이 추진되고 있다. 친환경농업에서는 계피를 물에 달이거나 알코올에 우려내어 간단하게 농사에 활용하고 있다.

[충기피식물 33]

정향(丁香)

말린 꽃봉오리에는 15~20%의 정유가 들어 있다. 정유의 주성분은 유제놀(eugenol)으로 정유향기가 여기에서 나오며 부패방지 및 마취, 살균 등의 효능이 있는 것으로 알려져 있다.

정향나무(Syzygium aromaticum)는 정향나무과에 속하는 상록 소교목으로, 우리나라에는 자생하지 않으며 인도네시아 몰루카 제도가 원산지로 알려져 있다. 높이 4~7m에 10m 이상 자라는 것도 있다. 우리나라에 자생하는

TINOFREY. www.wikipedia.org

TINOFREY. www.wikipedia.org

물푸레나무과의 정향나무(Syringa velutina)와는 다른 나무이다. 향신료인 정향을 얻기 위하여 열대 각지에서 재배한다. 특히 아프리카 동해안의 탄자니아령 잔지바르 섬과 펨바 섬이 세계 생산의 90%를 차지하고 있다. 꽃은 흰색으로 작은 가지 끝에 모여 달리고 꽃받침통은 붉은색이다. 향신료로 쓸 때는 꽃봉오리가 벌어지기 전에 채취하여 햇볕에 또는 불을 지펴 말린다. 꽃봉오리 모양이 못과 같아 못을 본뜬 글자인 정(丁)자를 붙여 정향(丁香)이라 한다. 영어명인 'clove'도 못이라는 어원에서 유래했다. 기원전에 중국과 이집트, 로마 등에 전해져 향신료, 강장제, 방부제 등으로 다양하게 이용되었다는 기록이 있다. 16세기부터 포르투갈과 네덜란드에 의해 본격적으로 유럽에 전파되었다.

TINOFREY. www.wikipedia.org

재배 방법

정향나무는 다습한 열대의 비옥한 토양에서 잘 자란다. 여름에 햇빛이 강하게 드는 곳이나 바람이 강하게 부는 곳은 적합지 않다. 반그늘이 생육에 좋다. 잘 익은 열매를 골라 종자를 채취한 후 가능한 바로 파종하도록 한다. 18~24개월 된 묘는 6~7월 우기에 6~7m 간격으로 정식한다. 7~8년 후부터 수확이 가능하다. 8~9월에 꽃봉우리가 나타나기 시작하여 12~1월이 되면 길이 2cm 미만에 분홍색을 띠기 시작하는데 이때 수확한다. 꽃잎이 벌어진 것은 향료로서의 가치가 없다.

정향은 우리나라에서는 생산되지 않기 때문에 전량 수입에 의존한다. 인터넷이나 약재상, 향신료 판매점 등에서 구입이 가능하다. 분말의 경우 분말

속에 꽃봉오리 외에도 잔가지나 꽃받침 등 불순물이 포함되어 있을 수도 있으므로 꽃봉오리 형태로 되어 있는 것을 구입하는 것이 좋다.

약성 및 활용

정향은 후추, 계피와 함께 대표적인 향료로서 디저트, 음료, 고기, 피클, 우스타 소스, 육습 등에 사용된다. 정향은 향기가 좋을 뿐만 아니라 부패방지와 살균력이 뛰어나다. 추출된 휘발성 정향유는 약제, 항균제(특히 치과용), 현미경 렌즈 세척제, 구충제, 양치질 약, 치약 연마제, 비누, 향수, 머릿기름 등으로 다양하게 이용된다.

「동의보감」에서는 정향에 대해 "성질은 따뜻하며[溫] 맛은 맵고[辛] 독이 없다. 비위를 따뜻하게 하고 곽란, 신기(腎氣), 분돈기(奔豚氣)와 냉기(冷氣)로 배가 아프고 음낭이 아픈 것을 낫게 한다. 또한 성기능을 높이고 허리와 무릎을 덥게 하며 반위증[反胃]을 낫게 하고 술독과 풍독을 없애며 여러 가지 종기를 낫게 한다. 치감(齒疳)을 낫게 하며 여러 가지 향기를 낸다."고 적고 있다.

말린 꽃봉오리에는 15~20%의 정유가 들어 있다. 정유의 주성분은 유제놀(eugenol)으로 72~90%를 차지하며 정유향기가 여기에서 나온다. 그 외에도 아세틸유제놀(acetyl eugenol), beta-카리오필렌(caryophyllene), 바닐린(vanillin) 등이 들어 있다. 1kg의 마른 꽃봉오리에서 대략 150ml의 유제놀이 나온다. 유제놀은 부패방지 및 마취, 살균 등의 효능이 있는 것으로 알려져 있다. 친환경 농업에서 정향을 물이나 알코올에 우려내는 등의 방법으로 천연농약으로 활용이 가능하다. 뿌리혹선충이나 잘록병균 등의 병 방제에 활용하여 효과가 있었다는 예도 있다.

[충기피식물 34]

초피(제피)나무

매콤한 맛과 톡 쏘는 향이 특징으로 추어탕을 끓이거나 김치를 담글 때에 넣기도 한다. 성질이 뜨거워 속을 따뜻하게 하고 양기를 돕고 소화를 잘되게 한다. 한방에서 건위약, 구충, 염증에 쓴다.

초피나무(Zanthoxylum piperitum)는 운향과의 잎이 지는 키작은나무로 주로 남부 지방의 산 중턱 및 산골짜기에서 자란다. 지방에 따라 제피나무 또는 젠피나무로도 불린다. 다 자라면 높이 3m 정도이다. 잎자루 밑에 턱잎이 변한 가시가 1쌍씩 달리며 깃꼴 모양의 잎은 가지에 어긋나게 붙는다. 쪽잎

은 달걀 모양이며 황록색 무늬가 있다. 가장자리에는 둔한 톱니가 있으며 그 밑에 선점(腺點)이 있어 이곳에서 독특한 향이 나온다. 5~6월에 황록색 꽃이 핀다. 암꽃과 수꽃이 다른 나무에 피며 잎겨드랑이에 산방꽃차례로 달린다. 꽃받침조각은 5개로, 수꽃에는 5개의 수술이 있으며 암꽃에는 떨어진 씨방과 2개의 암술대가 있다. 열매는 9월에 붉게 익으며 다 익으면 벌어져 검은 종자가 나온다. 초피나무와 닮은 것으로 산초나무가 있다. 산초나무는 전국에 분포하고 가시가 어긋나게 달리며 쪽잎에 자잘한 톱니와 투명한 유점(油點)이 있어 초피나무와 구별된다.

재배 방법

최저 기온이 영하 20℃ 이하로 내려가지 않는 해발 800m 이하의 산과 밭이 재배적지이다. 번식은 삽목이나 접목 또는 종자에 의한다. 종자의 경우 휴면성이 있어 발아율이 저조하며, 대개 2년 차에 발아되므로 대량 증식에 어려움이 있다. 세척제인 퐁퐁으로 종자에 함유하고 있는 유지방을 충분히 세척하여 5개월 정도 노천매장 후 파종하면 발아율을 70%대로 높일 수 있다. 삽목이나 접목의 경우 관리와 수확의 용이성 때문에 가시가 없는 민초피나무를 주로 이용한다. 접목은 1년생 실생묘를 대목으

로 절접과 눈접을 실시하며, 삽목은 7월 초순에 당년에 생장한 새순을 이용한다. 삽묘는 충분히 목질화가 되기 전에 생장이 정지하므로 월동을 위해 보온처리를 해주고, 묘목을 구입해 심는 경우에는 봄에 심어야 동해 피해를 방지할 수 있다. 묘목은 2m×2m 간격으로 심되 암수나무가 다르므로 수분을 위해 수나무를 10% 정도 혼식한다. 또한 나무높이를 2~3m 내외로 키워 수확이 쉽도록 한다. 수확은 2~3년 후부터 가능하며 경제적인 수령은 10년 정도이다. 생열매는 5월 중순부터 6월 초순까지 10여 일간에 수확하여야 품질이 좋다. 성숙한 열매는 종피가 약간 분홍색을 띠면서 절반정도 벌어지고 종자가 검게 될 때 수확한다.

약성 및 활용

어린잎은 나물이나 장아찌로 식용하고, 열매 및 열매껍질은 약용 또는 향신료로 쓴다. 매콤한 맛과 톡 쏘는 향이 특징으로 추어탕을 끓이거나 김치를 담글 때에 넣기도 한다. 시골에서는 마당가에 빙 둘러 심어 모기를 쫓기도 하고 초피나무 껍질을 돌로 짓찧어 개울물에 풀어 물고기를 잡기도 했다. 초피는 성질이 뜨거워 속을 따뜻하게 하고 양기를 돕고 소화를 잘되게 한다. 한방에서 건위약, 구충, 염증에 쓴다.

「약초의 성분과 이용」에 따르면 "열매껍질에는 정유가 2~4% 들어 있다. 주성분은 디펜텐(dl-리모넨), 시트로넬랄, l-β-펠란드렌(리모넨의 이성체), 게라니올, 시트로넬롤 등이다. 또

한 매운맛 성분으로 산솔 I 과 II 가 5~8% 들어 있다. 산솔 I 은 α-산솔과 β-산솔의 혼합물이며 산솔 II (β-산솔)보다 매운맛이 세다. 열매에는 경련독인 크산톡신, 마비 성분인 크산톡신산, 스테롤로 캄페스테롤, 스티그마스테롤, β-시토스테롤이 확인되었다."고 한다.

열매의 매운맛 성분은 국소마비작용이 있으며 열매가 시험관 안에서 돼지 회충을 죽인다. 또한 여러 가지 병원성 세균에 대한 억균작용이 있다. 최근 불포화 지방산 아미드 화합물이 살충 및 구충작용이 있는 것으로 알려졌다. 따라서 초피나무 열매의 구충 성분은 매운맛 성분이라는 것이 뚜렷해졌다. 친환경농업에서는 초피나무를 밭이나 과수원 둘레에 심어 해충을 쫓기도 하고, 잎이나 열매를 물에 달이거나 알코올에 우려내어 충이나 균 방제에 이용하고 있다.

[충기피식물 35]

피나물과 매미꽃

어릴 때는 삶아 나물로 이용하기도 하나 독성이 강하기 때문에 주의해야 한다. 한방에서는 피나물과 매미꽃의 뿌리를 하청화근(荷靑花根)이라 하여 류머티성 관절염, 노상(勞傷), 타박상을 치료하는 데 사용한다.

피나물(Hylomecon vernale)과 매미꽃(Hylomecon hylomeconoides)은 양귀비과의 여러해살이풀로 모양이 비슷하다. 숲속에서 자라며 피나물은 주

로 중부이북에, 매미꽃은 남부지방에 자생한다. 피나물은 여름매미꽃·하청화·노랑매미꽃이라고도 한다. 뿌리줄기는 짧고 굵으며 여기서 잎이 뭉쳐 나와 높이 30cm 내외로 자란다. 자르면 노란빛을 띤 붉은색 유액이 나온다. 잎은 깃꼴겹잎이고 쪽잎은 넓은 달걀 모양이며, 가장자리에 불규칙하고 깊게 패어진 톱니가 있다.

꽃은 양성화로 4~5월에 피고 윗부분의 잎겨드랑이에서 산형꽃차례에 1~3개의 노란꽃이 달린다. 매미꽃은 5~7월에 피고 역시 노란색이며 꽃자루 끝에 1개 또는 여러 개씩 달린다. 열매는 삭과로서 7월에 익는데, 좁은 원기둥 모양이며 길이 3~5cm이고 많은 종자가 들어 있다. 피나물의 꽃줄기가 잎겨드랑이에서 나오는 것과 달리 매미꽃의 꽃줄기는 뿌리에서 나온다. 매미꽃은 또한 깃꼴겹잎에서 끝의 쪽잎이 유난히 크다.

재배 방법

조금 습기가 많은 산지, 나무밑, 계곡 근처의 풀숲 등에서 무리지어 자란다. 번식은 씨앗이나 포기나누기로 한다. 비옥한 토양을 좋아하기 때문에 부엽토를 많이 섞어준다. 이식한 경우에는 1주일 정도 차광을 한 뒤에 반그늘에서 키우는 것이 좋다. 질소 성분의 비료를 너무 많이 주면 뿌리가 비대해져 스스로 죽어버리는 경우가 있으므로 주의한다. 또한 건조하지 않도록 관리하는 것이 중요하다.

약성 및 활용

어릴 때는 삶아 나물로 이용하기도 하나 독성이 강하기 때문에 주의해야 한다. 한방에서는 피나물과 매미꽃의 뿌리를 하청화근(荷青花根)이라 하여 류머티성 관절염, 노상(勞傷), 타박상을 치료하는 데 사용한다.

보유 독성분은 크립토파인(cryptopine), 프로토파인(protopine), 켈리도닌

(chelidonine) 등으로서 같은 양귀비과의 애기똥풀 알카로이드 성분과 유사하다. 풀 전체에 함유되어 있으나 특히 뿌리에 많이 함유되어 있다. 잎이나 줄기에 상처가 났을 때 흘러나오는 오렌지색의 유액에도 유독성분이 많이 들어 있다. 주요 중독증상으로는 술에 취한 것처럼 되며 심한 구토를 일으키고, 호흡마비를 일으켜 죽음에 이를 수 있다. 친환경농업에서 천연농약으로 사용할 때는 애기똥풀의 사용 방법에 준해 생즙을 내거나 물 또는 주정에 우려내어 활용한다.

[충기피식물 36]

천수국과 만수국

식물 전체에서 사향 같은 강한 향이 난다. 이 냄새가 해충 및 선충을 억제하는 것으로 알려져 있다. 때문에 토마토, 가지, 피망, 담배, 감자 등의 작물과 함께 심기도 한다.

천수국(千壽菊)이나 만수국(萬壽菊)은 흔히 매리골드(marigold)라 불리는 국화과 식물의 일종으로 한해살이풀이다. 멕시코를 비롯해 미국 남서부, 남아메리카가 원산지로 세계 각처에서 원예용으로 키우고 있다. 천수국(Tagetes erecta)은 아프리칸매리골드라고도 한다. 높이 50~100cm 정도에

가지가 많이 갈라지며 털이 없다. 잎은 깃꼴겹잎이며 13~15개의 쪽잎으로 되어 있다. 바소꼴의 쪽잎은 잔 톱니가 있으나 밋밋해 보이고, 측맥 끝의 선점(腺點)에서는 독특한 냄새가 난다. 여름에 가지 끝에서 굵은 줄기가 나와 지름 5cm 내외의 두화가 달리는데, 품종에 따라 10cm 정도 되는 꽃이 피기도 한다. 온상에서 기른 것은 5월에 꽃이 핀다. 노란색이 많고 꽃이 달려 있는 시기가 길다. 꽃잎이 닭 벼슬처럼 꼬불꼬불하며 만개하면 공처럼 소담스럽다. 열매는 수과(瘦果)로 가늘고 길며 끝에 가시 같은 갓털이 있다.

만수국(Tagetes patula)은 프렌치매리골드라고 하며, 높이가 20~40cm, 꽃의 크기가 3~4cm 정도로 천수국에 비해 작다. 꽃은 황갈색에서 적갈색으로 다양하며, 꽃잎이 천수국에 비해 덜 꼬불꼬불하며 반구 모양으로 핀다.

재배 방법

천수국, 만수국 모두 화단 식물로 많이 이용된다. 천수국은 꺾꽂이 소재로 이용되기도 한다. 4~5월에 화단에 정식하여 여름 장마 전에 관상을 하고, 장마기를 앞두고 지상부를 잘라주면, 다시 장마 후부터 가을에 서리오기 전까지 관상을 할 수 있다. 내한성이 약하여 5℃ 이하가 되면 생육이 정지되고 0℃ 이하에서는 동사한다. 번식은 주로 파종에 의한다. 파종 후 4~6일이면 발아한다. 파종 시기는 2월부터 6월까지 화단

정식 시기를 감안하여 결정한다. 가온되는 온실에서 2월 전후에 파종하면 3~4월에 분에 이식하고 5월 초 꽃이 필 때 정식이 가능하다. 광발아 종자이므로 파종 후 복토는 얕게 하는 것이 좋다. 30℃ 이상 되는 장마철에는 입고병이 발생하거나 식물체가 고사하는 경우가 생기므로 지상부를 잘라주어 통풍이 잘되게 하거나 경사진 곳에 화단을 조성하여 피해를 줄이도록 한다.

약성 및 활용

천수국, 만수국 등의 매리골드는 화단 관상용이나 각종 의식의 장식용 꽃으로 주로 사용되고 있으나 염료 및 향료의 재료로서도 많이 이용되고 있다. 옛날에는 위통, 구토, 소화불량, 치통 등의 치료와 기생충 등의 구제에도 사용되었다. 식물체 전체에서 사향 같은 강한 향이 난다. 이 냄새가 해충 및 선충을 억제하는 것으로 알려져 있다. 뿌리에서 나오는 분비물이 선충을 죽이고 토마토 등에 발생하는 가루이 등의 해충을 쫓는다. 때문에 토마토, 가지, 피망, 담배, 감자 등의 작물과 함께 심기도 한다.

연구에 의하면 매리골드에 함유된, 황을 고리 안에 가지는 천연식물성분인 티오펜(thiophene)이 이런 역할을 하는 것으로 밝혀졌다. 오늘날에는 식품첨가물로서 E161b를 취득한 루테인(Lutein)을 추출하기 위해 매리골드를 재배하기도 한다. 루테인은 카로티노이드(Carotenoids)계 천연색소의 일종으로, 노랑 또는 주황색을 발현하며, 체내에서 항산화제로 작용하여 건강, 기능성 식품 첨가제로 많이 사용되고 있다. 매리골드에서 추출한 오일은 진균에 의한 칸디다증의 치료 및 식물의 균방제 등에도 효과가 있다. 친환경농업에서는 천수국이나 만수국을 작물과 함께 심어 해충을 쫓을 수도 있고, 생즙을 내거나 물이나 알코올 등에 우려내어 천연농약으로 충 및 균의 방제에 활용할 수 있다.

[충기피식물 37]

관중(觀衆)

약으로 이용 시 뿌리줄기를 봄, 가을에 캐어서 수염뿌리를 제거하고 흙을 털어 깨끗이 씻어 햇볕에 말린다. 구충작용, 항바이러스 및 항균작용 등이 있다. 또한 해열 및 지혈효과도 있다

관중(觀衆:Dryopteris crassirhizoma NAKAI)은 전국 각지의 깊은 산골짜기 그늘지고 습한 곳에서 무리지어 자라는 면마(綿馬)과의 여러해살이식물이다. 범고비, 초치두, 흑구척, 면마 등으로도 불린다. 한국을 비롯해 일본, 중국, 사할린 등지에 분포한다. 뿌리줄기는 지름 8~10mm의 굵은 덩어리 모양이고, 비스듬히 서며 길이가 25cm 정도이다. 뿌리줄기를 따라 잎이 돌려난다. 잎은 높이가 50~100cm이며 2회 깃꼴로 깊게 갈라진다. 잎조각은

20~30쌍이고 줄 모양의 바소꼴이며 끝이 뾰족하다. 잎자루와 잎의 가운데 맥을 따라 갈색의 비늘 조각이 빽빽하게 난다. 포자가 들어 있는 포자낭은 잎몸 윗부분 잎조각의 가운데 맥 가까이 2줄로 달리고, 포막은 둥근 신장 모양이며 가장자리가 밋밋하다. 다 익으면 불규칙하게 갈라진다.

재배 방법

강우량이 많고 습한 곳으로 약간 그늘진 곳이 좋다. 부식질이 많고 보수력이 좋으며 배수가 잘되는 사질양토가 좋다. 자생지에서 생장 정지기인 11월 중순이나 이듬해 3월에 이식하면 활착이 잘되나 현재 관중은 보호식물로 지정되어 있다. 따라서 포자를 이용해 번식하는 것이 바람직하다.

고비를 예로 들어 포자번식 방법을 소개하면, 묘판상자에 피트모스를 배지로 하여 포자를 덮어주고 비닐하우스 내에서 70% 차광 상태로 23±3℃ 온도에서 95%의 수분상태를 유지시켜주면, 1개월쯤 지나 전엽체가 발아하고 6개월 후에는 포자체가 형성된다. 어린묘 정식은 본잎이 3~4매일 때 한다. 정식 시기는 11월 중순이나 이듬해 3월에 해야 생육 및 활착률이 좋다.

약성 및 활용

어린순은 삶아서 말렸다가 나물로 먹는다. 약으로 이용 시 뿌리줄기를 봄, 가을에 캐어서 수염뿌리를 제거하고 흙을 털어 깨끗이 씻어 햇볕에 말린다. 같은 속의 근연식물인 참새발고사리, 털고사리, 청나래고사리, 새깃아재비, 고비 등의 뿌리줄기도 모두 관중(觀衆)이라 하여 약용한다. 구충작용, 항바이러스 및 항균작용 등이 있다. 또한 해열 및 지혈 효과도 있다. 뿌리줄기의 주요 성분은 필마론(filmaron)이며, 이것은 일종의 복잡한 플로로글루신(phloroglucinol) 유도체로서 불안정하며, 서서히 분해해서 아스피딘(aspidin), 알바아스피딘(albaspidin)이 생기고 또 아스피디놀(aspidinol), 플라바아스피딘산(flavaspidic acid), 필리신산(filicinic acid) 등을 함유한다. 플로로글루신 유도체는 중추신경계통과 골격근, 심장에 독작용을 한다. 다량을 투입하면 경련과 함께 중추신경계통, 심장에 마비가 온다. 먹으면 위점막을 자극하여 염증을 일으킨다.

플로로글루신 유도체와 그 분해산물은 원형질독이다. 특히 환형동물과 연체동물의 근육 세포에 대하여 센 독작용을 한다. 따라서 관중의 살충작용은 기생충의 힘살과 신경계통을 마비시키는 데 있다. 또한 관중은 독감 바이러스와 피부진균에 대해서도 강력한 억제작용이 있다는 것이 확인되고 있다. 그러나 과량 투여는 오히려 설사, 혈뇨, 혼수, 경련 등을 불러오고 심한 경우에는 실명에 이르게 된다. 친환경농업에서 천연농약으로 이용할 때에는 뿌리줄기를 물에 달이거나 물 또는 주정에 우려내이 활용하면 된다.

[충기피식물 38]

박새와 여로

박새와 여로는 독성이 강한 유독성 식물이다. 토하게 하거나 살충한다. 봄철 박새나 여로의 새순을 산마늘이나 원추리, 비비추 등으로 혼동하여 나물로 해먹고 구토를 하거나 사망하는 사고가 종종 발생하기도 한다.

박새와 여로는 백합과 여로속에 속하는 여러해살이풀로 우리나라를 비롯해 일본, 만주 등지에 분포한다. 박새(Veratrum oxysepalum Turcz.)는 주로 깊은 산의 습지, 나무숲 밑의 그늘진 곳에서 무리지어 자란다. 뿌리줄기는

짧고 굵다. 줄기는 곧추서며 1m 넘게 큰다. 속이 비어 있다. 길이 30㎝, 너비 20㎝ 내외의 넓은 달걀모양의 잎이 어긋나게 붙는다. 나란한 맥이 있고, 잎집이 줄기를 감싼다. 7~8월에 연노랑 꽃이 줄기 끝에 원추꽃차례로 달린다. 꽃은 2.5㎝ 정도이며 단성화이다. 꽃잎과 수술은 6개씩이고 암술머리는 3개이다. 열매는 삭과로서 3개로 갈라진다.

여로(V. maackii var. japonicum)는 박새와 비슷하나 잎의 너비가 3~5㎝로 좁고, 키는 40～60cm 정도이다. 산지의 나무 밑이나 풀밭에서 자란다. 길이 20~35cm의 좁은 버들잎 모양의 잎이 서로 감싸서 나고, 위로 오를수록 점차 좁아져 선형이 된다. 줄기 밑부분은 흑갈색 섬유로 싸여 있다. 7～8월에 자줏빛이 도는 갈색 꽃이 원추꽃차례로 달린다. 아래쪽에는 수꽃이, 위에는 양성화가 핀다. 지름 1cm 정도이다. 참여로, 파란여로, 긴잎여로, 흰여로 등의 여러 유사종이 있다.

재배 방법

번식은 10월경에 종자를 채취하여 곧바로 반그늘지고 습기가 충분한 파종상에 파종한다. 분주는 거의 잘 되지 않는다. 기본적으로 높은 산에서 자라는 식물이어서 여름철의 더

위에 매우 약하므로 바람이 잘 통하는 반그늘진 곳에서 재배하는 것이 좋다. 박새의 경우는 특히 건조하지 않도록 주의한다. 토질은 사질양토가 무난하며 부엽토를 충분히 넣어주도록 한다.

약성 및 활용

박새와 여로는 독성이 강한 유독성 식물이다. 봄철 박새나 여로의 새순을 산마늘이나 원추리, 비비추 등으로 혼동하여 나물로 해먹고 구토를 하거나 사망하는 사고가 종종 발생하기도 한다. 약재로 이용할 때는 가을에 뿌리를 캐어 줄기를 잘라내고 물에 씻어 햇볕에 말려 이용한다. 박새의 뿌리를 백여로근, 여로의 뿌리를 여로근 또는 흑여로근이라고 한다. 박새 뿌리에는 예르빈, 베라트라민, 루비예르빈, 지가데닌, 지나신을 비롯한 여러 가지 베라트린계 알카로이드 성분이 들어 있다. 여로 뿌리에도 베라트린계 알칼로이드, 즉 네리딘, 루비예르빈, 푸세우도에르빈, 콜히친, 베라트리딘, 에르빈, 베라트로일지가데닌, 게르메린 등이 들어 있다.

「동의학사전」에서는 박새뿌리에 대하여, "맛은 맵고 쓰며 성질은 차고 독이 있다. 폐경, 위경, 간경에 작용한다. 토하게 하거나 살충한다. 약리실험에서 강압작용이 밝혀졌다. 옴, 악창, 두창(頭瘡) 등에 외용약으로 쓰는데 가루내서 기초제에 개어 바른다. 파리, 구더기, 곤두벌

레를 죽이는 구충약으로도 쓴다. 옛날에는 박새뿌리를 법제하여 중풍(中風)에 담이 성한 데, 전간, 가래가 있어 기침이 나고 숨이 찬 데, 후두염 등에 내복약으로 썼으나 지금은 주로 외용약으로만 쓴다."고 한다.

여로뿌리에 대해서는, "약리실험에서 물우림액이 강압작용, 간보호작용, 이담작용을 나타낸다는 것이 밝혀졌다. 동의치료에서 구토약, 진통제로 썼으나 독이 강하므로 내복약으로 잘 쓰지 않고 옴, 악창 등에 외용약으로 쓴다. 그러나 요즘에는 파란 여로의 물 우림액을 유행성 간염과 만성 간염에 쓰고 있다. 혈압내림약으로도 쓴다. 독성이 강하므로 용량에 주의해야 한다."고 적고 있다. 살충작용이 있어 뿌리를 물로 달여서 가축을 목욕시키면 피부에 기생하는 진드기, 벼룩 같은 나쁜 벌레들을 없앨 수 있다. 일본에서는 농업용 천연 살충제로 사용하기도 한다. 뿌리를 달이거나 물 또는 주정에 우려내어 활용한다.

[충기피식물 39]

담배풀(학슬)

한방에서는 잎을 천명정(天名精), 열매는 학슬(鶴蝨)이라고 하여 약용한다. 거담, 청열, 지혈, 해독, 살충 등의 효능이 있다. 특히 열매는 살충작용이 강하여 기생충으로 인한 배앓이 등에 사용한다.

담배풀(Carpesium abrotanoides L.)은 국화과에 속하는 여러해살이풀로 같은 담배풀속에 좀담배풀, 긴담배풀, 천일담배풀, 여우오줌, 애기담배풀 등이 있다. 숲 가장자리 또는 나무그늘 밑에서 자란다. 높이는 1m 정도에 많은 가지가 옆으로 길게 뻗는다. 식물 전체에 잔털이 있다. 고구마처럼 생긴 뿌

리는 단단하다. 잎은 넓은 타원 모양 또는 긴 타원 모양으로, 줄기 아래쪽 잎은 담뱃잎처럼 크고 잎자루에 날개가 있으나 위로 갈수록 점점 작아지고 잎자루도 없어진다. 잎가장자리에는 불규칙한 톱니가 있다.

꽃은 8~9월에 지름 6~8mm의 노란색 두상화가 자루 없이 잎겨드랑이에 이삭처럼 달린다. 두상화는 종 모양으로 자살한 꽃이 빽빽이 박혀 있다. 포는 없다. 열매는 수과로 길이가 3.5mm이고 끝에 부리처럼 생긴 조그만 돌기가 있다. 이곳에서 점액이 분비되어 열매가 동물의 몸에 붙어 멀리 퍼져 나간다. 잎과 열매에 선점이 있어 독특한 냄새가 난다.

재배 방법

담배풀은 8~9월에 꽃을 피우고 10~11월에 열매를 맺는다. 추위에 강한 편이다. 자생지가 주로 숲 가장자리나 나무그늘 밑이므로 햇빛이 드는 곳이나

반그늘에서 재배하는 것이 좋다. 토양은 산성 또는 중성의 보수성이 있는 점토질이 적당하다. 번식은 씨앗으로 한다. 채종 후 바로 뿌리거나 이른 봄에 파종한다. 가볍게 덮어주되 흙이 마르지 않도록 한다. 적당한 크기로 자라면 본밭이나 화분에 옮겨 심는다. 화분에서 재배할 경우 바깥에서 겨울을 나도록 하고 분주 시기는 봄이 좋다.

약성 및 활용

이른 봄에 어린순은 데쳐서 나물을 무치거나 쌈으로 먹는다. 한방에서는 잎을 천명정(天名精), 열매는 학슬(鶴蝨)이라고 하여 약용한다. 잎은 여름철에 따서 그늘에 말리고, 열매는 가을에 햇볕에 말려 이용한다. 열매에는 카르페시아락톤(carpesia lactone), 카라브론(carabrone) 등의 락톤(lactone) 성분과 카프로산, 팔미트산, 스테아르산, 올레산, 리놀산의 글리세리드이고 세릴알코올, 스티그마스테롤, 파라핀 등이 함유되어 있다. 거담(祛痰), 청열

(淸熱), 지혈(止血), 해독, 살충 등의 효능이 있다. 벌레 물린 데, 목의 통증에 잎을 생즙 내어 바르거나 마시면 효과가 좋다. 특히 열매는 살충작용이 강하여 회충, 촌충, 요충 등의 기생충으로 인한 배앓이 등에 사용한다.

「약초의 성분과 이용」에서는 담배풀에 대해서, "열매 달인액은 회충을 30분 만에 마비시키지만 죽이지는 못한다. 무좀균에 대하여 매우 센 살균작용이 있다. 카르페시아락톤은 중추, 즉 연수와 뇌간부에 대한 마비작용을 한다. 열매를 회충, 촌충 등의 벌레떼기약으로 쓴다."고 기록하고 있다. 살충 효과가 있기 때문에 친환경농업에서 식물 전체를 생즙을 내거나 건조 후 열매와 함께 우리거나 달여 천연살충제로 활용하면 된다.

[충기피식물 40]

라벤더

라벤더에는 진통, 정신 안정, 방충, 살균 등의 효과가 있다고 알려져 있어 욕조 안에 라벤더를 넣고 목욕을 하거나, 말린 꽃을 옷장이나 서랍에 넣어 두어 좀벌레나 기타 곤충들의 접근을 막는 데 사용하였다.

보통 라벤더(Lavender)라고 하면 지중해 연안이 원산지인 꿀풀과 라반둘라(Lavandula)속에 속하는 25~30여 종의 허브 식물을 가리킨다. 다년생 초본 또는 관목의 형태를 띠며, 꽃·잎·줄기를 덮고 있는 털들 사이에 향기가 나오는 기름샘이 있어 상쾌한 향이 난다. 대표적으로 잉글리쉬 라벤더(L. angustifolia), 프렌치 라벤더(L. stoechas), 프린지드 라벤더(L. dentata), 이집트 라벤더(L. multifida), 스파이크 라벤더(L. latifolia), 울리 라벤더(L. lanata) 등이 있으며, 교잡종인 라반딘(lavandin:angustifolia-latifolia)과 스위트(sweet:dentata-latifolia) 라벤더 등이 재배되고 있다.

잉글리쉬 라벤더는 1~2m 높이로 자라며 잎은 길이 2~6cm, 폭 4~6mm 정도이다. 꽃은 2~8cm 되는 수상꽃차례에 모여 핀다. 프렌치 라벤더는 30~100cm 높이로 자라며 잎은 길이 1~4cm 정도이고 회색 밀모가 있다. 수상꽃차례는 꼭대기에 조금 큰 꽃이 피어 토끼 귀 모양을 닮았다. 프린지드 라벤더는 50cm~70cm 높이로 자라며 촛대 모양으로 가지를 친다. 잎은 1.5~4cm 길이의 두터운 피침형, 장타원형으로 회록색 밀모가 있으며 테두리에 거치가 있는 것이 특징이다. 내한성이 약하나 꽃을 자주 피우는 특징이 있다. 스위트 라벤더는 교잡종으로 80~100cm 높이로 자라며 잎에 거치가 있는 것, 없는 것 두 종류가 있다.

재배 방법

배수가 잘되는 사질토양으로 너무 비옥하지 않은 땅이 재배하기에 적당하다. 화분재배의 경우 통기성이 좋은 난석을 밑에 깔고 마사토와 부엽토를 섞

어서 심는다. 햇볕을 좋아하나 고온다습한 것은 싫어한다. 보통 개화 후 장마가 시작되기 때문에 가급적 빨리 꽃대를 잘라주고 통풍이 잘되도록 관리해주는 것이 좋다. 겨울에는 내한성이 약하므로 잉글리쉬 라벤더를 제외하고는 실내로 들여 놓는 것이 좋다. 잉글리쉬 라벤더의 경우에도 주위를 멀칭해주거나 부직포로 싸주는 것이 안전하다.

번식은 씨앗이나 꺾꽂이로 한다. 씨앗으로 할 경우 성질이 다른 잡종이 생기기 쉽다. 일 주일에서 한 달간 저온처리한 후 파종하는데 발아율은 낮다. 라반딘 라벤더는 씨앗이 맺히지 않는다. 꺾꽂이는 봄에 새순이 싹트기 시작할 때 한다. 꺾꽂이의 경우 빠르면 2주 정도부터 뿌리가 내리기 시작한다. 꽃을 수확할 때는 꽃봉오리가 벌어지기 전 맑은 날을 택해 꽃을 줄기째 잘라 바람이 잘 통하는 그늘에서 말린다.

약성 및 활용

라벤더오일을 채취하기 위하여 재배하거나 관상용으로 심는다. 라벤더 오일은 주로 향수와 화장품의 원료, 요리의 향료로 이용된다. 또 아로마테라피(aroma therapy:향기치료요법)로도 이용되기도 한다. 라벤더에는 진통, 정신 안정, 방충, 살균 등의 효과가 있다고 알려져 있어 고대 로마 때부터 욕조 안에 라벤더를 넣고 목욕을 하거나, 말린 꽃을 옷장이나 서랍에 넣어 두어 좀벌레나 기타 곤충들의 접근을 막는 데 사용하였다.

라벤더오일의 주성분은 리날로올(linalool)과 아세트산리날릴(linalyl acetate)이다. 그밖에 α-pinene, limonene, 1,8-cineole, cis- and trans-ocimene, 3-octanone, camphor, caryophyllene, terpinen-4-ol and lavendulyl acetate 등이 들어 있다. 독특한 향과 방충, 살균 효능이 있으므로 친환경농업에서 라벤더를 생즙을 내거나 물이나 알코올에 우려내어 다른 천연자재와 혼용하여 사용하면 좋을 것 같다.

[충기피식물 41]

파리풀

뿌리를 갈거나 즙액을 내어 밥이나 종이에 먹여 두면 파리가 먹고 죽기 때문에 파리풀이라는 이름이 붙여졌다. 재래식 화장실에 넣어 구더기를 없애는 데 사용하기도 한다.

파리풀(Phryma leptostachya)은 파리풀과의 여러해살이풀로 유독식물이다. 우리나라를 비롯해 일본·중국·히말라야산맥·동시베리아 등지에 분포한다. 높이 50~70cm로, 산지 나무 그늘 및 숲 가장자리 또는 들의 약간 그늘진 곳에서 자란다. 포기 전체에 잔털이 있고, 줄기가 곧게 서며 마디 윗부분이 두드러지게 굵다. 잎은 마주나고 달걀 모양이며 길이 7~9cm, 너비 4~7cm로 잎자루가 길고 양면, 특히 맥 위에 털이 많고 가장자리에 톱니가 있다.

꽃은 7~9월에 연한 자주색으로 줄기나 가지 끝에 수상꽃차례로 달린다. 꽃차례는 길이 10~20cm로서 입술 모양의 꽃이 밑에서부터 위를 향해 달리지만 점차 옆을 향하고 꽃이 진 다음에는 밑으로 굽어서 거꾸로 달린다. 꽃받침은 2개의 입술 모양이다. 윗입술은 길며 3개로 갈라지고 아랫입술은 짧고 2개로 갈라진다. 화관은 꽃받침과는 반대로 갈라진다. 열매는 10월에 익는다. 끝부분이 갈고리 모양이어서 사람이나 동물에 잘 들러붙어 멀리까지 이동할 수 있다.

재배 방법

산지의 나무 그늘 및 숲 가장자리에 흔하게 자라기 때문에 채취에는 어려움이 없다. 다만 그 재배 방법에 대해서는 알려진 것이 없다. 굳이 재배를 하고자 하면 자생지의 생육 환경을 고려할 때 반그늘의 다소 습하고 비옥한 토양이 적당해 보인다. 번식은 종자로 한다. 가을에 완숙한 종자를 채취해 즉시 파종하거나 봄에 심는다.

약성 및 활용

뿌리를 갈거나 즙액을 내어 밥이나 종이에 먹여 두면 파리가 먹고 죽기 때문에 파리풀이라는 이름이 붙여졌다. 재래식 화장실에 넣어 구더기를 없애는 데 사용하기도 한다. 뿌리 또는 포기 전체를 짓찧어서 종기·옴, 벌레 물린 데 등에 붙이면 해독하는 효능도 있다. 민간에서는 전초를 신경마비를 비롯한 신경계통 장애, 변비에 쓴다.

파리풀 뿌리의 주요 유독 성분은 렙토스타치올 아세테이트(leptostachyol acetate)와 프리마롤린Ⅱ(phrymarolin Ⅱ)이다. 이들 성분은 파리, 모기 등의 해충을 죽이는 살충작용을 나타내므로 농약조성물로 이용되기도 한다. 친환경 농업에서는 이런 살충 효과를 활용하여 뿌리를 생즙을 내거나 물 또는 알코올에 우려내어 천연살충제로 이용할 수 있다.

[충기피식물 42]

반하(半夏)

예로부터 게우는 것을 멈추는 약으로 중요하게 써왔다. 그리하여 구역질과 토하는 것을 멈추는 약, 진정약, 가래삭임약으로 쓴다. 생강과 같이 쓰면 부작용도 적고 치료 효과도 높다.

반하(Pinellia ternata)는 천남성과의 여러해살이풀로 중부 이남의 밭이나 야산에 자생하며 일본 및 만주 등지에도 분포한다. 높이 15~30cm 정도로 한 두 개의 잎이 땅속 덩이줄기에서 자라나온다. 덩이줄기는 공 모양이며 지름 1cm 정도이다. 잎은 자루가 길고 3개의 쪽잎으로 되어 있다. 쪽잎은 달걀 모양 또는 타원형으로 끝이 뾰족하고 가장자리가 밋밋하다. 잎자루 아랫부분에 주아(珠芽)가 달려서는 떨어져 새로운 개체로 성장한다.

개화기는 5~7월로 길이 6～7cm 정도의 원통형 녹색 포를 가진 꽃줄기가 잎보다 길게 자라나온다. 포 안쪽에는 노란빛을 띤 흰색의 꽃이 꽃차례에 빽빽이 달린다. 위에는 수꽃이 밑에는 암꽃이 달리며, 꽃차례 끝은 휘어져 포 바깥으로 길게 자란다. 8~9월에 달걀 모양의 열매가 녹색으로 익는다. 여름이 한창일 때 꽃이 시든다고 해서 한자로 '반하(半夏)'라고 부른다. 끼무릇·소천남성이라고 부르기도 한다. 우리나라에는 반하와 대반하 2종이 있다.

재배 방법

번식과 생장이 잘돼 전국에서 재배가 가능하다. 햇볕이 드는 곳에서 재배하되 중북부지방에서는 겨울 동안 짚이나 부엽토로 피복을 하여 동해를 방지하고, 남부 지방은 여름 고온기에 반그늘을 해주는 것이 좋다. 번식은 덩이줄기로 한다. 봄에는 3월중・하순경, 가을에는 10월 상순이 파종적기인데 지역에 따라 서리피해나 동해를 입지 않도록 파종기를 조절한다.

심는 간격은 골과 골 사이는 10~30cm, 덩이줄기 사이는 5~10cm, 깊이는 5cm 정도로 하여 심는다. 정식 후에 짚을 덮어주어 토양수분을 보존하고 토양 온도를 높여 주면 발아가

빨라진다. 2년 후부터 수확이 가능하다. 6월 말 지나 잎이 누렇게 마르면 수확한다. 땅속에 있는 덩이줄기를 캐서 8~9㎜ 체를 이용하여 큰 것은 약제로 쓰고 작은 것은 종구로 이용하는데, 종구를 밭에 두는 방법과 모아서 얼지 않게 저장하였다가 이듬해 봄에 파종하는 방법이 있다.

약성 및 활용

약재로 이용하고자 할 때는 덩이줄기를 캐어 흙을 깨끗이 씻고 껍질을 벗긴 후 햇볕에 말리거나 약한 불에 쬐어 말린다.

덩이줄기에는 '에테르엑스 약 1%, 정유 0.003~0.013%, β-시토스테롤과 배당체, 콜린(choline,0.015%), 트리테르펜 화합물, 글루쿠론산과 그 유도체, 아스파라긴산, 아르기닌, 리진, 오르니틴, 세린, 글리신, 알라닌, 시트롤린, β-아미노버터산, 물에 물리는 배당체, 포도당, 람노오스가 있다. 또한 기름, 회분 1.9%(마그네슘 약 49%, 칼슘 약 15%), 프로토아네모닌과 비슷한 점막자극물질, 휘발성 알칼로이드, 0.002%의 에페드린(ephedrin)' 성분이 들어 있다.

「약초의 성분과 이용」에서는, "예로부터 게우는 것을 멈추는 약으로 중요하게 써왔다. 그리하여 구역질과 토하는 것을 멈추는 약, 진정약, 가래삭임약으로 위 안에 물이 고여서 오는 메스꺼움(위내정수), 임신 게우기, 중추성 게우기, 요독증성 게우기, 기침, 어지럼증, 머리아픔, 가슴활랑거림, 급성 위염, 목구멍이 곪아서 아픈 데, 잠을 이루지 못할 때에 쓴다. 생강과 같이 쓰면 부작용도 적고 치료 효과도 높다. 민간에서는 신선한 덩이줄기와 생강을 짓찧어 즙을 탈모증에 바른다."고 적고 있다.

반하는 유독성 식물로서 친환경농업에서는 같은 과의 독초인 천남성의 사용에 준하여 생즙을 내거나 물에 달이거나 알코올에 우려내어 천연농약으로 활용한다.

[충기피식물 43]

오동나무

성장이 빠르고 가벼우면서도 습기를 빨아들이거나 뒤틀리거나 불에 잘 타지 않으며, 벌레가 먹지도 않고 음향전도가 잘되고 가공이 쉬워 전통가구재나 곡식을 넣어 두는 뒤주, 거문고 등의 악기재로 이용되었다.

현삼과의 낙엽이 지는 큰키나무로 우리가 흔히 오동나무라고 부르는 것은 대개 참오동나무(Paulownia tomentosa)이다. 높이 15~20m까시 자라며 마을 근처에 주로 심겨지고 있다. 울릉도에서는 자생상태로 자란다. 일본, 중국에도 분포한다.

잎은 마주나고 넓은 달걀 모양인데 3~5개로 약간 갈라진다. 밑은 심장모양이고 길이는15~30(50)cm로서 앞뒷면에 털이 밀생한다. 가장자리는 밋밋하며 잎자루는 길고 잔털이 있다. 5～6월에 연한 자주색꽃이 커다란 원추꽃차례에 달린다. 꽃받침은 5개로 갈라지고 작은 꽃줄기와 더불어 갈색 털이 밀생한다. 화관은 깔때기 비슷한 종 모양이다. 길이 5~6cm로서 겉에 선모(腺毛)가 있고 안쪽에 자주색 점선(點線)이 있다. 열매는 삭과로 둥글고 털이 없으며 길이 3~4cm로서 10월에 성숙한다. 오동나무(Paulownia coreana Uyeki)는 참오동나무와 달리 화관 안쪽에 자주색 점선이 없으며, 잎 표면에 털이 거의 없다.

재배 방법

매우 빠르게 자라는 나무로 햇볕을 좋아한다. 배수가 잘 되며 토심이 깊은 비옥한 땅이 재배 적지이다. 번식은 주로 종자와 뿌리꽂이로 한다. 봄에 파종 시 모잘록병에 걸리지 않도록 방제하고 직접 비를 맞지 않도록 한다. 종자가 매우 미세함으로 파종 후 관수시 매우 주의를 요한다. 소량으로 재배하려거나 또는 우량한 개체를 얻으려면 뿌리꽂이가 좋다. 뿌리꽂이는 3~4월에 큰 나무에서 직경 1~3cm 되는 뿌리를 10~15cm 길이로 잘라 삽목상에 비스듬하게 꽂고 그 위에 흙을 2~3cm 두께로 덮어준다. 성장이 빠르기 때문에 1년이면 큰 묘목을 얻을 수 있다.

약성 및 활용

오동나무는 15~20년 정도면 베어서 쓸 수 있을 만큼 성장이 빠르고 가벼우면서도 습기를 빨아들이거나 뒤틀리거나 불에 잘 타지 않으며, 벌레가 먹지도 않고 음향전도가 잘 되고 가공이 쉬워 전통가구재나 곡식을 넣어 두는 뒤주, 거문고 등의 악기재로 이용되었다.

한방에서는 참오동나무를 백동(白桐)이라 하여 잎, 껍질, 열매 등을 모두 약제로 이용한다. 「중약대사전」에서는 "수피를 동피(桐被)라 하는데, 맛은 쓰고 성질은 차며, 시린진(syringin) 성분이 함유되어 있다. 연중 나무껍질을 채취하여 햇볕에 말린 후 치질, 성병, 단독(丹毒:다친 상처나 긁어서 난 상처에 연쇄상구균이 침입하여 생긴 염증), 타박상 등에 달여서 복용하거나 짓찧어 환부에 바른다. 잎은 동엽(桐葉)이라 부르는데, 우르솔릭산(ursolic acid)과 여러 글루코시드(glucoside) 및 폴리페놀(polyphenols) 성분이 함유

되어 있다. 맛은 쓰고 성질은 차며, 무독하다. 옹저(癰疽:큰 종기), 정창(비교적 증세가 위중한 여러 부스럼), 창상(創傷:칼날 등에 다친 상처)으로 인한 출혈에 약용한다. 열매는 포동과(泡桐果)라 하며, 만성기관지염으로 인한 기침, 천식, 가래, 담(痰)이 많은 경우에 약용한다."고 적고 있다.

살충제가 없었던 옛날에는 오동잎을 재래식 화장실의 구더기를 죽이는 데 사용하였다. 또한 오동나무 쌀통은 벌레가 꼬이지 않는다 하여 인기가 있었다. 이러한 살충, 방충 효과 외에도 오동나무로부터 추출한 페닐프로파노이드배당체(폴리페놀의 일종)는 항염, 항균 효과를 나타내는 것으로 알려져 있다. 친환경농업에서는 오동나무 잎을 생즙을 내거나 달이거나 우려내어 살충, 항균제로 사용한다.

[충기피식물 44]

가래나무와 호두나무

가래나무와 호두나무에서 수피, 뿌리, 잎, 덜 익은 열매껍질 등이 살충, 살균, 억균 등의 효과를 나타내는 것은 이들 속에 주글론(juglone)과 타닌(tannin) 성분이 들어 있기 때문이다.

가래나무(Juglans mandshurica Maxim.)는 다 자라면 높이 20m 정도 되는 낙엽이 지는 큰키나무로 주로 우리나라 중부 이북 산기슭과 계곡에 자생한다. 잎은 홀수 깃꼴겹잎이다. 쪽잎은 7~17개이며, 긴 타원형 또는 달걀 모양 타원형으로 잔 톱니가 있고, 뒷면 잎맥 위에 샘털(腺毛)이 있다. 꽃은 4월에 암꽃과 수꽃이 따로 핀다. 수꽃이삭은 길이 10~20cm로 길게 늘어져 피고, 암꽃이삭에는 4~10개의 꽃이 달린다. 암술머리는 빨갛다. 열매는 달걀 모양이며 9월에 익는다. 종자는 끝이 뾰족하고 몹시 단단하다.

호두나무(Juglans regia Dode)는 가래나무과의 낙엽이 지는 큰키나무로 페르시아와 중국이 원산지로 알려져 있으며, 우리나라 중부 이남에서 오래 전부터 재배하고 있다. 잎은 홀수깃꼴겹잎이며 5~7개의 쪽잎으로 되어 있다. 쪽잎은 타원형으로 위로 갈수록 커지며 밋밋하거나 뚜렷하지 않은 톱니가 있다. 꽃은 4~5월에 암수가 따로 위아래 쪽에 핀다. 수꽃이삭은 길이 15cm로 늘어져 피고, 암꽃이삭은 1~3개의 암꽃으로 구성되며 암술머리는 노란색을 띤다. 열매는 둥글고 털이 없으며 9~10월에 익는다. 종자내부는 가래나무가 2칸인 것과 달리 4개의 칸으로 나뉘어 있다.

재배 방법

가래나무는 생장이 빠른 편으로 습하고 비옥한 토양에서 잘 자란다. 추위에 강한 반면 따뜻한 곳에서는 생장이 불량하다. 번식은 종자로 한다. 종자를 흐르는 물에 4~5일 동안 담갔다가 종자와 젖은 모래를 1:2의 비율로 혼합하여 지하 30~50cm 깊이에 노천매장을 하여 이듬해 3~4월에 파종한다. 겨

울이 지나는 동안 물을 충분히 공급해준다. 파종 시 종자를 수직이 되도록 심고 4~5㎝ 가량의 흙을 덮고 잘 다져준다.

호두나무는 햇빛이 충분히 들면서 배수와 통기성이 좋고, 비옥한 토양에서 잘 자란다. 특히 묘목을 심을 때 충분한 거름을 주어야 생장이 빠르다. 번식은 종자나 접목으로 한다. 종자의 경우 10월 하순경에 채취하여 모래와 섞어 배수가 잘되는 곳에 묻었다가 봄에 가래나무와 같은 방법으로 심는다. 접목의 경우 대목으로는 호두나무나 가래나무 등을 사용하고, 접수는 1월 하순~2월 초순경에 완전한 휴면지를 채취하여 10~11℃의 온도에서 건조하지 않도록 보관하여야 한다. 접목시기는 5월 하순~6월 상순경이 적당하다.

약성 및 활용

가래나무 열매는 날 것으로 그냥 먹거나 기름을 짜서 먹기도 한다. 호두와 마찬가지로 신(腎)과 폐(肺)를 튼튼하게 하고 기침을 멎게 하며 기억력을 좋게 한다. 어린잎은 삶아서 먹을 수 있다. 한방에서는 봄에서 가을 사이에 수피 또는 뿌리껍질을 채취하여 말린 것을 추목피(楸木皮)라고 하여 약으로 쓴다.

「동의보감」에서는 추목피(楸木皮)에 대하여, "성질은 약간 차며 맛은 쓰고 독이 없다. 3충과 피부충을 죽인다. 졸여서 고약을 만들어 악창, 저창(疽瘡), 누창(瘻瘡), 옹종, 음부에 생긴 감닉창을 낫게 하는데 피고름을 없애고 새살이 살아나게 한다. 힘줄과 뼈를 튼튼하게 한다."고 적고 있다.

「중약대사전」은 호두나무에 대하여, "뿌리는 9~10월에 채취한다. 만성변비완하, 살충, 공독(攻毒), 보기(補氣), 노인의 치통을 다스리는 효능이 있다.

껍질은 살충과 수양성하리(水樣性下痢), 음낭의 피부염, 전신가려움을 치료한다. 잎은 백대하, 개선(疥癬), 하지상피병을 치료하며 살충, 해독하는 효능이 있다."고 적고 있다.

가래나무와 호두나무에서 수피, 뿌리, 잎, 덜 익은 열매껍질 등이 살충, 살균, 억균 등의 효과를 나타내는 것은 이들 속에 주글론(juglone)과 타닌(tannin) 성분이 들어 있기 때문이다. 주글론과 타닌은 균과 충으로부터 스스로를 보호하기 위해 나무가 분비하는 물질로 알려져 있다. 뿌리에서 분비되는 주글론은 다른 식물의 생장을 방해하는 한편, 살균, 살충작용을 한다. 타닌 또한 강력한 수렴작용으로 동물의 소화를 어렵게 만들며 역시 항균, 구충 효과를 나타낸다. 이런 가래나무와 호두나무의 살균, 살충효과를 이용해 친환경 농업에서는 수피, 뿌리, 잎, 덜 익은 열매껍질을 생즙을 내거나 물 또는 알코올 등에 우려내어 천연농약으로 활용하고 있다.

[충기피식물 45]

봉선화

봉선화의 주요 성분인 케르세틴과 캠퍼롤은 강력한 항산화 물질이다. 식품에 첨가 시 산화나 곰팡이 발생으로 인한 변질을 방지하여 신선도를 오래도록 유지해주고, 암세포의 증식을 억제한다. 나프타퀴논 및 그 유도체는 갖가지 균을 죽이거나 억제하는 작용을 한다.

봉선화(Impatiens balsamina L.)는 봉선화과의 한해살이풀로 인도·동남아시아가 원산지이다. 우리나라 각처에서 관상용으로 심고 있다. 다 자라면 60cm 정도 된다. 줄기는 털이 없이 곧게 자라고 육질이며 밑부분의 마디가

특히 두드러진다. 잎은 어긋나게 달리고 잎자루가 있으며 피침형으로 양끝이 좁고 가장자리에 톱니가 있다.

7~8월이 되면 잎겨드랑이에 2~3개씩의 꽃이 달리는데 품종에 따라 분홍색, 빨간색, 흰색, 보라색 등의 꽃이 핀다. 꽃은 통 모양으로 아래는 넓은 꽃잎이 받치고, 뒤에는 꿀주머니가 가늘게 밑으로 굽는다. 수술은 5개이고 꽃밥이 서로 연결되어 있다. 열매는 타원형이고 털이 있으며 익으면 터져 씨가 튀어나온다. 비슷한 종으로 물봉선(Impatiens textori)이 있다. 우리나라 각처 산골짜기나 물가 습지에 무리 지어 자생한다.

재배 방법

우리나라 어느 곳에서든지 재배가 가능하다. 햇볕이 드는 곳으로 토질은 참흙이 적당하나 열악한 환경에서도 잘 자라는 편이다. 번식은 씨앗으로 한다. 보통 3~4월에 파종하면 여름에 꽃을 볼 수 있다. 5~6월에도 파종을 하면 늦가을까지 차례로 꽃이 핀다. 모종으로 기른 것은 싹튼 후 본잎이 2~3매 나왔을 때 옮겨 심는다. 물봉선은 주로 습지의 반그늘에서 생육이 왕성하다. 씨앗이나 삽목으로 번식한다. 습지가 아니라면 물을 충분히 공급해주는 것이 좋다.

약성 및 활용

예전에는 꽃을 짓찧어 손톱을 물들이는 데 썼다. 식물 전체, 꽃, 씨앗 등을 말려 약으로 쓴다. 특히 봉선화 씨앗을 급성자(急性子)라 하여 열매가 익었을 때 채취해 햇볕에 말려 이용한다. 꽃에는 시아니딘(cyanidin), 델피니딘(delphinidin), 페라고니딘(pelargonidin), 말비딘(malvidin) 등의 안토시아닌(anthocyanin)과 캠퍼롤(kaempferol), 케르세틴(quercetin) 및 일종의 나프타퀴논(naphthoquinone) 성분이 들어 있다. 씨앗 기름 속에는 불포화지방산인 파리나르산(parinaric acid)이 많이 함유되어 있다. 그 외에 발사미나스테롤(Balsaminasterol)과 사포닌, 케르세틴과 캠퍼롤 등의 플라보노이드 성분이 들어 있다.

「약초의 성분과 이용」에서는 봉선화에 대하여, "씨를 달인 액은 자궁수축작용, 피임작용(배란억제, 산소수축작용)이 있다. 동의치료에서는 씨를 독풀이, 월경불순에 쓴다. 또한 줄기를 투골초(透骨草)라 하여 아픔멎이약, 염증약, 통경약으로 류마티즘, 타박상, 폐경에 쓴다. 민간에서는 씨가 물고기뼈를 무르게 한다고 하여 뼈에 찔렸을 때 씨를 물과 함께 삼킨다. 이때 이에 닿지 않도록 해야 한다. 또한 물고기를 삶을 때 몇 알의 씨를 넣으면 뼈가 물러진다고 한다. 소화기암에는 씨

30~60g을 달여 먹는다. 꽃, 잎, 줄기즙은 무좀에 바른다. 노랑물봉선 또한 활혈, 진통, 소종의 효능이 있다고 하여 습관성 관절통, 월경통, 임파선염, 독사에 물린 데 등에 치료한다."고 적고 있다.

봉선화의 주요 성분인 케르세틴(quercetin)과 캠퍼롤(kaempferol)은 강력한 항산화 물질이다. 식품에 첨가 시 산화나 곰팡이 발생으로 인한 변질을 방지하여 신선도를 오래도록 유지해주고, 암세포의 증식을 억제한다. 파리나르산(parinaric acid) 또한 종양 억제 효과를 나타낸다. 나프티퀴논(naphthoquinone) 및 그 유도체는 갖가지 균을 죽이거나 억제하는 작용을 한다. 때문에 살균제 및 무좀치료제 성분으로 이용되고 있다. 친환경농업에서 봉선화 식물 전체를 생즙을 내거나 물 또는 알코올에 우려내어 항균 및 살균제로 활용할 수 있다.

[충기피식물 46]

소태나무

나무껍질이 소의 태처럼 쓰기 때문에 '소태나무'라는 이름이 붙었다. 맛은 쓰며 성질은 차고 독이 있다. 청열조습(淸熱燥濕), 건위(健胃), 살충, 해독의 효능이 있다.

소태나무(Picrasma quassioides)는 소태나무과의 낙엽이 지는 나무로, 볕이 잘 드는 산골짜기나 산허리에 드물게 자란다. 일본과 대만, 중국, 인도 히말라야 등지에도 분포한다. 나무껍질이 소의 태처럼 쓰기 때문에 '소태나무'라는 이름이 붙었다. 높이 10~12m 정도로 곧게 자라며 가지가 수평으로 층을 이룬다. 수피는 흑갈색이다. 어린나무에는 마름모 모양의 껍질눈이 있고,

오래된 나무일수록 수피가 세로로 갈라진다. 겨울눈에는 비늘조각이 없고 홍갈색의 가는 털이 많이 난다.

잎은 어긋나게 달리고 깃꼴겹잎이다. 쪽잎은 9~15개로 달걀 모양 또는 긴 타원형이고, 표면에 털이 없고 윤채가 있으며 가장자리에 물결 모양의 둔한 톱니가 있다. 가을에 노란색으로 단풍이 든다. 암수딴그루로 5~6월에 잎겨드랑이에서 나온 취산화서에 황록색 꽃이 달린다. 수꽃은 4~5개의 꽃잎과 4개의 수술이 있으며, 암꽃은 암술머리가 4개로 갈라진다. 열매는 난형으로 꽃받침이 그대로 붙어있으며 9월에 검붉은색으로 익는다.

재배 방법

햇볕이 드는 곳을 좋아하나 토성은 가리지 않는 편이다. 느릅나무, 느티나무, 서어나무 등과 함께 혼생하며 내한성과 내건성이 강하다. 주로 산골짜기나 산허리에서 자란다. 번식은 종자로 한다. 9월 말경 종자를 채취하

여 과육을 제거한 후에 모래에 섞어 서늘한 곳에 저장하였다가 이듬해 봄에 일찍 파종한다. 묘가 자라면 개별 포트로 옮겨 그해 겨울을 나고 이듬해 본밭에 정식한다.

약성 및 활용

수피(樹皮), 근피(根皮) 혹은 목부(木部)를 고수피(苦樹皮) 또는 고목(苦木)이라 하여 약으로 이용한다. 맛은 쓰며 성질은 차고 독이 있다. 청열조습(淸熱燥濕), 건위(健胃), 살충, 해독의 효능이 있다.

「중약대사전」에 따르면 소태나무에는, "콰신(quassin), 피크라스민(picrasmin)이 함유되어 있다. 또 피크라신(picrasin) A~G, nigakihemiacetal A~C, nigakilactone A~F, H, J, K, M, N 등도 함유되어 있다. 아울러 nigakinol, nigakinone, methyl nigakinone도 함유되어 있다. 이 밖에 쓴맛이 없는 네 종류의 결정물질, 즉 색소 성분인 2, 6-dmethoxy-P-benzoquinone, C28-30 H48-

5202, 4, 5-dimethoxycanthin-6-one, 2,4-dichloro-6-aminopyridine 등이 함유되어 있다. 열매와 핵인(核仁)에도 지방을 함유하고 있는데, 그 지방산중에는 petroselinic acid, palmitic acid, oleic acid, linoleic acid, linoleic acid 및 lauric acid 등이 함유되어 있다."

소태나무에 대해 「동의학사전」에서는, "가을 또는 봄에 줄기를 베어 껍질을 벗겨버리고 일정한 길이로 잘라 햇볕에서 말린다. 맛은 쓰고 성질은 차다. 열을 내리고 습을 없애며 해독하고 살충한다. 쓴맛 성분인 콰신이 건위작용을 하며 알칼로이드인 니가키논은 항알레르기작용을 나타낸다는 것이 실험적으로 밝혀졌다.

주로 쓴맛건위약으로 소화불량증, 이염, 식욕부진에 쓰며 담도감염, 회충증, 옴, 습진, 화상 등에도 쓴다. 하루 5~12g을 물로 달여서 먹는다. 용량을 초과하면 토할 수 있다. 외용약으로 쓸 때는 달인 물로 씻거나 가루내어 뿌린다. 임신부에게는 쓰지 않는다."고 적고 있다. 소태나무의 쓴맛과 살충 효과를 활용해 친환경농업에서는 소태나무를 달이거나 물 또는 주정에 우려내어 천연농약으로 이용한다.

[충기피식물 47]

석류나무

한방에서 열매 껍질을 석류피(石榴皮)라 하여 약재로 이용한다. 설사·이질에 효과가 있고, 입을 헹구면 입안의 염증, 편도염, 충치에 의한 통증이 멎는다. 구충약으로도 사용된다.

석류나무(Punica granatum)는 이란, 파키스탄, 아프가니스탄 및 지중해 연안이 원산지로 우리나라에는 인도, 중국을 거쳐 들어 왔으며 신라 역사에도 석류가 등장한다. 낙엽이 지는 높이 3~5m 정도 되는 나무로 줄기에서 가지가 많이 나온다. 줄기는 뒤틀리는 모양을 하고 작은 가지는 네모지고 털이 없으며 끝이 가시로 변한다. 잎은 마주나며 긴 타원 모양이다. 양끝이 좁고 가장자리가 밋밋하며 털이 없고 잎자루가 짧다. 봄에 잎이 나오는 것이 다른 나무에 비해 늦어 4월 하순이나 5월 상순이 되어야 한다. 꽃은 암수한꽃으로 5~7월에 주로 붉은색으로 피며 가지 끝에 1~5개씩 달린다. 노랑, 흰빛, 얼룩이 등의 꽃과 결실이 되지 않는 관상용 겹꽃도 있다. 꽃받침은 통 모양이고 6개로 갈라진다. 꽃잎도 6개로 기왓장처럼 포개진다. 수술은 많고 암술은 1개이다. 열매는 둥글고 지름이 6~8cm이며 끝에 꽃받침조각이 붙어 있고 9~10월에 갈색이 도는 노란색 또는 붉은색으로 익는다. 흔히 껍질이 터져서 종자가 보인다. 열매껍질은 두껍고 속에는 얇은 격막으로 칸막이가 된 6개의 자실이 있으며, 그 안에 붉은빛의 과육으로 둘러싸인 다수의 종자가 배열되어 있다.

재배 방법

토심이 깊고 배수가 잘되는 비옥적윤한 사질양토가 적지이나 추위에 약하여 중부 지방에서는 경제적 생장이 되지 않으므로 주로 중부이남에서 재배한다. 해가 잘 들고 바람이 적은 곳이 꽃도 많이 피고 결실도 잘된다. 해변에서도 잘 자란다. 생장이 빠른 편이나 도장지가 나오기 쉽고 뿌리 쪽에서 곁가지가 많이 나온다. 이식이 쉽다. 번식은 종자로 하거나 꺾꽂이·휘묻이·포기나누기 등으로 한다. 종자번식은 열매가 황색에서 적색으로 되었을 때 채취하여 따뜻한 지방에서는 직파하고, 추운 지방에서는 마른 모래에 저상을 하였다가 봄에 파종한다. 꺾꽂이의 경우 대개 봄철에는 굳은가지(硬枝)를, 여름철에는 연한가지(綠枝)를 꺾꽂이하여 증식한다. 발근촉진제를 이용하면 효과적이다. 뿌리 근처에서 자라는 가지는 잘라주는 것이 좋다.

약성 및 활용

석류는 단맛이 강한 것과 신맛이 강한 것이 있다. 과즙에는 당질(포도당·과당)이 약 40%, 새콤한 맛을 내는 시트르산이 약 1.5% 정도 들어 있다. 종자에는 갱년기 장애에 좋은 것으로 알려진 천연식물성 에스트로겐이 함유되어 있다. 과즙은 빛깔이 고와서 과일주를 담그거나 농축 과즙을 만들어 음료나 과자를 만드는 데 쓰며, 석류의 꽃과 덜 익은 열매의 껍질은 붉은색 염료의 원료로 사용하기도 한다.

한방에서 열매 껍질을 석류피(石榴皮)라 하여 약재로 이용한다. 설사·이질에 효과가 있고, 입을 헹구면 입안의 염증, 편도염, 충치에 의한 통증이 멎는다. 구충약으로도 사용된다. 줄기·가지·뿌리 껍질에는 더 강한 효과가 있다. 보유독성분은 펠리티에린(pelletierine), 이소펠레티에린(isopelletierine) 등의 알카로이드(alkaloid)로 중추성운동장애와 호흡마비등의 중독 증상을 일

으킨다고 알려져 있다. 주로 뿌리와 줄기껍질에 함유 되어 있기 때문에 과일을 먹어서 중독될 걱정은 없다.

안덕균의 「한국본초도감」에서는 석류열매껍질에 대해서, "맛은 시고 떫으며 성질은 따뜻하다. 효능은 섭장지사, 살충한다. 시고 떫은맛은 대장에 들어가서 오래 된 설사, 이질을 치료한다. 단방으로는 물을 넣고 달이거나 태워 그 가루를 복용한다. 장내 기생충으로 인한 복통이 있을 때 달인 물이나 가루를 복용한다. 촌충 살충 효과가 뛰어나고 체외 실험에서는 황색포도상구균, 연쇄상구균, 콜레라균, 이질균, 녹농균, 결핵간균의 발육을 억제하는 작용이 현저하다. 그 밖에도 인플루엔자균, 피부진균을 억제하는 효과도 크다." 고 적고 있다.

「동의학사전」에서는 석류나무뿌리껍질에 대해서, "가을에 뿌리를 캐어 물에 씻어 껍질을 벗겨 햇볕에 말린다. 맛은 시고 성질은 따뜻하다. 대장경에 작용한다. 조충을 죽이고 설사를 멈춘다. 알칼로이드성분인 펠리티에린이 구충작용을 나타내며 억균작용도 한다. 조충증, 회충증, 설사, 이질 등에 쓴다. 하루 6~12g을 물로 달여서 먹는다."고 적고 있다. 친환경농업에서는 이런 석류의 살충, 억균효과를 이용해 열매껍질이나 줄기 또는 뿌리 껍질을 달이거나 우려내어 천연 살충제, 살균제로 활용하고 있다.

[충기피식물 48]

코스모스

코스모스 잎이나 줄기를 비벼 코에 대어보면 특유의 향과 냄새가 난다. 코스모스는 여타 다른 국화과 식물에 비해 총 폴리페놀(polyphenols)과 플라보노이드(flavonoids) 함량이 많은 편이다.

코스모스(Cosmos bipinnatus)는 국화과의 한해살이풀로 멕시코가 원산지이다. 1910년대에 우리나라에 처음 들어온 것으로 알려져 있다. 높이 1~2m 정도이다. 주로 윗부분에서 가지가 갈라지며 전체에 털이 없다. 잎은 마주나고 2회 깃꼴로 갈라지며, 갈라진 조각은 줄 모양이다. 6~10월에 가지와 줄기 끝에 두상화(頭狀花:꽃대 끝에 꽃자루가 없는 작은 꽃이 많이 모여 피어 머

리 모양을 이룬 꽃)가 1개씩 달린다. 두상화는 지름이 6cm이고 6~8개의 설상화와 노란색의 관상화로 이루어져 있다. 설상화는 꽃잎 역할을 한다. 연분홍색·흰색·붉은색 등 여러 색이 있으며, 끝이 톱니 모양으로 얕게 갈라진다. 관상화는 가운데에 위치한 노란색 통 모양의 꽃다발로 꽃밥이 짙은 갈색을 띤다. 열매는 수과이고 털이 없으며 끝이 부리 모양이다. 비슷한 종류로 꽃이 노란색인 것을 노랑코스모스(C. lutea)라고 한다.

재배 방법

코스모스는 한해살이풀이지만 처음에 한 번 심어 놓으면 가을에 씨앗이 떨어져 다음해 새로운 싹이 계속 나오기 때문에 매년 파종을 하지 않아도 된다. 재배도 쉬운 편이다. 햇볕이 잘 드는 곳으로 다소 건조하고 척박한 땅이 좋다. 비옥하고 습기가 있는 땅은 웃자라 쓰러지기 쉽다. 어릴 때 순을 질러주거나 옆으로 눌러 뉘어주면 키를 낮출 수 있다. 파종은 재래종 코스모스의 경우 보통 4월 하순경에서 5월 상순 사이에 하는데, 화단에 직접 뿌리거

나 파종상자나 화분에 뿌려 모종을 옮겨 심는다. 재래종 코스모스는 단일성이어서 낮의 길이가 짧아지는 가을이 되어야만 꽃이 핀다. 반면 개량되어 나온 조생종 코스모스는 낮의 길이가 길고 짧은 것과 상관없이 파종 후 50~70일이면 꽃이 피므로, 꽃이 피길 원하는 시기에 맞추어 날짜를 역산해서 씨를 뿌리면 된다.

약성 및 활용

한방에서는 뿌리를 제외한 식물체 전체를 추영(秋英)이라는 약재로 쓰는데, 눈이 충혈되고 아픈 증세와 종기에 사용한다. 중국의 「본초도감」에서는, "맛은 쓰고 차다. 7~8월에 채취하여 햇볕에 말린 뒤에 절단한다. 청열해독(清熱解毒), 명목(明目), 소종(消腫)의 효능이 있다. 목적종통(目赤腫痛)을 치료한다. 사용량은 9~15g을 물에 달여서 복용한다. 피부 종기에는 생으로 찧어서 환부에 붙이거나 또는 말린 것 적당한 양을 가루내어 향유에 개어 바른다." 고 적고 있다. 코스모스 잎이나 줄기를 비벼 코에 대어보면 특유의 향과 냄새가 난다. 코스모스는 여타 다른 국화과 식물에 비해 총 폴리페놀(polyphenols)과 플라

보노이드(flavonoids) 함량이 많은 편이다. 이들 성분은 산화를 방지하는 작용, 즉 항산화 기능을 갖고 있다. 플라보노이드는 노란색 계통의 식물 색소로, 항산화 기능 외에 항균·항암·항바이러스·항알레르기 및 항염증 활성을 지니며, 독성은 거의 나타나지 않는 것으로 알려져 있다.

코스모스가 충과 균에 대해 억제 효과가 있는지 본격적으로 연구된 것은 없다. 그러나 자연을닮은사람들에서는 코스모스가 노린재에 대해 기피 효과가 있다는 농업 현장 사례를 여러 차례 접할 수 있었다. 그래서 직접 간단한 실험을 해보았다. 빈 페드병 한쪽에 코스모스를 썰어 넣고 노린재 십여 마리를 잡아넣어 관찰한 결과, 노린재가 코스모스를 피해 반대편에 몰려가 붙어 있는 걸 확인할 수 있었다. 코스모스가 노린재에 대해 기피효과가 있다는 것이 확인된 것이다. 따라서 노린재의 피해가 우려되는 농작물은 코스모스를 섞어 심어 노린재의 접근을 막아도 되고, 코스모스를 생즙내거나 말려서 달이거나 우려내어 천연농약으로 활용해도 된다.

[충기피식물 49]

차나무

차에는 카테킨과 카페인, 테아닌이 많이 함유되어 있다. 차의 효능과 맛을 좌우하는 것은 주로 카테킨과 아미노산류로, 카테킨은 떫고 쓴맛을 제공하고 테아닌 등의 아미노산류는 감칠맛과 단맛을 제공한다.

차나무(Camellia sinensis)는 차나무과의 늘푸른나무로 원산지는 중국이고 일본, 인도 등 열대, 아열대 온대 지방에 분포한다. 우리나라에는 삼국시대 때 도입되어 따뜻한 남부지방에서 재배하고 있다. 뿌리는 아래로 곧게 뻗으며 깊이가 2～4m에 이른다. 잎은 어긋나게 달리고 피침상 긴 타원형으로 가장자리에 둔한 톱니가 있다. 잎이 두껍고 광택이 있으며 양면에 털이 없다. 표면은 녹색으로 엽맥이 들어가고, 뒷면은 회색빛을 띠며 맥이 튀어 나와 있다.

꽃은 10～11월에 흰색으로 잎겨드랑이나 가지 끝에 1～3개씩 달린다. 지름이 3~5cm이며 향기가 있다. 꽃받침조각은 5개로서 녹색이다. 꽃잎은 6~8개이고 넓은 달걀을 거꾸로 세운 모양이며 뒤로 젖혀진다. 수술은 180～240개로 밑 부분이 합쳐져서 통같이 되며 꽃밥은 노란색이다. 암술은 1개이고, 암술대는 3개이며 흰색 털이 빽빽이 있고, 씨방은 3실이다. 열매는 삭과이고

둥글며 모가 진다. 다음 해 가을에 익기 때문에 꽃과 열매를 같은 시기에 볼 수 있다. 열매가 익으면 터져서 갈색의 단단한 종자가 나온다.

재배 방법

연평균 기온이 14~16℃이고 pH4.5~5.5 정도의 약산성 토양으로 배수가 잘 되고 통기성과 보수성, 보비력이 좋은 곳이 차나무 재배에 알맞다. 주로 계곡을 낀 경사지로 안개가 자주 끼는 양지바른 곳의 그늘진 숲 속이 차 맛을 내기에 가장 이상적인 재배 장소이다. 일조량이 너무 많으면 찻잎의 섬유가 발달하여 쓰고 떫은맛이 늘어난다. 따라서 그럴 경우에는 해가림을 하여 차 맛을 좌우하는 아미노산의 함량을 늘려주는 것이 좋다.

번식은 주로 종자나 꺾꽂이로 한다. 종자번식의 경우 가을에 종자를 채취하여 바로 직파하거나, 망에 담아서 노천매장 또는 5℃ 저온저장고에 저장하였다가 이듬해 3월 중순 이전에 파종한다. 2~3개씩 점파하되, 가을 파종 시 5㎝ 내외, 봄 파종 시 3~5㎝ 깊이로 한다. 삽목의 경우 6~7월경에 측아가 충실하고 새 가지에서 황갈색으로 경화가 진행된 가지를 골라 3절 2

엽이 되도록 절단하여 깊이 3~4cm 정도로 심는다. 이때 60~80% 차광을 해준다. 묘목을 사서 심는 경우 3월 중하순에 뿌리를 잘 펴서 심고 흙을 짚이나 풀로 덮어준다.

약성 및 활용

차는 오래전부터 기호음료로서 사랑을 받아왔다. 차는 잎을 따는 시기와 발효 정도, 제조 방법 등에 따라 맛과 향에 차이가 있다. 차를 발효 정도에 따라 분류하면, 발효가 거의 없는 것을 비발효차인 녹차라 하고, 10~70% 정도 발효된 것을 부분발효차(포종차, 우롱차), 80% 이상 발효된 차를 발효차(홍차)라고 한다. 이러한 발효차를 산화 발효차라고 하는데, 여기에 2차적으로 미생물 발효시켜 만든 차를 후발효차 혹은 미생물 발효차라고 부르며 흑차, 보이차가 이에 속한다.

차의 주요 성분은 카테킨(catechin), 카페인(caffeine), 테아닌(theanine) 등의 유리아미노산류와 엽록소·플라보놀·안토시안 등의 색소 성분, 그리고 지질, 수지류, 정유, 비타민, 무기질 등이다. 다른 식물에 비해 카테킨과 카페인, 테아닌이 많이 함유되어 있다. 차의 효능과 맛을 좌우하는 것은 주로 카테킨과 아미노산류로, 카테킨은 떫고 쓴맛을 제공하고 테아닌 등의 아미노산류는 감칠맛과 단맛을 제공한다. 테아닌은 차나무의 뿌리에서 생합성되어 잎에 저장되는데 햇빛을 받으면 화학적으로 분해되어 카테킨으로 전환된다.

카테킨(catechin)은 폴리페놀 일종으로 플라보노이드에 속하며, 녹차의 떫은맛을 내는 주요 성분이다. 찻잎에는 온화한 쓴맛을 내는 유리형 카테킨과 쓰고 떫은맛을 내는 에스터형 카테킨, 강한 쓴맛과 약한 떫은맛을 내는 결합형 카테킨이 있어 감의 타닌과는 달리 단백질과 분리되어 입안이 텁텁하지 않다. 카테킨은 항산화작용, 발암억제, 동맥경화, 혈압상승억제, 혈전예방, 항바이러스, 항비만, 항당뇨, 항균, 해독작용, 소염작용, 충치예방, 구갈방지, 장내 세균총 정상화 등 다양한 효과가 있다.

카페인(caffeine)은 커피나 차 같은 일부 식물의 열매, 잎, 씨앗 등에 함유된 알칼로이드(alkaloid)의 일종으로 쓴맛이 나며, 식물을 먹고 사는 해충을 마비시켜 죽이는 일종의 살충제 역할을 한다. 사람이 적당량을 섭취했을 경우에는 일반적으로 중추신경계와 신진대사를 자극하여 피로를 줄이고 정신을 각성시켜 일시적으로 졸음을 막아주는 효과가 있으며 이뇨작용을 촉진시키는 역할도 한다.

테아닌(theanine)은 아미노산의 일종으로, 차에 들어 있는 아미노산 성분 중 함량이 가장 높으며 차에 단맛과 감칠맛을 부여하고, 긴장을 완화시킨다.

차에는 테아닌과 데오피린, 카테킨 등의 성분들이 카페인과 결합하여 불용성 성분으로 만들거나 그 활성을 억제하기 때문에 커피를 마셨을 때 나타나는 흥분이나 중독 등의 부작용이 나타나지 않는다.

일조량이 많을수록 찻잎의 카테킨 등 폴리페놀 또는 타닌 함량이 많아진다. 또한 찻잎을 따는 시기가 빠를수록 총 질소, 카페인, 비타민C, 유리아미노산의 함량이 많은 반면 반대로 늦게 딴 찻잎일수록 카테킨 같은 폴리페놀 또는 타닌 성분이 많다. 그리고 발효를 많이 할수록 차의 주요 성분인 카테킨, 비타민C의 함량은 크게 감소하는 것으로 나타났다. 친환경농업에서는 찻잎을 달이거나 우려내어 오래전부터 천연농약으로 활용해오고 있다. 주로 천연 항균, 살균제로 활용했는데, 항균작용을 하는 카테킨의 함량이 일조량이 많을수록, 잎을 따는 시기가 늦어질수록 많아지기 때문에 햇빛이 강한 곳에서 자란 것을 여름철 이후에 채취해 활용하면 더 효과적일 것이다.

[충기피식물 50]

겨자

시니그린이 분해되면서 생기는 아이소싸이오사이안산알릴(Allyl Isothiocyanate)는 강력한 항균작용을 나타내는 것으로 알려져 있다. 때문에 겨자 추출물은 식품의 천연 항균제로 많이 이용되고 있다.

겨자와 갓은 십자화과 배추속의 이년생 또는 한해살이 풀이다. 식물학상 종과 변종이 많으며, 중국명은 개체(芥菜), 영명은 머스터드(mustard), 우리나라에서는 갓 또는 겨자로 불린다. 갓은 수로 채소용이며, 겨사는 양념과 약제로 쓰인다. 중앙아시아가 원산지로 이후 기름용은 인도에서, 채소용은 중국에서 품종이 분화되었다.

PANCRAT. www.wikipedia.org

겨자(Brassica juncea var. crispifolia L.H.Bailey)는 높이 1~2m이다. 뿌리잎은 긴 타원형이고 깃처럼 갈라졌으며 톱니가 있으나 줄기잎은 거의 톱니가 없다. 봄에 열십자 모양의 노란 꽃이 원추화서로 핀다. 열매는 원기둥 모양의 꼬투리로 짧은 자루가 있고 털이 없다. 안에 갈색을 띤 노란 색의 씨가 들어 있다. 백겨자(B. alba), 흑겨자(B. nigra) 등 여러 품종이 있다.

갓(Brassica juncea (L.) Czern. var. juncea)은 높이 1m 정도 자란다. 4~6월에 노란색 꽃이 총상화서로 달리는데 4개의 꽃잎이 열십자 모양으로 이루어져 있다. 열매는 5~8월에 익으며 긴 원추형이고 종자는 노란색으로 구슬 모양이다. 우리나라에 도입되어 오랜 옛날부터 재배하던 토종갓은 잎에 잔가시가 많고 자색을 띠며 매운맛이 강했는데 품종 자체가 퇴화되어 지금은 거의 재배되지 않고 있다.

재배 방법

천연농약으로 활용하고자 하는 경우에는 겨자나 매운맛이 강한 토종갓을 재배하는 것이 좋다. 겨자는 전국적으로 재배가 가능하지만 온난한 남부지방이나 제주도 등지에서 주로 재배하고 있다. 가을에 파종하여 이듬해 여름철에 수확하는데 품종은 영산포종과 일본 도입종인 황겨자가 대부분이다. 파종 시기는 남부 지방에서는 10월 상중순, 제주도에서에는 10월 20일경이 적

MATT LAVIN. www.wikipedia.org

FOREST & KIM STARR. www.wikipedia.org

당하다. 파종방법은 줄뿌림으로 하고 흙을 2~3cm 깊이로 덮는다. 발아 후에는 김매기와 솎아주기를 한다. 겨자는 수확적기를 놓치면 알떨림에 의한 손실이 크므로 적기에 수확하는 것이 중요하다. 개화 후 59일이 가장 알맞은 시기이다. 낫으로 베어 일 주일 정도 말려 턴 다음 2~3일 햇볕에 말려 갈무리한다.

약성 및 활용

겨자와 갓의 씨를 개자(芥子)라고 한다. 씨는 가루로 만들어 향신료로 쓰기도 하고 물에 개어 샐러드의 조미료로도 쓴다. 가루 낸 씨에 물을 붓고 저으면 특유한 향기와 톡 쏘는 매운맛이 생기는데, 이는 시니그린(sinigrin)이라는 성분에서 연유한다. 시니그린은 십자화과 식물인 갓이나 겨자의 씨, 고추냉이 뿌리줄기 등에 함유되어 있는 글루코시놀레이트(glucosinolate)로서, 가수분해 효소인 미로시나아제(myrosinase)에 의해 아이소싸이오사이안산알릴(Allyl Isothiocyanate)로 전환된다. 이 화합물은 휘발성으로 눈이나 코의 점막을 강하게 자극한다.

「동의학사전」에서는 개자(芥子)에 대해서, "배추과에 속하는 이년생 풀인 겨자, 갓, 백겨자, 흑겨자의 여문 씨를 말린 것이다. 꼬투리가 누렇게 될 때 줄기째로 베어 말린 다음 씨를 털어 모은다. 맛은 맵고 성질은 따뜻하다. 폐경(肺經)에 작용한다. 폐를 덥혀주고 담(痰)을 삭이며 기침을 멈추고 부종을 내리며 통증을 멈춘다. 또한 자극작용이 있으므로 소량을 먹어도 소화액이 잘 분비되고 위장관의 운동이 세어진다. 그러나 많은 양을 먹으면 토하거나 위염이 생길 수 있다. 한담(寒痰)으로 오는 기침, 관절통, 식욕부진, 옹종(癰腫), 요통, 신경통, 류머티즘성관절염 등에 쓴다. 하루 3~6g을 먹는다. 음허화왕(陰虛火旺)이나 열증(熱證)에는 쓰지 않는다. 짓찧어 찜질도 한다."고 적고 있다.

시니그린이 분해되면서 생기는 아이소싸이오사이안산알릴(Allyl Isothiocyanate)는 강력한 항균작용을 나타내는 것으로 알려져 있다. 빵을 대상으로 한 곰팡이 발생 실험에서 물에 의한 겨자와 고추냉이의 추출물이 항균력이 가장 강한 것으로 조사되기도 하였다. 때문에 겨자 추출물은 식품의 천연 항균제로 많이 이용되고 있다. 자동차 에어컨이나 냉장고 청소 시 겨자를 물에 풀어 분무해 주면 좋다.

이런 겨자의 항균력을 이용하여 친환경농업에서 겨자를 친연농약으로 사용한다. 물에 의한 겨자 추출물의 항균성은 처음에 아주 약하게 나타나지만 12시간이 지나면 크게 증가하기 시작해 24시간에서 최대 항균활성을 나타낸다. 따라서 겨자를 물에 하루 정도 풀어 둔 뒤 활용하면 된다. 단 겨자를 첨가한 물의 산도도 시간이 지남에 따라 증가하므로 유의한다.

[충기피식물 51]

광대싸리

이른 봄 어린순을 나물로 식용한다. 한방에서는 잎, 줄기, 뿌리를 일엽추(一葉萩)라 하여 약용한다. 광대싸리에 함유된 세쿠리닌(securinine)은 알칼로이드계 유독성 물질로 동물의 중추신경 계통을 흥분시키는 것으로 알려져 있다.

광대싸리(Securinega suffruticosa Rehder)는 대극과의 잎이 지는 키작은 나무로 대부분 2~3m의 관목의 형태를 띠지만 간혹 10m까지 자라는 것도 있다. 우리나라 전국에 자생하며 일본, 대만에도 분포한다. 비교적 볕이 잘 드는 계곡 주변 및 산기슭에서 자란다. 싸리는 아니지만 싸리와 비슷하다 하

여 광대싸리라는 이름이 붙었다. 수피는 다갈색 또는 회갈색으로 세로로 갈라지고 가지는 끝이 밑으로 처진다. 어린 가지는 주로 적갈색을 띤다.

싸리나무는 잎이 3출엽인데 비해 광대싸리는 홑잎으로 어긋나게 달리며, 타원형으로 가장자리가 밋밋하거나 물결 모양으로 구불거린다. 잎이 약간 두껍고 양면에 털이 없으며 뒷면은 흰빛이 돈다. 암수딴그루로 6~7월에 옅은 노란색 꽃이 핀다. 수꽃은 여러 개가 잎겨드랑이에 달리며 꽃받침과 수술이 각각 5개씩이다. 암꽃은 잎겨드랑이에 2~5개씩 달리는데 3개로 갈라진 1개의 암술이 있다. 열매는 삭과로 둥글고 아래를 향해 매달리며 익으면 3개로 갈라진다. 6개의 씨앗이 들어 있다.

재배 방법

반그늘 식물로 주로 개울가나 계곡 주변에서 자생하고 산기슭 및 산 중턱의 건조한 곳에서도 자란다. 추위에도 강한 편이다. 비교적 볕이 잘 드는 곳

에서 성장이 우수하며 공해에는 약한 편이다. 번식은 결실기인 8~9월에 종자를 채취하여 노천매장하였다가 이듬해 봄에 파종한다.

약성 및 활용

이른 봄 어린순을 나물로 식용한다. 한방에서는 잎, 줄기, 뿌리를 일엽추(一葉萩)라 하여 약용한다. 여름철에 채취하여 햇볕에 말린다. 식물 전체에 세쿠리닌(securinine)이 함유되어 있는데 개화기의 함유량이 가장 많고 결실기가 최저이다. 건조된 잎의 세쿠리니(securinine) 함유량은 보통 0.2~0.3%이다. 어린 줄기와 익은 과실에도 securinine이 함유되어 있으나 잎의 함유량보다는 적다. 잎에는 루틴(rutin) 13%, 탄닌(tannin), 소량의 allosecurinine, dihydrosecurinine과 3종의 securinol이 함유되어 있고 뿌리에는 다량의 allosecurinine 0.42%와 소량의 securinine, securinine의 methoxy體(체) securitinine이 함유되어 있다. 종자에는 기름이 7.13% 함유되어 있다. 세쿠리닌(securinine)은 알

칼로이드(alkaloid)계 유독성 물질로 동물의 중추신경 계통을 흥분시키는 것으로 알려져 있다.

「약초의 성분과 이용」에서는, 세쿠리닌에 대해서 "중추 및 말초신경 계통의 여러 가지 기능적 손상으로 인한 질병, 즉 신경계통의 반사흥분성의 저하로 오는 운동장애, 전염성 질병 특히 척수회백질염 뒤에 오는 부전마비와 완전마비, 감기와 전염성 질병에 의한 안면신경마비에 쓴다. 또한 병후쇠약, 무력증, 저혈압, 신경쇠약, 급성적인 심장쇠약, 만성 알코올중독, 성기능 감퇴 등에도 쓴다. 척수회백질염의 회복기에 이 약을 쓰면 운동성과 힘줄반사를 높여준다. 많은 양을 쓰면 숨가쁨과 경련이 있게 된다. 그러므로 쓰는 양에 주의해야 한다."고 적고 있다.

또한 세쿠리닌(securinine)은 항균 및 살균 효과를 가지고 있다. 식물의 병원성 및 부패유기물을 영양원으로 하는 곰팡이균들(Alternaria alternata, Alternaria brassicae, Alternaria brassicicola, Curvularia lunata, Curvularia maculans, Curvularia pallenscens, Colletotrichum musae, Colletotrichum sp., Erysiphe pisi, Helminthosporium echinoclova, Helminthosporium spiciferum, Heterosporium sp.)을 대상으로 한 연구에서 항균 및 살균 효과를 나타내었다는 실험 결과가 보고된 바 있다. 따라서 세쿠리닌(securinine) 함유량이 가장 많은 개화기 때에 식물 전체를 생으로 물이나 주정에 우려내거나, 말려서 달이는 등의 방법으로 천연농약으로 활용하면 좋을 것으로 보인다.

[충기피식물 52]

사상자

늦여름부터 가을 사이에 익은 열매를 따서 햇볕에 말린다. 맛은 맵고 쓰고 달며 성질은 따뜻하다. 신(腎)을 보하고 풍한습(風寒濕)을 없애며 살충한다. 약리실험에서 트리코모나스를 죽이는 작용, 억균작용, 항바이러스작용, 남성 호르몬 작용이 밝혀졌다.

사상자는(Torilis japonica (Houtt.) DC.) 산형과의 두해살이풀로 뱀도랒이라고도 한다. 풀밭 또는 도랑가에서 자라며, 일본, 대만, 중국, 아프리카, 유

럽 등지에 널리 분포한다. 줄기는 높이 30~70cm 정도로 곧게 자라며 전체에 누운 털이 있다. 가는 능선이 있고 윗부분에서 가지를 낸다. 어긋나게 달리는 잎은 3출엽으로 2회 깃모양으로 갈라지며 잎자루 밑부분이 넓어져서 원줄기를 싸안는다. 6~7월 줄기와 가지 끝에 복산형화서로 흰색의 꽃이 핀다. 작은꽃자루 5~9개가 모여 하나의 꽃차례를 이루고 각각의 작은꽃자루에는 6~20개의 꽃이 달린다. 총포편은 4~8개이고 선형이며 길이 1cm 정도이다. 열매는 볍씨 모양이며 길이 2.5~4mm이다. 4~10개씩 달리고 짧은 가시털이 있어 다른 물체에 잘 붙는다.

비슷한 것으로 벌사상자, 개사상자, 긴사상자 등이 있다. 벌사상자(Cnidium monnieri (L.) Cusson)는 작은꽃자루가 15~30개이며, 총포편은 8~11개이다. 열매는 타원형으로 날개 같은 백색 능선이 있다. 개사상자(Torilis scabra (Thunb.) DC.)는 5~6월에 꽃이 피고 작은꽃자루가 2~4개이며, 총포편은 없거나 1개이고 실처럼 가늘다. 열매는 3~6개씩 달리고 길이 4.5~6mm로서 긴 타원형이며 가시털이 있다.

재배 방법

사상자는 두해살이풀로 도랑가, 풀밭 등에 흔히 자란다. 6~8월에 꽃이 피고 8~9월에 열매가 성숙한다. 벌사상자나 개사상자는 그보다 다소 앞선다.

열매가 성숙했을 때 거두었다가 이듬해 봄에 뿌린다. 장마철의 물빠짐만 좋으면 잘 자란다. 병충해에 강한 편이다. 질소 성분이 많으면 웃자라서 넘어져 썩을 수 있다.

약성 및 활용

어린 순을 나물로 하고 열매는 사상자(蛇床子)라 하여 약용한다. 중국과 일본은 벌사상자의 열매만을 사용한다. 「동의학사전」에서는 사상자에 대해, "벌사상자의 익은 열매를 말린 것이다. 벌사상자는 각지의 산과 들, 길가의 습지에서 자란다. 늦여름부터 가을 사이에 익은 열매를 따서 햇볕에 말린다. 맛은 맵고 쓰고 달며 성질은 따뜻하다. 신경에 작용한다. 신(腎)을 보하고 풍한습(風寒濕)을 없애며 살충한다. 약리실험에서 트리코모나스를 죽이는 작용, 억균작용, 항바이러스작용, 남성 호르몬 비슷한 작용이 밝혀졌다. 트리코모나스성 질염, 음부 소양증, 음위증, 피부소양증, 대하 등에 쓴다. 하루 3~10g을 탕약으로 먹는다. 외용약으로 쓸 때는 달인 물로 씻는다."고 기록하고 있다.

「동의보감」에서도 "성질은 평(平)하고(따뜻하다[溫]고도 한다) 맛은 쓰며[苦] 맵고[辛] 달며[甘] 독이 없다(조금 독이 있다고도 한다). 부인의 음부 통증과 남자의 음위증, 사타구니가 축축하고 가려운 데 쓴다. 속을 덥히고 기를 내린다. 자궁을 덥게 하고 양기를 세게 한다. 남녀의 생식기를 씻으면 풍랭(風冷)이 없어진다. 성욕을 세게 하며 허리가 아픈 것, 사타구니에 땀이 나

는 것, 진버짐이 생긴 것 등을 낫게 한다. 오줌이 많은 것을 줄이며 적백대하를 치료한다."고 적고 있다.

「약초의성분과이용」에 의하면, 사상자의 열매에 1.4%의 정유가 있는데, 주성분은 α-카디넨(cadinene), 토릴렌(torilene)이다. 전초에는 0.3%의 퀴논(quinone), 0.28%의 쿠마린(coumarin)이 있다. 벌사상자의 열매에는 1.3~3%의 정유와 쿠마린이 들어 있다. 정유의 주성분은 α-피넨, ι-캄펜, 이소보르네올, 테르페놀, 이소발레리안산보르닐 에스테르 등이다. 쿠마린의 함량은 열매에서 0.6~0.7%이다. 열매에는 콜룸비아니딘, 콜롬비아네틴, 에둘틴 이외에 오스톨, 이소핌피넬린, 크산토톡솔, 임페라토린, 크니딘, 크니디아닌 등 10개 정도의 프로쿠마린 화합물이 들어 있다. 특히 사상자에서 추출되는 토릴렌은 진통, 소염, 항균작용을 나타내는 것으로 알려져 있다. 사상자나 벌사상자의 항균 효과를 이용해 열매 또는 전초를 우리거나 건조해서 달이는 등의 방법으로 천연농약으로의 활용이 가능할 것으로 보인다.

[충기피식물 53]

노간주나무

열매는 두송실(杜松實)이라 하여 한방에서 약재로 쓰거나 양주 진(Gin)의 향료로 이용한다. 노간주나무에서 나는 독특한 향은 정유성분 때문인데, 편백나무에서처럼 피톤치드로서 항균효과가 있다.

노간주나무(Juniperus rigida Siebold & Zucc.)는 측백나무과의 늘푸른큰키나무로 노가지나무, 노간주향나무라고도 한다. 전국의 양지 바른 산기슭에 주로 자생하며, 일본·중국·몽골·시베리아(헤이룽 강 유역) 등지에도 분포한다. 높이 8m, 지름 20cm에 달하고, 가지가 위로 솟아 빗자루처럼 곧게 자란다. 수피는 갈색으로 세로로 얕게 갈라지고, 뿌리는 천근성으로 흙표면 아래 얕게 분포한다.

잎은 바늘잎으로 길이 12~20mm

이다. 마디에서 3~4개씩 돌려나며 3개의 능선이 있고, 표면에 좁은 흰색 홈이 있다. 잎 끝은 날카로우며 딱딱하다. 암수딴그루로 4~5월에 초록빛을 띤 갈색 꽃이 지난해 가지의 잎겨드랑이에서 핀다. 수꽃은 1~3개씩 피고 20개 정도의 비늘조각이 있으며, 밑쪽에 4~5개의 꽃밥이 달린다. 암꽃은 1개씩 피고 9개의 열매조각이 있다. 열매는 지름 7~8mm로 둥글고 3개의 작은 돌기가 있으며 다음해 10월에 흑자색으로 익는다. 종자는 3~4개로 계란형이다.

재배 방법

양지 바른 산비탈과 건조하고 메마른 곳, 석회암 지대에서 잘 자란다. 추위에 매우 강한 편이다. 재배 시 배수가 잘되는 사질토가 좋다. 습기가 많은 곳에서는 성장이 불량하다. 번식은 씨앗이나 꺾꽂이로 한다. 씨앗의 경우 가을에 열매를 채취한 뒤 과육을 제거한 다음 노천매장을 하였다가 이듬해 봄에

파종한다. 대부분 파종 후 2년 뒤에 발아한다. 조기에 발아시키기 위해 황산처리를 하기도 한다. 꺾꽂이의 경우 3월 중순~4월 중순경에 전년생가지를 길이 10~20㎝ 크기로 잘라 심는다. 비교적 발근이 잘된다.

약성 및 활용

노간주나무는 목질이 유연하고 물에 잘 썩지 않아 주로 써레채 등의 농기구나 소코뚜레, 소쿠리 테 등을 만드는 데 사용되었다. 열매는 두송실(杜松實)이라 하여 한방에서 약재로 쓰거나 양주 진(Gin)의 향료로 이용한다. 노간주나무에서 나는 독특한 향은 정유 성분 때문인데, 특히 열매에 들어 있는 정유를 두송유(杜松油)라고 한다. 주성분은 피넨, 캄펜, 테르피네올, 사비넨 등이다. 이러한 정유 성분은 편백나무에서처럼 피톤치드로서 항균 효과가 있다.

「동의학사전」에서는 노간주 나무 열매인 두송실에 대해서, "가을에 익은 열매를 따서 그늘에서 말린다. 풍습을 없애고 소변이 잘 나오게 한다. 약리실험에서 건위작용, 거담작용, 억균작용이 밝혀졌다. 부종, 방광과 요도의 병, 류머티즘성관절염, 아메바성이질 등에 쓴다. 하루 1~3g을 물로 달여서 먹는다. 외용약으로 쓸 때는 짓찧어 붙인다."고 기록하고 있다. 열매의 정유 함량은 11월에 채취한 것에서 가장 높게 나타난다고 한다.

노간주나무에 들어 있는 정유의 억균, 항균 효과를 이용해서 친환경농업에서 천연농약으로 사용할 수 있다. 열매나 잎을 물이나 주정에 우려내거나 건조 후 달여내는 등의 방법으로 활용한다.

[충기피식물 54]

팔손이

실내공기정화식물로 인기가 많다. 민간에서는 말린 잎을 목욕탕에 넣어 류머티즘, 신경통 치료에 이용하기도 하고 달여서 기침약과 소염제(消炎劑)로 사용하고 있다.

팔 손 이 (Fatsia japonica (Thunb.) Decne. & Planch.)는 두릅나무과의 늘푸른 떨기나무로 키는 2~4m이다. 잎은 어긋나고 잎몸이 7~9개로 크게 갈라져 손바닥 모양을 이룬다. 양면에 털이 없고 광택이 있다. 가장자리에 톱니가 있으며 잎자루는 잎만큼 길다. 통영 비진도, 거제도에 자생하며 남부 섬 지방이나 바닷가에 많이 심는다. 일본·타이완 등지에도 분포한다.

겨울의 문턱인 10~11월에 꽃이 핀다. 가지 끝에 자잘한 흰색 꽃이 둥글게 우산 모양으로 달리는데, 이들이 여럿 모여 커다란 원추꽃차례를 이룬다. 원추꽃차례는 길이 20~40cm, 지름 5~ 8cm 정도이다. 흰색 꽃은 길이 5mm 정도로 조그맣고, 꽃잎과 암수술은 각각 다섯 개씩이다. 열매는 이듬해 4~5월에 검게 익으며 지름 5㎜ 내외의 장과로 둥글다.

재배 방법

해안가의 늘푸른 숲 속에 군생하는 극음수로 그늘진 곳과 적당한 보습성을 지닌 비옥한 곳에서 잘 자란다. 추위에 약해 중부 지방에서는 노지재배가 불가능하다. 화분이나 비닐하우스 등의 온실을 이용해야 한다. 번식은 종자나 꺾꽂이, 포기나누기로 한다.

종자의 경우 5월에 성숙한 종자를 채취하여 과육을 제거한 후 직파하면 여름에 곧바로 발아한다. 과숙하여 낙과한 것이나 나무에서 지나치게 건조한 종자는 거의 발아하지 않으므로 종자가 건조하지 않도록 한다. 꺾꽂이의 경우는 가지가 충분히 굳은 후에 하는 것이 좋으나 푸른 가지도 꺾꽂이가 가능하다. 3~4월, 6~7월, 9월에 주로 한다. 포기나누기도 가능하다.

약성 및 활용

실내공기정화식물로 인기가 많다. 새집증후군의 원인인 포름알데히드 제거 효과가 뛰어날 뿐 아니라 산세베리아보다 훨씬 더 많은 음이온을 배출한다고 한다. 잎은 염료로도 이용된다. 민간에서는 말린 잎을 목욕탕에 넣어 류머티즘, 신경통 치료에 이용하기도 하고 달여서 기침약과 소염제(消炎劑)로 사용하고 있다. 그러나 독성이 강하기 때문에 달인 것을 복용하는 것은 조심해야 한다.

보유 독성분은 α-파트신, β-파트신 등이다. 뿌리껍질에 α-파트신과 β-파트신이, 잎에 α-파트신이 들어 있다. 파트신(fatsin)은 헤데라게닌(hederagenin)과 올레아놀산(oleanic acid)을 비당질로 하는 트리테르펜(triterpene)계 사포닌으로, 주로 적혈구 또는 혈색소에 작용하여 용혈을 일으키는 혈액독의 한 종류이다. 치명적인 독은 아니지만 먹게 되면 구토, 복통, 설사, 위장점막이 짓물러지는 등의 장애를 일으킨다.

「약초의 성분과 이용」에 의하면, 파트신은 "용혈 및 국소자극작용이 뚜렷하여 토끼의 피하에 1,000배 희석액 5ml를 주사하면 한 시간 만에 붉어지고 차츰 곪으며 조직이 괴사한다. 그리고 다른 사포닌과 비슷하게 중추성마비로 죽게 된다."고 한다. 때죽나무 열매의 경우에서처럼 잎을 짓찧어 물에 풀면 물고기가 호흡곤란을 일으켜 물 위로 떠오른다. 따라서 친환경농업에서 팔손이 잎을 생즙을 내거나 물에 달여서 천연살충제로 활용할 수 있다.

[충기피식물 55]

개비자나무

한방에서는 붉은색 열매를 토향비(土香榧)라고 하여 구충제, 변비, 기침, 가래, 강장 등에 사용한다. 최근에는 개비자나무에서 추출한 알칼로이드 성분을 림프육종, 식도암, 폐암 등의 치료에도 사용한다.

개비자나무(Cephalotaxus koreana Nakai)는 개비자나무과의 늘푸른 침엽 관목으로 높이 3~6m이다. 경기도와 충북 이남 지역에 주로 분포하며, 깊은 산골짜기나 계곡 등 습하고 그늘진 곳에서 주로 자란다. 중국, 일본 등 동북아시아와 히말라야에도 유사종이 분포한다. 잎의 배열이 한자의 '非(아닐

비)' 자를 닮은 키 큰 비자나무와 겉모습이 비슷하다 하여 개비자나무라는 이름이 붙여졌다. 좀비자나무·조선조비(朝鮮粗榧)라고도 한다. 잎은 선형으로 끝이 뾰족하지만 비자나무와 달리 따갑지 않고 부드러워 쉽게 휘어진다. 또한 잎의 주맥이 양면에 도드라진다. 뒷면에 2줄로 된 흰색의 숨구멍줄이 있다. 암수딴그루로 4월에 꽃이 핀다. 수꽃은 잎겨드랑이 아래쪽에 20~30송이로 이루어진 연갈색 꽃뭉치가 가지를 따라 주렁주렁 모여 달리고, 암꽃은 가지 끝에 2송이씩 달린다. 10여 개의 연녹색 포가 꽃을 감싸고 있다. 열매는 타원형으로 다음해 8~9월에 붉게 익는다.

재배 방법

개비자나무는 그늘지고 습한 곳에서 잘 자란다. 추위에 강해 전국에서 재배가 가능하다. 병충해도 거의 없고 생장도 빠른 편이다. 번식은 종자나 꺾꽂이로 한다. 종자의 경우 가을에 채종하여 노천매장하였다가 이듬해 3~4월에 파

종한다. 꺾꽂이의 경우 2월에는 전년생가지를, 6월에는 새로 자란 1년생 가지를 잘라서 아래쪽 잎을 딴 뒤 물에 담가두었다가 꽂는다. 해가림을 해주는 것이 좋다. 이식은 3~4월이나 10월이 적기이다. 심은 후 충분히 관수한다.

약성 및 활용

목재는 기구재로, 종자는 기름을 채취하여 식용, 등유용으로 사용하였다. 한방에서는 붉은색 열매를 토향비(土香榧)라고 하여 구충제, 변비, 기침, 가래, 강장 등에 사용한다. 최근에는 개비자나무 잎과 줄기 등에서 추출한 알칼로이드(alkaloid) 성분이 항균 및 암세포 증식 억제 효과를 나타낸다는 것이 알려져 림프육종, 식도암, 폐암 등의 치료에도 사용한다.

개비자나무의 주요 알칼로이드 성분은 homoharringtonine, harringtonine, cephalotaxine 등이다. homoharringtonine이 총 알칼로이드의 40%로 가장 많은 부분을 차지하고, harringtonine (32%), cephaJotaxine (28%) 순이다. 연

구에 의하면, 알칼로이드 함량은 남부 지방에 자생하는 것에서, 그리고 겨울에 가장 높게 나타나고, 잎에서가 줄기에 비해 약 2배 정도 많다고 한다. 과량 투여하면 간장, 신장, 심장 등에 손상을 주어 부정맥, 혈소판 감소, 호흡곤란, 모세혈관 확장 등의 부작용을 일으킬 수 있다.

「동의학사전」에서는 비자나무(Torreya nucifera Sieb. et Zucc.) 열매에 대해, "가을에 익은 열매를 따서 껍질을 벗겨 버리고 햇볕에 말린다. 맛은 달고 성질은 평하다. 폐경, 대장경에 작용한다. 살충하고 대변을 살 누게 하며 기침을 멈춘다. 약리실험에서 조충, 회충, 요충, 십이지장충을 죽이는 작용이 밝혀졌다. 주로 조충증에 쓰며 십이지장충증, 요충증, 회충증에도 쓴다. 소아감적, 변비, 마른 기침에도 쓴다. 하루 20~30g을 물로 달이거나 환을 만들거나 가루내어 먹는다."고 적고 있다. 개비자나무 혹은 비자나무의 살충, 항균 효과를 이용해 친환경농업에서 천연농약으로 활용이 가능하다. 잎을 포함한 줄기를 생즙을 내거나 물에 달여서 또는 알코올에 우려내어 사용한다.

[충기피식물 56]

괴불주머니

유독성 식물로 민간에서는 진통, 타박상, 옴, 종기, 이질, 복통 등에 약으로 사용한다. 여러 종류의 알칼로이드 성분이 함유되어 있어 친환경농업에서 천연농약으로 사용할 수 있다.

괴불주머니 종류는 주로 산과 들의 습한 곳에서 자라는 현호색과의 월년초 혹은 2년생 풀로 유독성 식물이다. 괴불주머니를 비롯하여 산괴불주머니, 눈괴불주머니, 선괴불주머니, 염주괴불주머니, 자주괴불주머니 등 여러 종이 있다. 괴불주머니(Corydalis pallida (Thunb.) Pers.)는 키 20~50cm에 잎

은 1~2회 갈라진 깃꼴겹잎으로 잎자루가 있다. 줄기는 연약하고 전체가 백록색이다. 4~7월에 연노랑색 꽃이 가지 끝에 총상으로 핀다. 열매는 염주 모양으로 8~9월에 익는다.

산에서 흔하게 볼 수 있는 산괴불주머니(Corydalis speciosa Maxim.)는 키 50cm 정도이며 괴불주머니에 비해 잎이 더 가늘게 갈라진다. 전체에 분백색이 돌고 줄기 속은 비어 있다. 꽃은 노란색이고, 열매는 염주처럼 잘록한 마디가 있다. 씨앗은 검고 둥글다. 자주괴불주머니(Corydalis incisa (Thunb.) Pers.)는 꽃이 홍자색을 띠며 열매는 긴 타원형이다. 눈괴불주머니, 선괴불주머니, 가는괴불주머니는 잎이 긴타원형 또는 도란형으로 갈라지며 봄이 아닌 7~9월에 노란색 꽃을 피운다. 열매 또한 도란형으로 씨앗이 두 줄로 배열되어 있다.

재배 방법

괴불주머니 종류는 2년초지만 한 번 재배지에 파종하면 매년 계속적으로 생육하고 병충해에도 강해 재배가 쉽다. 개화 기간도 4~6월로 길고 꽃이 화려하게 피어 조경용으로도 알맞다. 산괴불주머니는 비교적 배수가 잘되는 사질양토에서 잘 자란다. 햇빛을 좋아하며 바깥에서도 겨울에 월동한다. 번식은 주로 종자와 분주로 한다. 6월 초에 종자를 채취하여 곧바로 직파하면 8~9월에 발아하고 다음 해 봄에 개화한다. 분주 및 이식은 월동을 앞둔 10~11월이나 봄철인 4월에 한다. 건조하지 않도록 하되 시비를 자주 하거나 너무 비옥한 토양에 재배하면 식물체가 웃자라서 겨울철에 동사할 수 있다.

약성 및 활용

유독성 식물이며 민간에서는 진통, 타박상, 옴, 종기, 이질, 복통 등에 약으로 사용한다. 청열(淸熱), 발독(拔毒), 소종(消腫)의 효능이 있다. 봄에 캐어 지상 부위를 제거하고 깨끗이 씻어 햇볕에 말린다. 외용으로만 사용하며, 환

부에 짓찧어서 붙이거나 즙을 내어 바른다.

괴불주머니 종류에는 프로토핀(protopine)을 비롯하여 카파우리딘(capauridine), 카파우린(capaurine), 카파우리민(capaurimine), 코리달린(corydaline), pallidine, kikemanine (l-corydalmine), l-tetrahydropalmatine, sinoacutine, isoboldine, cryptopine, dl-stylopine 등 여러 종류의 알칼로이드 성분이 들어 있다. 자주괴불주머니는 염료용으로 이용되기도 한다. 선초에는 프로토핀(protopine) 외에도 코리놀린(corynoline), 아세틸코리놀린(acetylcorynoline), 코리놀록신(corynoloxine), 6-옥소코리놀린(6-oxocorynoline) 등의 이소퀴놀린 알칼로이드가 함유되어 있다. 살충, 해독의 효능이 있다.

괴불주머니 종류는 유독성 식물로서 다양한 알칼로이드 성분이 함유되어 있어 친환경농업에서 천연농약으로 사용할 수 있다. 전초를 생즙을 내거나 물에 달이거나 알코올 등에 우려내어 사용한다.

[충기피식물 57]

할미꽃(백두옹)

할미꽃 뿌리를 백두옹(白頭翁)이라 하여 민간에서는 뿌리를 류마티스 관절염, 신경통, 임파선염 등에 이용한다. 독성이 있어 사약의 주재료로 이용하기도 하였다.

할미꽃(Pulsatilla koreana Nakai)은 미나리아재비과의 여러해살이풀이다. 산과 들의 양지쪽에서 자란다. 예전에는 흔하게 볼 수 있었으나 요즘에는 무덤가에서나 가끔 볼 수 있다. 봄이 되면 곧게 박힌 굵은 원뿌리에서

잎이 뭉쳐 나와 비스듬히 퍼진다. 잎은 잎자루가 길며 5개의 작은 잎으로 이루어진 3출겹잎이다. 작은잎은 다시 3갈래로 깊게 갈라진다. 전체에 흰 털이 빽빽이 나서 흰빛이 돈다.

붉은빛을 띤 자주색 꽃이 3~5월에 핀다. 주로 아래쪽을 향하여 달린다. 꽃은 종모양이며, 꽃잎은 6개이고 안쪽에 노란 꽃밥이 많이 들어있다. 수정이 이루어지고 꽃이 질 때면 밑을 향해 휘어있던 꽃대는 곧게 서서 열매를 매단다. 열매는 수과로서 긴 달걀 모양인데, 하얀 털을 달고 있어 마치 백발머리처럼 보인다. 할미꽃을 노고초(老姑草) 또는 백두옹(白頭翁)이라고 부르는 이유이다.

재배 방법

햇볕이 잘 들고 물 빠짐이 좋은 사질양토가 재배에 적당하다. 너무 습하면 뿌리가 썩기 쉽다. 번식은 씨앗이나 뿌리나누기로 한다. 씨앗의 경우 5~6월에 익은 종자를 채취하여 바로 뿌리면 발아가 잘 된다. 모판에 뿌릴 때에 수염을 털어버리고 씨앗이 덮일 듯 말 듯 얇게 흙을 덮어준다. 겉흙이 마르지 않도록 관리하면 2~4주안에 대부분 발아한다. 뿌리나누기의 경우 굵은 뿌리를 5cm 내외로 잘라 나누어 심거나 긴 뿌리를 뉘어 심어놓으면 중간중간

싹이 나는데 이걸 잘라 나누어 심어도 된다. 산성토양에서는 생육이 부진하다. 석회질을 첨가해주면 잘 자란다.

약성 및 활용

할미꽃 뿌리를 백두옹(白頭翁)이라 하여 한방에서 약재로 이용한다. 가을에서 이른 봄 싹이 나기 전까지 뿌리를 캐어 물에 씻어서 햇볕에 말려 쓴다. 성질은 차고 맛은 쓰다. 민간에서는 뿌리를 류마티스 관절염, 신경통, 임파선염, 월경곤란 등에 이용하고, 줄기와 잎은 허리와 무릎 사지 관절의 풍통, 부종 및 심장통 등에 쓰고, 가루낸 것은 농피증, 가려움 등의 여러 가지 피부병에 바르기도 한다. 옛날에는 할미꽃 뿌리를 사약의 주재료로 이용하기도 하였다.

「약초의 성분과 이용」에 따르면, 뿌리에 아네모닌(anemonin)과 타닌질이 있다. 신선한 뿌리에는 프로토아네모닌 (protoanemonin)의 형태로 들어있다. 또한 헤데라게닌(hederagenin)을 비딩부분으로 하는 4가지 사포닌도 함유되어 있다. 프로토아네모닌은 독성이 있어 피부에 염증을 일으키고 세포를 괴사시킨다. 각종 균에 대한 살균 및 살충작용을 나타낸다.

「동의학사전」에서는 할미꽃에 대해서, "열을 내리고 해독하며 혈열을 없애고 어혈을 흩어지게 한다. 약리실험에서 여러 가지 세균과 아메바원충, 질트리코모나스에 대한 살균 및 살충 작용을 나타낸다는 것이 밝혀졌다. 세균성이질, 아메바성이질, 연주창, 학질, 코피, 무좀 등에 쓴다. 하루 9~15g을 탕약, 산제, 환약 형태로 먹는다. 외용약으로 쓸 때는 생것을 짓찧어 붙인다. 뿌리 또는 전초를 잘게 썰어 구더기가 있는 데 뿌리기도 한다. 독성이 있으므로 용량에 주의하여야 한다."고 기록하고 있다.

친환경농업에서 독성이 있는 할미꽃뿌리를 천연농약으로 이용하고 있다. 값이 싼 수입산을 사용하거나 재배한 것을 이용한다. 노린재 및 비닐하우스 안의 모기 퇴치에 효과가 좋다고 한다. 생즙을 내거나 물에 달이거나 알코올에 우려내어 사용한다.

[충기피식물 58]

미치광이풀

미치광이풀은 대표적인 유독성 식물이다. 식물 전체에 알칼로이드가 들어 있다. 한방에서는 뿌리줄기를 낭탕근이라 하여 주로 진경제·진통제로 이용한다.

미치광이풀(Scopolia japonica Maxim)은 가지과의 여러해살이풀로 깊은 숲 속의 산골짜기에서 주로 자란다. 키는 30~60cm이다. 생강처럼 생긴 뿌리줄기는 옆으로 벋으며, 끝에서 줄기가 올라온다. 선체적으로 연하며 털이 없다. 잎은 어긋나고 타원상 난형으로 가장자리가 밋밋하다. 4~5

월에 진한 자줏빛 꽃이 잎겨드랑이에 1송이씩 아래를 향해 달린다. 꽃은 종 모양의 통꽃으로 안쪽은 노란색을 띠며, 끝이 5갈래로 얕게 갈라진다. 수술은 5개이다.

열매는 삭과로 둥글며 크게 자란 꽃받침 속에 싸여 있다. 다 익으면 뚜껑이 열리듯이 갈라진다. 종자는 콩팥 모양이며, 그물 모양의 무늬가 있다. 미치광이풀은 여름이 되면 줄기와 잎이 지고 일찍 휴면에 들어간다. 소나 사람이 이풀을 먹으면 미친 듯이 날뛴다고 하여 미치광이풀이라는 이름이 붙여졌다. 독뿌리풀, 광대작약이라고도 한다. 유사종으로 꽃이 노란색인 노랑미치광이풀(Scopolia lutescens Y.Lee)이 있다.

재배 방법

미치광이풀은 자생하는 곳이 주로 깊은 산 계곡의 부식질이 풍부하며 반그늘지고 습윤한 곳이기 때문에 다소 습하고 그늘진 곳에서 재배하는 것이 좋다. 번식은 주로 뿌리나누기로 한다. 이른 봄 새싹이 나오기 전 눈을 붙여 뿌리줄기를 나누어 심는다. 겨울에 뿌리가 흙 위로 드러나도 얼어 죽지 않을 만큼 추위에 강하므로 너무 깊게 심지 않는다. 심기 전 완숙퇴비와 부엽토를 충분히 넣어준다. 씨앗에 의한 번식은 잘 안되는 것으로 알려져 있는데, 씨앗을 채취한 경우에는 직파한다.

약성 및 활용

미치광이풀은 대표적인 유독성 식물이다. 식물 전체에 알칼로이드(alkaloid)가 들어 있다. 비중을 고려한 뿌리줄기의 알칼로이드 함유량은 이른 봄과 가을에 높고 꽃이 필 때 가장 낮다. 한방에서는 뿌리줄기를 낭탕근이라 하여 주로 진경제·진통제로 이용한다. 잎이 진 뒤 뿌리줄기를 캐어 물에 씻어서 햇볕에 말린다.

주요 알칼로이드 성분은 히오시아민(hyoscyamine), 아트로핀(atropine), 스코폴라민(scopolamin), 쿠스크히그린 등이다. 또한 가지과 식물에 공통된 형광성 물질인 스코폴레틴과 스코폴린이 들어 있다. 히오시아민과 아트로핀은 부교감신경의 말초신경을 마비시키고, 눈동자를 확대시키며, 부신의 아드레날린 분비를 억제하고, 심장박동을 빠르게 하며 기관지, 위, 장의 평활근을 이완시킨다. 스코폴라민은 아트로핀보다 말초신경작용은 약하나 중추신경 계통을 억제하여 진정, 최면, 운동성의 약화 등의 효과를 유발한다.

「약초의 성분과 이용」에서는, "미치광이풀 제제와 아트로핀은 진경약, 아픔멎이약으로 위십이지장궤양, 유문경련, 만성과산성위염, 장경련, 기관지 천식, 담낭염, 담석증, 콩팥산통에 쓴다. 그러나 조직의 변화 즉 종양, 결석에 의한 경련과 아픔에는 일시적 효과밖에 없다. 아트로핀은 또한 심장핏줄 계통의 질병 즉 느린맥, 방실차단, 협심증, 심근경색 치료에 쓴다. 안과에서 진

단 및 치료 목적으로 쓰나 녹내장에는 쓰면 안 된다. 스코폴라민은 진정약, 잠약으로 다른 약으로는 효과가 없을 때, 즉 지나친 중추신경계통의 흥분 특히 운동성 흥분에 치료효과가 있다."고 적고 있다.

지나치게 많은 양을 쓰면 중독 증상이 나타난다. 입과 목이 마르고, 동공확대, 흥분, 착란, 발열, 환각, 경련 등이 일어난다. 심하면 혼수상태에 빠지고 호흡마비, 심장활동의 약화를 가져와 사망하게 된다. 아트로핀의 치사량은 100mg 이상이라고 알려져 있다. 이런 미치광이풀의 여러 알칼로이드 독성분을 친환경농업에서 천연농약으로 이용할 수 있다. 뿌리줄기 외에도 식물 전체에 알칼로이드가 함유되어 있으므로 식물 전체를 물에 달여 내거나 알코올에 우려내어 활용한다.

[충기피식물 59]

철쭉

안드로메도톡신은 진달래과의 식물에 공통적으로 들어 있는 강한 경련독이다. 많이 섭취하면 운동마비, 숨가쁨, 팔다리경련이 일어나고 심하면 호흡중추의 마비로 죽음에 이를 수 있다. 독성이 강하지만 알맞게 쓰면 혈압내림약으로 유효하다.

우리나라에 자생하는 철쭉은 산철쭉(Rhododendron yedoense f. poukhanense)과 철쭉(Rhododendron schlippenbachii Maxim.)이 대표적이다. 산철쭉은 높이 1~2m 정도이다. 어린순의 인편과 꽃받침에 점성이 있어 끈적끈적

하다. 잎은 긴 타원형이며 양끝이 좁다. 가장자리에 톱니가 없으며 표면에 털이 드문드문 있고 뒷면 맥 위와 잎자루에 갈색털이 밀생한다. 4~5월에 붉은빛을 띤 연한 자주색 꽃이 가지 끝에 2~3개씩 달린다. 철쭉은 높이 2~5m 정도로 주로 산의 능선에서 자란다. 잎은 거꾸로 선 달걀 모양으로 끝이 둥글고 가장자리는 밋밋하다. 표면에 있던 털은 차츰 없어지며 뒷면은 연한 녹색으로 잎맥 위에 털이 있다. 잎은 어긋나게 달리지만 가지 끝에서는 4~5장이 돌려나는 것처럼 보인다. 꽃은 잎과 더불어 5월에 피는데 향기가 있다. 연분홍색으로 3~7개씩 가지 끝에 산형꽃차례를 이룬다.

재배 방법

철쭉은 뿌리가 천근성으로 가는뿌리가 많으며 맹아력이 강한 편이다. 반그늘에서 잘 자라나 토양 수분이 충분한 곳에서는 양지에서도 잘 자란다. 산성 토양과 부식질이 많은 비옥한 곳을 좋아한다. 번식은 종자나 분주, 꺾꽂

이로 한다. 종자에 의한 번식은 가을에 익은 종자를 채취하여 기건저장하였다가 봄에 이끼 위에 파종하여 양묘한다. 꺾꽂이는 5~6월이 적기이다.

약성 및 활용

철쭉 꽃은 한방에서 '척촉'이라 하여 혈압강하제로 쓰나 독성이 강하므로 그 양에 주의하여야 한다. 「약초의 성분과 이용」에서는 철쭉에 대해서, "잎에 안드로메도톡신, 아비쿨라린, 히페로시드, 올레아놀산이 있다. 안드로메도톡신 함량은 꽃에서 제일 높고(13mg%), 잎에서는 봄에 높고(5월에 12mg%), 여름(6월 8mg%, 7월 3~4mg%, 8월 2~3mg%)에서 가을(9월 1~2mg%)로 가면서 낮아진다. 단풍진 잎에는 거의 없다. 안드로메도톡신(Andromedotoxin)은 혈압내림작용, 플라보노이드 성분은 모세혈관 강화작

용과 오줌내기작용, 약한 혈압내림작용, 트리테르페노이드는 강심작용과 항염증작용, 핏속의 콜레스테롤 함량을 줄이는 작용이 있다."고 적고 있다. 안드로메도톡신은 진달래과의 식물에 공통적으로 들어 있는 강한 경련독이다. 많이 섭취하면 운동마비, 숨가쁨, 팔다리경련이 일어나고 심하면 호흡중추의 마비로 죽음에 이를 수 있다.

진달래꽃의 안드로메도톡신 함량은 철쭉의 1/5정도로 적은 반면 만병초는 안드로메도톡신 함량이 가장 많다. 안드로메도톡신은 독성이 강하지만 알맞게 쓰면 혈압내림약으로 유효하다. 안드로메도톡신이 함유된 식물 전체를 물에 끓여서 집짐승의 피부벌레를 죽이는 데, 농작물과 변소의 벌레를 죽이는 데 쓰기도 했다. 따라서 친환경 농업에서 꽃을 포함한 철쭉 전체를 물에 달이거나 알코올에 우려내어 살충제로 사용할 수 있다.

[충기피식물 60]

은방울꽃

식물 전체가 유독하다. 식물 전체에 독성분이 분포하나 특히 뿌리줄기, 꽃, 씨앗에 많이 함유되어 있다. 생리작용은 디기탈리스의 것보다 훨씬 강하다. 다른 강심배당체보다 활성이 센 반면 지속시간은 짧다.

은방울꽃(Convallaria keiskei Miq.)은 백합과의 여러해살이풀로 산지에서 자라며 높이 25~35cm 정도이다. 땅속줄기가 옆으로 길게 뻗으며 무리지어 새순이 나온다. 수염뿌리가 있다. 2장의 어린잎은 돌돌 말려 나고 자라면서 마주 본다. 잎몸은 긴 타원형이거나 달걀 모양 타원형이며 길이 12~18cm, 폭 3~7cm이다. 끝이 뾰족하고 잎자루가 길며 가장자리가 밋밋하다.

5~6월에 꽃줄기 끝에서 종 모양의 흰색 꽃 6~12개가 일렬로 아래를 향해 핀다. 향기가 있다. 꽃은 끝이 6개로 갈라져서 뒤로 젖혀지

고, 수술 또한 6개로 화관 밑부분에 붙어 있다. 암술대는 짧다. 꽃줄기는 잎 아래서 나오며, 포는 막질(膜質:얇은 종이처럼 반투명한 것)이고 넓은 줄 모양이다. 열매는 장과로서 둥글며 7월에 붉게 익는다.

재배 방법

은방울꽃은 각처의 활엽수 밑이나 높은 산의 풀밭에서 무리지어 자란다. 부식질이 많고 습윤한 점질양토를 좋아한다. 반그늘 또는 큰나무 밑에 산모래와 부엽토를 섞어서 심어 가꾸면 잘 자란다. 번식은 포기나누기와 씨앗으로 한다. 포기나누기의 경우 잎이 진 11월이나 이른 봄에 실시한다. 포기는 너무 잘게 나누지 말고, 3년에 한 번 꼴로 한다. 씨앗에 의한 실생번식의 경우에는 개화까지 5년 이상이 걸린다. 화분에서 재배할 때는 바깥에서 월동시킨 후 이른 봄에 실내로 들여 창가에 두면 일찍 꽃을 볼 수 있다. 개화 후에는 반그늘에 놓아 둔다.

약성 및 활용

관상용으로 심고, 꽃은 향기가 은은하여 고급 향수를 만드는 재료로 쓰기도 한다. 한방에서는 전초 및 뿌리를 영란(鈴蘭)이라 하여 심장쇠약·부종·타박상 등에 약재로 쓴다. 그러나 식물 전체가 유독하다. 아름다운 꽃도 그렇고, 먹음직스러워 보이는 어린싹도 위험하다. 잘못 먹으면 심부전증을 일으켜 죽음에까지 이를 수 있는 독성이 강한 식물이다.

대표적인 독성분은 콘발라톡신(convallatoxin), 콘발로시드(convalloside), 콘발라톡솔(convallatoxol), deglucocheirotoxin, keioside 등이다. 모두 강심배당체들로 심장에 강한 작용을 일으킨다. 식물 전체에 분포하나 특히 뿌리줄기, 꽃, 씨앗에 많이 함유되어 있다. 생리작용은 디기탈리스의 것보다 훨씬 강하다. 콘발라톡신은 다른 강심배당체보다 활성이 센 반면 지속 시간은 짧다.

중독 증상으로는 구토, 두통, 어지러움, 시각장애, 여맥, 혈압저하 등이 나타난다. 심하면 혈액응고와 심부전에 빠져 사망에 이른다. 콘발라톡신 치사량은 체중 60kg 성인의 경우 18mg으로 알려져 있다. 종종 은방울꽃 잎을 산마늘로 오인하여 식용하고 사망하는 경우가

있다. 실내 재배 시 아이가 꽃이나 열매를 먹고 사고가 나기도 한다. 꺾꽂이로 꽂아둔 화병의 물을 마신 것만으로도 아이가 사망한 경우가 있다.

은방울꽃에 대해서 「동의학사전」에서는, "봄철 꽃봉오리가 달려 갓 피기 전에 전초를 베어 그늘에서 말린다. 맛은 달고 쓰며 성질은 따뜻하고 독이 있다. 양기(陽氣)를 덥혀주고 소변이 잘 나오게 하며 혈을 잘 돌게 하고 풍(風)을 없앤다. 주요 성분인 '콘발라톡신'을 비롯한 강심배당체가 강심작용, 이뇨작용(소량에서), 중추신경억세작용, 장운동강화작용을 나타낸다는 것이 밝혀졌다. 심장쇠약증, 심장신경증, 심장대상기능장애, 심장경화증, 부종, 부정자궁출혈, 대하, 타박상 등에 쓴다. 하루 3~9g을 탕약으로 먹거나, 가루내어 한 번에 0.2~0.3g씩 하루 3번 먹는다. 주사약, 팅크제로도 쓴다."고 적고 있다. 친환경농업에서 은방울꽃의 이런 독성을 활용하여 천연농약으로 활용할 수 있다. 전초를 생즙을 내거나 말려 물에 달이거나 알코올에 우려내어 쓴다.

[충기피식물 61]

이질풀

이질풀 등의 설사멎이작용은 뚜렷하며 많은 양을 써도 부작용이 없고 밥맛을 떨구지 않는다. 적리균, 장티푸스균, 대장균에 살균작용이 있다. 설사와 배아픔, 적리에 수렴성 설사멎이약으로 쓴다.

이질풀은 쥐손이풀과의 여러해살이풀로서, 우리나라에는 이질풀을 비롯해서 둥근이질풀, 쥐손이풀, 세잎쥐손이, 선이질풀 등 10여 종의 쥐손이풀속(Geranium) 식물이 자생한다. 이질풀(Geranium thunbergii Siebold & Zucc.)은 잎이 3~5개로 갈라지고 양면에 흔히 검은색 무늬가 있다. 옆으로 퍼져 자

란다. 8~9월에 지름 15mm 정도의 홍자색 꽃이 꽃자루 끝에 2개씩 달린다. 흰색 꽃이 달리는 것을 흰이질풀이라고 한다. 줄기 및 꽃자루와 꽃받침 등에 짧은 털과 선모가 있다. 열매는 촛대 모양의 삭과로 5개로 갈라져서 위로 말린다.

둥근이질풀(Geranium koreanum Kom.)은 주로 높은 산에서 자란다. 잎이 손바닥 모양으로 둥글게 갈라진다. 줄기는 곧게 서며 1m까지 자란다. 꽃은 6~7월에 피며 지름 20mm 내외로서 연한 홍색이다. 흰꽃을 피우는 것도 있다. 쥐손이풀(Geranium sibiricum L.)은 가는 줄기가 누워 비스듬히 자란다. 이질풀에 비해 잎이 더 깊고 가늘게 3~5개로 갈라진다. 6~8월에 피는 꽃은 지름 10mm 정도로 연한 홍색이다. 잎겨드랑이에서 나온 꽃차례 끝에 한 개씩 달린다. 꽃잎에 뚜렷한 3맥이 있다.

재배 방법

번식은 씨앗이나 포기나누기로 한다. 씨앗의 경우 9~10월경에 채취한 종자를 즉시 파종하거나 이듬해 봄에 뿌려 싹이 트면 가을에 본밭에 옮겨 심는다. 포기나누기의 경우 지상부가 마른 9~10월 하순 또는 이듬해 3월 초순

에 적당히 포기를 나누어 심는다. 둥근이질풀은 주로 높은 산에서 자라기 때문에 바람이 잘 통하는 서늘한 환경이 좋다. 일반 노지에 심으면 봄에 왕성하게 자라다가 여름 무더위에 생육이 부진해진다. 따라서 6월말 경에 지상부위를 잘라 이용하고, 자른 곳에서 다시 싹이 나서 가을까지 자라도록 둔다.

약성 및 활용

어린순을 나물로 먹는다. 이질풀 및 쥐손이풀 등의 식물을 노관초 또는 현초(玄草)라 하여 약용한다. 여름과 가을, 2번에 걸쳐 지상부위를 베어 햇볕에 말린 뒤 바람이 잘 통하는 곳에 매달아 건조하여 이용한다. 이질풀의 전초에는 타닌(tannin), 몰식자산(沒食子酸), 호박산과 케르세틴(quercetin) 및 그 배당체, 캠페리트린(kaempferitrin) 등이 함유되어 있다. 타닌 성분은 잎에 가장 많이 들어있다. 그 함유량은 계절에 따라 변화하며 보통 12월에서 다음 해 2월까지가 가장 적고, 그 후부터 서서히 많아져서 6~8월에 최고가 된다.

「약초의 성분과 이용」에서는 이질풀 등에 대해서, "전초의 물 추출액 또는 알코올 추출액은 장의 긴장도를 높인다. 설사멎이작용은 비스무트 제제처럼 뚜렷하며 많은 양을 써도 부작용이 없고 밥맛을 떨구지 않는다. 적리균, 장티푸

스균, 대장균에 살균작용이 있다. 설사와 배아픔, 적리에 수렴성 설사멎이약으로 쓴다. 동의치료에서는 같은 속 식물의 전초를 노관초라 하여 바람을 내보내고 경락을 통하게 하며 뼈를 튼튼하게 하므로 류마티즘, 타박상, 중풍에 쓴다."고 적고 있다.

안덕균의 「한국본초도감」에서, 이질풀 등에 대해서 "맛은 맵고 쓰며 성질은 평하다. 풍습(風濕)을 제거시키고 경락을 소통시켜 골격과 근육을 강건하게 하므로 사지마비동통, 관절분리, 타박상 등에 활용된다. 이질과 만성설사복통, 장염에 효과가 있다. 피부가려움증과 옴, 악창에도 효력을 보인다. 게라니올(geraniol)이 주성분인 휘발성 정유와 캠페리트린, 타닌 성분이 함유되어 있다. 항균 및 항바이러스 작용이 있어서 황색포도상구균, 연쇄상구균, 폐렴쌍구균, 이질균 및 유행성바이러스를 억제한다." 고 적고 있다. 이질풀을 비롯한 쥐손이풀속 식물들의 항균 및 살균 효과를 활용하여 친환경농업에서 천연농약으로 이용이 가능하다. 여름에서부터 가을까지 지상 부위를 베어 생즙을 내거나 물 등에 우려내어 활용한다.

[충기피식물 62]

마취목

잎에 독성분이 있어 소나 말이 먹으면 마비증세를 나타내므로 마취목(馬醉木)이라고 부른다. 주요 독성분은 안드로메도톡신 및 아세보톡신이다. 잎 및 목질에 함유되어 있으며 호흡중추마비를 일으킨다.

마취목(Pieris japonica)은 진달래과의 늘푸른떨기나무이다. 우리나라에는 자생하지 않으나 일본을 비롯하여 중국, 북미 등에 약 10여 종의 피에리스

(Pieris)속 식물이 분포한다. 또한 재패니즈안드로메다(Japanese Anddromeda), 바리에가타(variegata), 퓨리티(Purity), 포모사(formosa), 포레스티(forrestii) 등의 많은 원예품종이 개발되어 보급되었다.

키는 1~4m 정도이다. 잎은 타원 모양의 가죽질로 단단하고 가장자리에 톱니가 있다. 가지에 어긋나게 달리지만 끝에서는 돌려나는 것처럼 보인다. 3～5월에 가지 끝 잎겨드랑이에서 흰색 꽃이 총상꽃차례로 무리지어 핀다. 꽃은 항아리 모양이며 5갈래로 갈라진 꽃받침이 있다. 열매는 삭과로 둥글며 위를 향하여 달린다. 원예품종에 따라 분홍 또는 베이지색 꽃이 피기도 한다.

재배 방법

마취목은 조경수를 취급하는 농원이나 화원에서 어렵지 않게 구할 수 있다. 중부 지방에서는 노지에서 월동이 힘들지만 제주도 등 남부 지방에서는 노지에서 재배가 가능하다. 일반적인 재배 월동 온도는 0~10℃이다. 중부지방에서는 하우스 안이나 베란다에서 겨울을 나도록 한다.

반그늘과 어느 정도 습기가 많은 곳을 좋아한다. 번식력이 좋은 편이다. 꺾꽂이, 휘묻이, 포기나누기 등으로 번식하며 대량 재배 시 씨를 뿌려 싹을 내기도 한다. 꽃망울이 맺히더라도 온도가 맞지 않으면 개화하지 않고 고사하는 경우가 있다.

약성 및 활용

잎에 독성분이 있어 소나 말이 먹으면 마비증세를 나타내므로 마취목(馬醉木)이라고 부른다. 주요 독성분은 안드로메도톡신(andromedotoxin) 및 아세보톡신(asebotoxin)이다. 잎 및 목질에 함유되어 있으며 호흡중추마비를 일으킨다. 야생에서 말이나 소, 염소, 양 등이 먹고 중독되곤 한다. 섭취 후 24시간 내에 침울, 구토, 산통(疝痛), 호흡곤란, 전신경련, 심장기능장애 등을 일으킨다.

그라야노톡신(grayanotoxin)이라고도 부르는 안드로메도톡신은 진달래과 식물에 공통적으로 들어 있는 강한 경련독이다. 철쭉을 비롯해 만병초 등에 많이 함유되어 있다. 독성이 강하지만 강압작용이 있어 적당량을 조제해서 혈압내림약으로 이용하기도 한다. 또한 예로부터 마편초 잎은 농작물의 해충이나 파리를 구제하는 데 사용되어 왔다. 철쭉의 경우에서처럼 잎이나 식물 전체를 생즙을 내거나 달이거나 우려내어 천연살충제로 사용한다.

[충기피식물 63]

차조기(소엽)

한방에서는 잎을 소엽(蘇葉), 종자를 자소자(紫蘇子)라고 하여 발한·진해·건위·이뇨·진정 및 진통제로 사용한다. 생선이나 게를 먹고 식중독에 걸렸을 때 잎을 생즙 내어 마시거나 삶아서 먹으면 효과가 좋다.

차조기(Perilla frutescens var. acuta Kudo)는 꿀풀과의 한해살이풀로 소엽, 차즈기라고도 한다. 중국이 원산지로 오래전에 우리나라에 들어와 재배되고 있다. 높이 20~80cm로, 전체적으로 자줏빛이 돌며 향기가 있다. 네모난 줄기는 곧게 서고 잎은 마주나며 넓은 달걀 모양이다. 잎자루가 길고 잎 양면에 털이 있다. 특히 뒷면 맥 위에는 긴 털이 있다.

꽃은 8~9월에 연한 자줏빛으로 피고 줄기와 가지 끝에 총상꽃차례를 이루며 달린다. 꽃부리는 짧은 통 모양이고 끝이 입술 모양으로 아랫입술이 윗입술보다 약간 길다. 열매는 분과이고 둥글며 지름이 1.5mm이고 꽃받침 안에 들어 있다. 잎이 자줏빛이 아닌 녹색인 것을 청소엽(Perilla frutescens for. viridis Makino)이라고 한다. 청소엽은 꽃이 흰색이고 향기가 차즈기보다 강하다.

재배 방법

재배는 씨앗으로 한다. 직파하거나 모종을 키워 본밭에 이식하는 방법이 있는데, 주로 이식에 의한 재배를 한다. 이식 재배에서는 좋은 묘를 일찍 옮겨 심어서 빨리 무성하게 하는 것이 중요하다. 또한 품종은 향기가 좋은 것을 선택하도록 한다. 수확은 줄기째 전초를 거두거나 잎만을 따로 수확한다. 거름 흡수력이 왕성하므로 시비량을 많이 하면 무성해지기는 하지만, 너무 지나치게 되면 낙엽이 많이 발생해서 수확량이 늘지 않는다. 병해는 거의 없다. 해충 피해도 거의 없으나 도둑나방, 좀나방, 진딧물, 붉은응애 등이 간혹 발생하기도 한다.

약성 및 활용

한방에서는 잎을 소엽(蘇葉), 종자를 자소자(紫蘇子)라고 하여 발한·진해·건위·이뇨·진정 및 진통제로 사용한다. 생선이나 게를 먹고 식중독에 걸렸을 때 잎을 생즙 내어 마시거나 삶아서 먹으면 효과가 좋다.

「약초의 성분과 이용」에 따르면, "전초에는 정유가 약 0.5% 있다. 정유의 주성분은 차조기의 향기 성분인 페릴알데히드(l-perillaaldehyde)가 60%, 리모넨(l-limonene)이 10~30% 이며 그 외에 적은 양의 피넨(α-pinene), 디히드로쿠민, 알데히드가 있다. 씨에는 기름과 비타민B_1이 약 300mg% 있다. 기름의 주성분은 리놀산, 리놀레산이며 약간의 스테아르산, 팔미트산의 글리세리드이고 비누화되지 않는 스테롤이 있다. 페릴알데히드는 사탕보다 200~2,000배나 단맛이 있고, 방부작용이 있다." 고 한다. 차조기를 알칼리로 처리한 후 수증기 증류하면 페릴알데히드를 얻을 수 있다. 차조기 특유의 향기를 나타내는 액체로 과자, 음료, 술, 치약, 담배 등에 감미료 또는 착향료로 사용된다.

「동의학사전」에서, 차조기의 전초 및 씨에 대해서 "자소(紫蘇)는 늦여름에 전초를 베어 그늘에서 말린다. 맛은 맵고 성질은 따뜻하다. 폐경, 비경, 위경에 작용한다. 땀을 내어 풍한(風寒)을 없애며 비위(脾胃)의 기(氣)를 잘 통

하게 하고 태아를 안정시키며 물고기독을 푼다. 약리실험에서 약한 해열작용, 건위작용, 억균작용, 방부작용 등이 밝혀졌다. 풍한표증(風寒表證), 비위의 기가 막혀 헛배가 부르고 그득한 데, 토하고 설(泄)하는 데, 한담(寒痰)으로 기침이 나고 숨이 찬 데, 임신부의 구토, 기체(氣滯)로 인한 태동불안(胎動不安), 물고기중독 등에 쓴다. 하루 6~12g을 물로 달여서 먹는다. 차조기의 잎(자소엽)이 전초보다 해표(解表)작용이 더 강하므로 잎만 따로 쓰기도 한다. 그러나 온병(溫病)으로 기표(肌表)가 허(虛)한 데는 쓰지 않는다. 자소자(紫蘇子)는 가을에 씨가 여물 때 전초를 베어 햇볕에서 말린 다음 두드려 씨를 털어 잡질을 없앤다. 맛은 맵고 성질은 따뜻하다. 폐경(肺經)에 작용한다. 가래를 삭이고 기침을 멈추며 숨찬 것을 낫게 한다. 주로 가래가 있어 기침이 나고 숨이 찬 데 쓰고 구토와 변비에도 쓴다. 하루 6~12g을 물로 달이거나 가루내거나 환을 만들어 먹는다. 들깨(임자)도 자소자와 같은 목적으로 쓸 수 있다."고 기록하고 있다.

여러 자료에 의해 차조기의 항균 및 방부 효과가 입증되고 있다. 따라서 차조기를 천연농약으로 친환경농업에 활용이 가능하다. 전초 또는 잎을 물이나 알코올로 달이거나 우려내는 등의 방법으로 추출하여 사용한다.

[충기피식물 64]

소리쟁이

어린잎은 식용한다. 비위가 허해 설사로 식사가 불가능한 사람은 피하는 것이 좋다. 염료로도 이용된다. 친환경농업에서 소리쟁이속 식물들의 살균, 살충 성분을 활용하여 천연농약으로 이용하고 있다.

소리쟁이속(Rumex) 식물들은 전국 각처의 습기가 있는 곳에서 흔하게 자라는 마디풀과의 여러해살이풀이다. 암수딴그루이면서 잎 아래가 창이나 활 모양인 애기수영, 수영 종류와 열매날개에 사마귀 같은 돌기가 없는 개대황을 비롯한 대황 종류와 돌기가 있는 소리쟁이, 참소리쟁이, 돌소리쟁이, 좀소리쟁이 등의 소리쟁이 종류가 있다.

수영(Rumex acetosa L.)은 높이 30~80cm로서 잎은 어긋나게 달린다. 가장자리가 밋밋하고 위로 올라가면서 잎자루가 없어진다. 잎의 생김새가 시금치와 비슷하고 신맛이 있다. 암수딴그루로 5~6월에 자잘한 홍색의 꽃이 원추꽃차례로 돌려난다. 열매는 둥글납작한 날개 3개가 붙어 종자를 감싼 모양이다.

소리쟁이(Rumex crispus L.)는 수영에 비해 잎이 크다. 뿌리잎은 잎줄기가 길고 긴 타원형에 가까우며 가장자리가 우글쭈글하다. 줄기잎은 어긋나고 양 끝이 좁으며 주름이 있다. 꽃은 6~7월에 피고 연한 녹색이며 층층으로 달린다. 열매 날개는 난형 또는 심장형이며 거의 톱니가 없고 겉에 사마귀 같은 돌기가 있다.

재배 방법

주변에서 쉽게 구할 수 있다. 번식은 종자나 포기나누기로 한다. 종자에 의한 번식의 경우 씨가 떨어지기 전에 채종하여 직파하거나 이듬해 봄에 파종한다. 포기나누기는 가을이나 봄에 뿌리를 붙여 나누어 심는다. 다소 습한 환경을 만들어 주면 잘 자란다.

약성 및 활용

어린잎은 식용한다. 수영은 신맛이 있다. 초산을 함유하고 있어 대량으로 복용하면 중독될 수 있다. 비위가 허해 설사로 식사가 불가능한 사람은 피하는 것이 좋다. 염료로도 이용된다. 주로 뿌리를 말려 이용하고 잎이나 줄기를 쓰기도 한다. 적은 양으로도 진한 색을 얻을 수 있다.

수영 뿌리에는 탄닌 7.6~27.5%, 크리소파네인(chrysophanein) 193mg% 및 히페린(hyperin)이 함유되어 있다. 잎에는 vitexin, quercetin-3-galactoside, violaxanthin 및 비타민 C, 탄닌과 potassium oxalate, tartaric acid가 들어 있다. 소리쟁이 뿌리에는 크리소파놀산(chrysophanic acid), 옥시안트라퀴논(oxyanthraquinone)의 유도체인 에모딘(emodin), nepodin(즉 2-acetyl-1,8-dihydroxy-3-methyl-naphthaline), 탄닌(tannin), 수산 등이 들어 있다.

「약초의 성분과 이용」에서는, 수영에 대해서 "뿌리 달임약은 설사, 적리, 장무력증, 위염에 먹으며 설사약, 오줌내기약, 땀내기약으로도 먹는다. 전초는 신석증, 황달, 비타민 결핍증에 쓴다. 피멎이약으로 자궁출혈, 열내림약으로 열병과 폐결핵에 쓰며 잎즙은 아픔멎이약으로 류마티즘, 허리아픔에 쓴다. 뱀이나 동물에 물렸을 때 염증약으로 그리고 여러 가지 피부병과 습진에 쓴다. 동의치료에서는 뿌리를 짓찧어 옴을 비롯한 피부병에 바른다. 민간에서는 회충증, 요충증, 십이지장충에 쓴다." 고 기록하고 있다.

「동의학사전」에서는, 소리쟁이에 대해서 "가을에 뿌리를 캐서 물에 씻어 말린다. 맛은 쓰고 매우며 성질은 차고 독이 좀 있다. 대변을 잘 통하게 하고 해독하며 출혈을 멈추고 살충한다. 살균작용, 수렴작용이 실험적으로 밝혀졌다. 살균작용은 안트라글루코시드와 단닌글루코시드에 의하여 나타난다. 다량에서는 설사를 일으키는 데 이것은 안트라키논 화합물에 의한 것이다. 변비, 토혈, 설사, 이질, 구토, 습진, 옴, 소양증(瘙痒症), 태선(胎癬)등에 쓴다."고 한다.

수영과 소리쟁이를 비롯한 소리쟁이속 식물들의 살균, 살충 성분을 활용하여 친환경농업에서 천연농약으로 이용하고 있다. 뿌리나 전초를 생즙을 내거나 물에 달이거나 알코올에 우려내어 활용한다. 흰가루병에 대해 지속적인 예방과 치료 효과가 있다.

[충기피식물 65]

삼백초

전초를 삼백초(三白草), 뿌리줄기를 삼백초근(三白草根)이라 하여 약용한다. 맛은 쓰고 매우며 성질은 차다. 습열사를 제거하고 부기를 가라앉히고 해독하는 효능이 있다. 부종, 각기, 황달 등에 쓴다.

삼백초(Saururus chinensis (Lour.) Baill.)는 삼백초과의 여러해살이풀로서 우리나라를 비롯해서 일본, 중국, 필리핀 등지에 분포한다. 주로 습지에서 자라며 높이 50~100cm이다. 뿌리줄기는 흰색이고 옆으로 벋는다. 잎은 어긋나

게 달리며, 달걀 모양의 타원형으로 가장자리가 밋밋하다. 줄기 윗부분에 있는 2~3개의 잎은 흰색을 띤다. 잎자루는 밑 부분이 넓어져 줄기를 감싼다. 6~8월에 흰색 꽃이 수상꽃차례를 이루며 달린다. 꽃차례는 길이가 10~15cm로 잎과 마주난다. 꼬불꼬불한 털이 있으며 밑으로 처지다가 곧게 선다. 꽃잎은 없다. 수술은 6~7개이며, 암술은 3~5개의 심피로 구성된다. 열매는 둥글고 각 실에 대개 1개의 종자가 들어 있다. 뿌리, 잎 및 꽃이 흰색이어서 또는 윗부분에 달린 2~3개의 잎이 희어지기 때문에 삼백초라고 한다.

재배 방법

한라산과 지리산 등 습기가 많은 계곡으로 바람이 잘 통하고 반그늘인 곳에서 자생한다. 보습성이 충분하고 비옥한 토양이 재배하기에 좋다. 잎을 비롯하여 꽃 등이 관상가치가 있고 약재로 쓰임새가 많아 재배가 많이 이루어지고 있다. 화분 재배도 가능하다. 번식은 씨앗이나 뿌리나누기로 한다. 씨앗에 의한 경우 10월경에 종자를 받아 바로 뿌리거나 상온이나 냉장고에 보관 후 이듬해 봄에 뿌린다. 뿌리나누기의 경우 9~11월에 벋은 뿌리를 잘라서 심거나, 이른 봄 새순이 올라왔을 때 뿌리마디를 나누어 심어도 된다. 병충해가 적어 재배는 비교적 쉽다.

약성 및 활용

전초를 삼백초(三白草), 뿌리줄기를 삼백초근(三白草根)이라 하여 약용한다. 7~9월에 전초는 채취하여 햇볕에 말리고, 뿌리줄기는 흙을 깨끗이 제거한 다음 뜨거운 물에 몇 분 동안 담갔다가 꺼내어 햇볕에 말린다. 「중약대사전」에 의하면 "맛은 쓰고 매우며 성질은 차다. 습열사를 제거하고 부기를 가라앉히고 해독하는 효능이 있다. 부종, 각기, 황달, 배뇨가 곤란하면서 소변색이 뿌연 증상, 월경조절, 근골치료, 이질, 대하, 옹종, 정독을 치료한다. 하루 11~19g을 물로 달여서 복용하거나 짓찧은 즙액을 마신다. 외용 시에는 짓찧어 바르거나 달인 물로 씻는다."고 기록되어 있다.

전초에는 정유(精油)가 함유되어 있고 그 주성분은 methyl-n-nonyl-ketone이다. 줄기에 가수분해성(加水分解性) 탄닌(tannin) 1.722%가 함유되었고 잎에는 케르세틴(quercetin), 케르시트린(quercitrin), 이소케르시트린(isoquercitrin), avicularin, hyperin, rutin 및 가수분해성 tannin 0.544%가 함유되어 있다. quercetin, quercitrin은 플라보노이드(flavonoid)의 일종으로 항균 및 항산화 효과를 나타내는 것으로 알려져 있다. 어성초(약모밀)와 함께 친환경농업에서 천연항균제로 활용할 수 있다. 전초를 말려 물에 달이거나 알코올에 우려내거나 생즙을 내어 사용한다.

[충기피식물 66]

깨풀

제초제에 대한 내성이 강할 뿐만 아니라 휴면기가 있어 종자발아가 일정하지 않아 연중 지속적으로 발생한다. 어린순을 나물로 먹으며 가축 사료로도 쓴다. 민간에서는 생풀을 짓찧어 아픈 부위에 붙인다. 세균성이질, 피나는 데 효과가 있다.

깨풀(Acalypha australis L.)은 대극과의 한해살이풀로서 밭이나 들, 빈터 등지에서 흔히 자란다. 중국, 일본, 러시아, 필리핀에도 분포한다. 높이 30~50cm이다. 풀 전체에 솜털이 있고 곧게 서서 가지를 친다. 잎은 어긋나게 달리며 달걀 모양 또는 타원형으로 끝이 뾰족하고 가장자리에 둔한 톱니가 있다. 7~8월에 잎겨드랑이에서 꽃차례가 나온다. 수꽃은 위쪽에 이삭 모양으로 달리고, 암꽃은 수꽃차례 밑에 포엽에 둘러싸여 핀다. 간혹 암꽃이 수꽃차례 위쪽에도 달리는 경우가 있다. 포엽은 세모난 달걀 모양으로 갈색이고 톱니가 있다. 열매는 삭과로 털이 있고 종자는 넓은 난형이며 9월에 흑갈색으로 성숙한다.

재배 방법

길가, 밭머리, 집주변의 빈터 등에 흔하며 바랭이, 명아주, 쇠비름, 방동사니, 여뀌 종류와 더불어 작물 재배 포장에 자주 발생하는 성가신 잡초이다. 제초제에 대한 내성이 강할 뿐만 아니라 휴면기가 있어 종자 발아가 일정하지 않아 연중 지속적으로 발생한다. 번식은 성숙한 종자를 채취하여 즉시 파종하거나 저온 저장 후 봄에 뿌리면 된다.

약성 및 활용

어린순을 나물로 먹으며 가축 사료로도 쓴다. 민간에서는 생풀을 짓찧어 아픈 부위에 붙인다. 세균성이질, 피나는 데 효과가 있다. 한방에서는 전초 말린 것을 '철현'이라 하여 약용한다. 5~7월에 채취하여 흙을 잘 털어내고 햇볕에 말린다. 전초에는 알칼로이드(alkaloid) 배당체, 환원당 혹은 기타의 환원성물질, 탄닌질, 전분, 유지 또는 납(蠟) 등이 함유되어 있다. 청열(淸熱), 이수(利水), 살충, 지혈의 효능이 있다.'

「약초의 성분과 이용」에서는 깨풀에 대해서, "전초에 알칼로이드, 플라보노이드가 있다. 민간에서 전초를 피멎이약, 염증약, 오줌내기약으로 장염, 이질, 세균성 적리, 아메바 적리, 토혈, 피똥, 자궁출혈에 달여 먹으며 피부염, 습진에 달인물로 씻는다. 30~60g을 물로 달여서 먹는다. 민간에서 전초를 토혈, 상처, 종창 등에 피멎이약, 살균약, 독풀이약으로 쓴다."고 적고 있다. 깨풀의 살균 효과를 친환경 농업에서 천연농약으로 이용할 수 있다. 전초를 생즙을 내거나 말려서 달이거나 알코올에 우려내어 활용한다.

[충기피식물 67]

환삼덩굴

한해살이 덩굴식물로 길가, 밭 주변, 숲 가장자리에 아주 흔하다. 밭작물과 과수원에 피해를 주는 대표적인 성가신 잡초이다. 암수딴그루로 종자에 의해 번식한다. 어린 순은 식용하며 전초는 율초라 하여 약용한다. 여름, 가을에 채취하여 햇볕에 건조한다.

환삼덩굴(Humulus japonicus Sieboid & Zucc.)은 전국의 들이나 빈터에서 흔히 자라는 삼과의 덩굴성 한해살이풀이다. 모가 있는 원줄기와 잎자루에

밑을 향한 갈고리 모양의 거친 가시가 있다. 주로 다른 물체를 감고 오른다. 잎은 마주달리고 손바닥 모양으로 5~7개로 갈라지며 가장자리에 톱니가 있다. 양쪽 면에 거친 털이 있다. 꽃은 7~8월에 피고 암수딴그루이다. 수꽃은 5개씩의 꽃받침조각과 수술이 있으며, 원추꽃차례에 달린다. 암꽃은 수상꽃차례에 달리고 포는 꽃이 핀 다음 커진다. 달걀 모양의 원형으로 뒷면과 가장자리에 털이 있다. 열매는 9~10월에 성숙한다. 수과(瘦果)로 달걀 모양이고 중앙부가 부풀어 렌즈처럼 된다. 황갈색이 돌며 윗부분에 털이 있다.

재배 방법

한해살이 덩굴식물로 길가, 밭 주변, 숲 가장자리에 아주 흔하다. 밭작물과 과수원에 피해를 주는 대표적인 성가신 잡초이다. 암수딴그루로 종자에 의해 번식한다. 번식을 막으려면 봄철 어린싹이 돋았을 때 제거하는 것이 가장 수월하다. 주변에서 쉽게 구할 수 있기 때문에 따로 재배하지는 않는다.

약성 및 활용

어린순은 식용하며 전초는 율초라 하여 약용한다. 여름, 가을에 채취하여 햇볕에 선조한다. 「중약대사전」에 따르면, "맛은 달고 쓰며 성질은 차고 독이 없다. 열을 내리고 이뇨하며 어혈을 제거하고 해독하는 효능이 있다. 임병, 소변불리, 학질, 하리, 이질, 폐결핵, 폐농양, 폐염, 나병, 치질, 옹독, 나력을 치료한다. 삼초를 윤활하게 하고 오곡을 소화시키며

오장을 보익한다. 구충을 제거하며 온역을 피한다. 뱀이나 전갈에 물린 상처에 바른다. 불면증을 치료하고 치질에는 씻는다."고 한다.

전초에는 루테올린(luteolin) glucoside, 콜린(choline), 아스파라진(asparagine), 정유, 탄닌(tannin), 수지가 함유되어 있고 과실에는 후물론(humulone), 루풀론(lupulone)이 함유되어 있으며 잎에는 0.015%의 코스모신(cosmosiin)과 비텍신(vitexin)이 들어 있다. 정유 중에는 주로 β-humulene, caryophyllene, α-copaene, α-selinene, β-selinene, γ-cadinene 등이 함유되어 있다.

「동의학사전」에서는, "약리실험에서 강압작용, 이뇨작용, 그람양성균에 대한 억균작용이 밝혀졌다. 열이 나고 가슴이 답답하며 갈증이 나는 데, 학

질, 폐결핵으로 열이 나는데, 소화장애, 급성위염, 부종, 설사, 이질, 방광염, 요도염, 임증, 요도결석, 고혈압병, 부스럼, 헌데 등에 쓴다. 하루 9~18g, 신선한 것은 60~80g을 달여 먹거나 즙을 내어 먹는다. 외용약으로 쓸 때는 생것을 짓찧어 붙이거나 달인 물로 씻는다."고 적고 있다.

환삼덩굴의 항균성은 여러 자료에서 확인되고 있다. 실제 환삼덩굴이 자라는 것을 보면 해충으로부터의 피해도 거의 없는 것을 보게 된다. 따라서 환삼덩굴을 천연농약으로 활용하면 항균, 항충 효과를 동시에 거둘 수 있을 것으로 보인다. 주변에서 쉽게 구할 수 있는 것도 커다란 장점이다. 생즙을 내거나 말려 달이거나 알코올에 우려내어 활용한다.

[충기피식물 68]

창포

잎과 뿌리줄기에는 특이한 향기가 있어 욕실용 향수나 입욕제, 화장품, 비누 등에 이용한다. 민간에서는 단옷날 창포를 넣어 끓인 물로 머리를 감거나 목욕을 하는 풍습이 있다.

창포(Acorus calamus L.)는 호수나 연못가의 습지에서 자라는 천남성과의 여러해살이풀이다. 마디가 많은 굵은 뿌리줄기가 옆으로 뻗으며 밑부분에 수염뿌리가 돋는다. 뿌리줄기는 흰색 또는 연한 홍색이며 특유의 향기가 난

다. 잎은 뿌리 끝에서 촘촘히 나온다. 길이 약 70㎝, 폭 1~2㎝정도로 가운데에 뚜렷한 잎맥이 있다.

6~7월에 원기둥 모양의 꽃차례(수상화서)가 잎 사이에서 비스듬히 옆으로 올라온다. 5cm 정도의 길이로 연한 황록색의 자잘한 꽃이 밀생한다. 열매는 7~8월경에 달리고 긴 타원형으로 적색이다. 창포와 유사한 것으로 같은 과의 석창포(Acorus gramineus Sol.)가 있다. 상록성으로 중부 이남의 냇가나 산간 계곡 등 주로 흐르는 물가에 자생한다. 길이 30~50cm 정도이다. 창포에 비해 잎이 좀 더 가늘고 가운데에 잎맥이 없다.

재배 방법

창포는 햇볕이 잘 드는 얕은 물속이나 물가, 습지 등에서 자란다. 때문에 햇볕이 잘 들고 비옥하고 습기가 많은 곳이 재배 적지이다. 소량으로 재배하고자 할 경우에는 연못이나 물이 잘 빠지지 않은 화분에 심는다. 향이 많이 나기 때문에 집 안에서 키워도 좋은 식물이다. 대량으로 재배하고자 할 경우 인공 습지나 논을 이용한다. 번식은 뿌리나누기나 씨앗으로 한다. 뿌리나누기의 경우 겨울철을 제외하고는 언제나 분주가 가능하다. 주로 이른 봄이나 가을에 뿌리를 캐어서 나누어

심는다. 번식이 잘된다. 반면 씨앗에 의한 경우는 힘들다. 8월경에 종자를 받아 물에 3일 정도 불린 후 뿌린다. 껍질이 단단하기 때문에 모래와 섞어 문질러 뿌리는 것도 좋다.

약성 및 활용

잎과 뿌리줄기에는 특이한 향기가 있어 욕실용 향수나 입욕제, 화장품, 비누 등에 이용한다. 민간에서는 단옷날 창포를 넣어 끓인 물로 머리를 감거나 목욕을 하는 풍습이 있다. 창포는 성질이 맵고 따뜻하다. 각성 효과 외에 담을 삭이며 기의 순환을 돕는다. 연중 채취 가능하나 주로 8~10월에 채취하여 수염뿌리를 제거하고 깨끗이 씻어 햇볕에 말린다. 뿌리줄기에 함유된 정유의 주성분은 아사론(asarone)이며 그 외에 칼라메온(calameone), 에우게놀(eugenal)과 쓴맛물질인 아코린, 녹말, 탄닌질, 비타민, 알칼로이드 성분이 들어 있다. 석창포 뿌리줄기에도 β-asarone, asarone, caryophyllene, α-humulene, sekishone, trans-4-propenyle 등이 함유되어 있다.

「동의학 사전」에서는 석창포에 대해, "맛은 맵고 성질은 따뜻하다. 심경, 심포경에 작용한다. 정신을 맑게 하고 혈을 잘 돌게 하며 풍습과 담을 없앤

다. 약리 실험에서 건위 작용, 약한 진정작용, 진통작용 등이 밝혀졌다. 또한 달임약은 암세포를 죽인다는 것이 밝혀졌다. 의식이 혼미한데, 건망증 등에 주로 쓰며 소화 장애, 귀가 먹은 데, 목이 쉰 데, 마비증, 부스럼, 헌 데, 습진 등에도 쓴다. 하루 2~6g을 달임약으로 먹는다." 고 기록하고 있다.

창포의 주성분인 아사론(asarone)은 진정, 진통 효능 외에 항균, 살충 효과가 있다. 때문에 예전에 조상들이 창포 우린 물로 머리를 감거나 목욕을 해서 비듬이나 피부병 등을 막을 수 있었다. 인도에서는 창포로 만든 차를 어린이들의 기생충 구제에 활용하기도 한다. 이런 창포의 항균, 살충 효과를 활용하여 친환경농업에서 천연농약으로 이용이 가능하다. 잎과 뿌리줄기를 물에 삶거나 알코올에 우려내어 활용한다.

[충기피식물 69]

조릿대(산죽)

조릿대 잎을 끓인 물에는 칼륨과 마그네슘 함량이 높으며 항산화, 항당뇨, 항균 효과를 나타낸다. 때문에 천연 항균 소재로서 식품 저장에 활용하는 등의 다양한 연구가 이루어지고 있다.

조릿대(Sasa borealis)는 산의 높고 낮음이나 추운 곳과 따뜻한 곳을 가리지 않고 우리나라 전역에 걸쳐 무리지어 자란다. 조릿대는 키가 작고 줄기가 가늘다. 잎은 영락없는 대나무 잎이지만 다 자라봐야 키가 1~2m에 그치고 굵기도 3~6mm 정도로 민가에서 재배하는 대나무와는 외형에서 큰 차이를 보인다.

이삭처럼 생긴 꽃은 털과 흰 가루로 덮여 있고 자주색 포로 싸여 있다. 작은 이삭은 2~3개의 꽃을 달고 밑부분에 2개의 포를 가지고 있다. 꽃은 대부분 4월에 원추꽃차례로 달린다. 옛날에 가는 줄기를 이용해 조리를 많이 만들어 썼기 때문에 조릿대라는 이름을 얻었다. 조릿대 외에도 이대, 고려조릿대(혹은 신이대), 제주조릿대 등을 통상 산죽(山竹)이라고 부른다.

재배 방법

주변 산에서 쉽게 구할 수 있기 때문에 따로 재배할 필요는 없다. 굳이 재배하려면 죽순이 나오기 전, 3~4월에 이식하는 것이 좋다. 모주에서 뻗어 나온 어린 개체를 잎줄기를 붙인 채 4~5포기씩 흙째 잘라 파내 옮겨 심는다. 조릿대는 반그늘을 좋아한다. 토질은 다소 습기가 있는 비옥한 점질양토가 좋다. 번식력이 강하기 때문에 원하는 범위에 콘크리트 등으로 구획을 만들어 심으면 그 이상 퍼지지 않고 밀생하게 되어 좋다.

약성 및 활용

조릿대 잎은 강한 알카리성으로 성질은 차고 약간 단맛에 청량감이 있다. 죽엽의 주요 성분은 페놀, 아미노산, 유기산, 당류 등이다. 이 밖

에 칼슘, 규산, 비타민B1과 K가 풍부하게 들어 있다. 특히 비타민K는 혈액이나 체액 속에 녹아 들어가 혈액을 맑게 하고 칼슘이온을 늘려 체질을 바꾸는 작용을 한다.

「한국본초도감」에서는 죽엽에 대해, "맛이 달고 싱거우며 성질이 차다. 심열과 위열로 인해 가슴속이 답답하고 편안치 않아서 팔다리를 가만히 두지 못하는 증상과 갈증에 유효하다. 심화로 인해 혓바늘이 돋고 혀가 갈라지는 증상을 다스리며 열로 인하여 소변을 못보고 입 안이 헤지고 소변을 붉게 보는 증상에 유효하다."고 적고 있다.

「동 의학 사진」에서는, "산죽에는 항암성분이 많으며 여러 가지 질병에 대한 치료효과도 좋다. 아무 때나 잎을 따서 그늘에서 말린다. 맛은 달고 성질

은 차다. 열을 내리고 소변을 잘 누게 하며 폐기를 통하게 하고 출혈을 멈춘다. 항암작용, 항궤양작용, 소염작용, 진정작용, 진통작용, 위액산도를 높이는 작용, 동맥경화를 막는 작용, 강압작용, 혈당량감소작용, 해독작용, 강장작용, 억균작용 등이 실험적으로 밝혀졌다."고 한다.

조릿대 잎을 끓인 물에는 칼륨과 마그네슘 함량이 높으며 항산화, 항당뇨 효과를 나타낸다. 또한 조릿대는 결핵균, 대장균, 무좀균, 바이러스, 트리코모나스, 충치균 등 다양한 미생물에서 억제 효과를 나타낸다. 때문에 천연 항균 소재로서 식품 저장에 활용하는 등의 다양한 연구가 이루어지고 있다. 친환경 농업에서 이런 조릿대의 항균 효과에 착안하여 삶아 우려낸 물을 천연농약으로 활용하고 있다.

[충기피식물 70]

뚱딴지(돼지감자)

돼지감자는 저장 중에 단맛이 생겨난다. 돼지감자에 많이 들어 있는 이눌린은 칼로리가 낮은 다당류로 위액에 소화되지 않고 장으로 내려가며, 분해되어도 과당으로 변화되므로 혈당치를 상승시키지 않으면서 인슐린의 역할을 한다고 한다.

뚱딴지(Helianthus tuberosus L.)는 국화과의 여러해살이풀로 북아메리카 원산이며, 흔히 덩이줄기를 식용 또는 가축용 사료로 쓰기 위해 재배한다. 흔히 돼지감자라고 부른다. 줄기는 곧게 서고 높이는 1.5~3m 정도로 거친 털이 있

다. 줄기 아래 부분의 잎은 마주나고 윗부분의 잎은 어긋난다. 잎은 긴 타원형으로 끝이 뾰족하고 가장자리에 톱니가 있으며 잎자루에 날개가 있다. 꽃은 9~10월에 핀다. 윗부분에서 많은 가지가 갈라져서 끝에 두상화가 달린다. 두상화 가장자리에 있는 설상화는 노란색이고 11~12개이며, 두상화 가운데 있는 관상화는 노란색·갈색·자주색이 섞여 있다. 총포는 컵 모양이며 총포 조각은 2~3줄로 배열한다. 열매는 수과이고 비늘조각 모양의 돌기가 있다. 덩이줄기는 생강처럼 울퉁불퉁하다.

재배 방법

배수가 잘되고 유기질이 풍부한 사질양토가 재배하기에 적당하다. 습기가 많은 곳은 좋지 않다. 번식은 덩이줄기로 한다. 작은 것은 그냥 심고 큰 것은 감자처럼 씨눈을 쪼개어 심는다. 심는 시기는 4월 하순부터 5월 상순경에 10~20cm 깊이로 심는다. 간격은 50~60cm가 적당하다. 돼지감자는 병해충에 강하다.

꽃이 질 때쯤 덩이줄기가 자라기 시작해서 잎이 지고 나면 수확이 가능하다. 겨울철에는 흙속에 묻어 보관하거나 한꺼번에 캐지 말고 필요하면 그때그때 캐서 이용하는 것이 좋다. 바깥에 두면 곧 푸석해진다. 돼지감자는 땅의 지력을 많이 빼앗아 가기 때문에 연작할 경우 충실한 덩이줄기가 나오지 않는다.

약성 및 활용

동물의 사료로 쓰거나 식용 또는 약용한다. 덩이줄기에는 12~14%의 이눌린(inulin)이 함유되어 있는데 이를 가수분해하여 과당(fructose)을 제조하거나 에탄올의 원료로 이용한다. 이눌린은 민들레, 우엉, 엉겅퀴, 달리아, 양파 등의 식물에도 들어 있지만 지금까지 밝혀진 것으로는 돼지감자에 가장 많이 들어 있다고 한다.

돼지감자에는 이누리나제, 프로티나제, 인베르타제, 호스호리라제, 포노라제 등의 여러 가지 효소가 있다. 이 중 이누리나제 효소는 이눌린을 분해하여 과당을 생성한다. 때문에 돼지감자는 저장 중에 단맛이 생겨난다. 이눌린은 칼로리가 낮은 다당류로 위액에 소화되지 않고 장으로 내려가며, 분해되어도 과당으로 변화되므로 혈당치를 상승시키지 않으면서 인슐린의 역할을 한다고 한다.

「중국본초도감」에서는, 돼지감자에 대해서 "셀루로오스(cellulose), 프로테인(protein)과 각종 유기산, 이눌린(inulin)이 들어 있으며, silicon dioxide, 칼슘, 나트륨, 마그네슘, 알루미늄, 동과 철 등의 미네랄이 함유되어 있다. 맛은 달고 성질은 차다. 효능은 청열양혈(清熱凉血), 활혈거어(活血祛瘀)한다. 골절(骨折), 열성병(熱性病), 당뇨병(糖尿病)을 치료한다. 용량은 하루 10~20g을 물로 달여서 복용한다."고 적고 있다.

돼지감자에는 독성분이 없는 것으로 알려져 있다. 때문에 천연농약으로의 효능에 대해 연구된 것은 없다. 주요 성분인 이눌린이 살충 효과가 있다는 보고는 없지만, 자닮 회원농가 들이 돼지감자를 천연농약으로 활용하여 병충해 방제효과를 보고 있다. 진딧물은 물론 응애, 배추흰나비, 담배나방 등 나방류에 효과가 좋다. 돼지감자와 잎과 줄기 또는 덩이줄기를 생즙을 내거나 물에 삶아 우려내어 활용한다.

[충기피식물 71]

토란

토란 잎줄기와 땅속 덩이줄기를 식용한다. 독성분이 있기 때문에 날것으로 먹지 않고 말려 쌀뜨물에 삶아 우려내거나 끓여 먹는다. 토란의 아릿한 맛은 수산칼륨이라는 성분 때문이다. 이 성분이 열과 염증을 가라앉히는 작용을 한다.

토란(Colocasia esculenta)은 천남성과의 여러해살이풀로 오래전부터 재배되어 왔다. 원산지는 인도 동부로부터 미얀마, 말레이 반도, 중국 남부 등 동남아시아의 열대, 아열대 지역으로 추정하고 있다. 높이 1.2m까지 자라고,

땅 밑에 녹말을 함유한 덩이줄기(球莖)가 달린다. 덩이줄기는 계란 모양이며 겉은 섬유로 덮여 있고 옆에 작은 덩이들이 붙는다. 덩이줄기에서 솟아나온 긴 잎자루에 코끼리 귀처럼 넓은 잎이 달린다. 잎은 털이 없고 가장자리는 물결 모양으로 밋밋하다. 드물게 잎자루 사이에서 1~4개의 꽃줄기가 나와 8~9월에 꽃이 피나 열매는 맺지 못한다. 꽃을 감싸고 있는 녹색의 불염포는 곧추 서고 길이 30cm 내외이다. 막대 모양의 꽃자례에는 위쪽에 수꽃, 가운데에 헛수꽃, 아래쪽에 암꽃이 달린다.

재배 방법

토란은 아열대 작물로 중부 이북 지방에서는 재배하기 어렵다. 비교적 고온다습한 곳을 좋아한다. 번식은 덩이줄기로 한다. 봄에 싹을 틔워 본밭에 바로 심거나 육묘로 키운 뒤 본엽이 2매가 되었을 때 정식한다. 건조에는 약하나 병충해에는 강하다. 줄기 위주로 재배 시에는 10일 정도 일찍 줄기를

채취한 후 덩이줄기를 수확하고, 덩이줄기 위주로 재배 시에는 서리가 오기 전에 동시에 수확한다. 줄기는 껍질을 벗긴 후 말려 저장하고, 덩이줄기는 그늘에 말린 후 저온에서 저장한다. 장기 보관하려면 구덩이를 파고 볏짚이나 낙엽을 한 뼘 정도 두껍게 깔고 토란을 쌓은 후 흙을 30cm 정도 덮어준다.

약성 및 활용

잎줄기와 땅속 덩이줄기를 식용한다. 잎자루는 껍질을 벗긴 다음 말려 요리해 먹는다. 생줄기는 떫은맛이 강할 뿐만 아니라 독성이 있다. 덩이줄기도 생것으로는 먹지 않고 삶아 국을 끓여 먹거나 말려 가루를 내어 부침이나 송편을 만들어 먹는다. 덩이줄기에는, 단백질 1.75~2.3%, 전분 69.6~73.7%, 무기 성분 1.17~1.68%, 지방류 0.47~0.68%, 칼슘 0.059~0.169%, 인 0.113~0.274%, 철 0.0042~0.0052% 등이 함유되어 있다. 비타민 C와 A의 함유량은 극히 적지만 비타민 B1, B2(riboflavin)는 비교적 많다.

「동의학사전」에서는 토란에 대해서, "천남성과에 속하는 다년생 풀인 토란의 덩이줄기를 말린 것이다. 각지에서 심는다. 가을에 덩이 줄기를 캐서 물에 씻어 햇볕에 말린다. 맛은 달고 매우며 성질은 평하다. 위경, 대장경에 작용하며 딴딴한 것을 흩어지게 한다. 연주창, 부스럼, 적취(積聚), 버짐, 화상 등에 쓴다. 하루 60~120g을 탕약 형태로 먹는다. 외용약으로 쓸 때는 짓찧어 붙이거나 달인 물로 씻는다. 뿌리로 국을 끓여 먹기도 하며 잎은 나물로 먹는다."고 적고 있다.

토란의 아릿한 맛은 수산칼륨이라는 성분 때문이다. 이 성분이 열과 염증을 가라앉히는 작용을 한다. 타박상, 어깨결림, 신경통, 삐었을 때 토란을 갈아서 밀가루와 반죽하여 환부에 붙이면 효과가 좋다. 수산칼륨은 체내에 과다하게 축적될 경우 결석의 원인이 될 수 있으므로 식용으로 할 때는 쌀뜨물 또는 소금물에 삶거나, 다시마나 생강즙을 넣고 조리하여 먹는다. 토란에는 끈적거리는 점액성분의 무틴(mutin) 성분도 들어 있는데, 이는 당과 단백질의 복합체이다. 이것이 체내에서 글루크론산으로 전환되어 간이나 신장을 튼튼히 해준다. 또한 단백질의 소화를 촉진시켜 변비를 개선하며 세포를 활성화하여 노화 방지에 도움을 준다.

토란의 잎과 덩이줄기는 거의 해충의 피해를 입지 않는다. 해충의 섭식을 방해하는 유독성분이 있기 때문이다. 사람이 생으로 먹지 않는 이유도 거기에 있으며, 잎줄기나 덩이줄기의 껍질을 맨손으로 벗길 경우 손이 따끔거리거나 물집이 잡히는 것도 그러한 이유에서다. 따라서 토란의 잎과 줄기, 덩이줄기를 생즙을 내어 천연농약으로 사용할 수 있다. 관주처리 시 거세미나방, 유충. 굼벵이, 땅강아지, 기타 토양해충과 엽면 살포 시 진딧물, 응애, 담배나방. 청벌레에 효과가 있다고 한다.

[충기피식물 72]

독말풀

식물 전체에 알칼로이드 성분이 함유되어 있다. 꽃과 씨앗, 잎을 기관지 천식, 진경 및 진통, 멀미약 등으로 쓴다. 꽃이 필 때 뜯어서 그늘에 말린다. 줄기를 베어 말린 다음 잎을 뜯어내면 알칼로이드 함량이 높아진다.

독말풀(Datura stramonium)은 가지과의 한해살이식물로 열대 아메리카가 원산이다. 민가에서 관상용으로 재배하거나 인근에 야생한다. 줄기는 굵은

가지를 치며 자줏빛이다. 높이는 1~2m이다. 잎은 계란 모양이나 가장자리에 고르지 않은 커다란 톱니가 있다. 어긋나게 달리며 잎자루가 길다. 꽃은 8~9월에 핀다. 열은 자주색으로 줄기의 끝부분이나 잎겨드랑이에 달린다. 꽃받침은 통 모양이고 화관은 나팔 모양으로 5개로 갈라진다. 갈라진 조각 끝에 길고 날카로운 돌기가 있다. 수술은 5개이고 암술은 1개이다. 열매는 삭과로 10월에 익으며 달걀 모양이고 가시 모양의 돌기가 많이 난다. 씨는 검은색이다. 독말풀과 비슷하나 꽃이 희고 줄기와 잎꼭지가 풀색인 것을 흰독말풀이라고 한다.

재배 방법

열대성 작물로 우리나라에서는 여름철 고온기에 각처에서 재배할 수 있다. 토질은 배수가 좋고 볕이 잘 드는 모래참흙이 적당하다. 개간지의 밭이라도 거름을 잘 주면 생육이 좋다. 비옥한 땅에서는 줄기와 잎이 무성하고 결실이 적으므로 씨앗 채취를 목적으로 하는 때는 오히려 보통 이하의 땅에서 거름을 주고 재배하는 것이 좋다. 번식은 씨앗으로 한다.

약성 및 활용

전체에 독성분이 있는 유독성 식물이다. 꽃과 씨앗, 잎을 기관지 천식,

진경 및 진통, 멀미약 등으로 쓴다. 꽃이 필 때 뜯어서 그늘에 말린다. 줄기를 베어 말린 다음 잎을 뜯어내면 알칼로이드 함량이 높아진다. 말릴 때 줄기의 알칼로이드가 잎으로 옮겨가기 때문이다. 씨앗은 열매가 갈라지기 전에 따서 햇볕에 말린 다음 털어서 모은다.

식물 전체에 알칼로이드 성분이 함유되어 있다. 알칼로이드 주성분은 히오시아민(hyoscyamine)이고 적은 양의 아트로핀(atropine), 스코폴라민(scopolamine), 아포아트로핀(apoatropine), 벨라도닌 등이 들어 있다. 잎에는 담배와 비슷한 냄새가 있는 검은밤색 정유, 타닌질이 있다. 씨에는 17~25%의 기름(약 80%가 리놀레인과 올레인이고, 나머지는 팔미틴, 스테아린)이 있다.

과다 복용 시 중독을 일으킨다. 주요 중독 증상으로는 안면 피부 홍조, 번조로 인한 행동 불안, 맥이 빠름, 보행 곤란, 어지럼증, 환각, 환청, 입안건조증, 목마름, 입 마비, 구토, 언어 장애, 동공 산대, 빛에 대한 반사의 소실, 심할 때는 고열, 혼수, 대소변 실금, 발작성 경련을 일으킨다. 독말풀 열매 5개를 먹고 사망한 사례가 있다.

「약초의 성분과 이용」에 의하면, "독말풀(잎과 꽃)은 진경약으로 기관지천식, 경련성 기관지염과 기침, 내장장기의 경련(위십이지장궤양, 담낭염, 대장염, 간과 콩팥의 산통, 경련성 변비 등), 심장병으로 인한 느린맥에 쓴다. 또한 뱃멀미와 비행기멀미의 예방 치료에도 쓴다. 때로는 안면 성형수술과 상기도 수술 때에 침과 점액 분비를 적게 하기 위해서도 쓴다. 일반적으로 동약제재는 진정작용이 있는 히오시아민, 스코폴라민이 있기 때문에 아트로핀 한 가지만 쓸 때보다 부작용이 적고 오랜 기간 쓸 수 있으며 작용이 느리게 나타난다."고 적고 있다. 독말풀의 알칼로이드 성분을 활용하여 친환경농업에서 천연농약으로 활용할 수 있다. 전초를 생즙을 내거나 말려 달여서 이용한다.

[충기피식물 73]

웜우드(Wormwood)

전초를 방향성 건위제 · 강장제 · 해열제 · 담즙분비촉진제 등으로 사용한다. 웜우드(Wormwood)는 유해 곤충을 퇴치하는 데도 효과가 있다. 방충효과가 커 모스백(mothbag)이라는 나방잡이 주머니의 중요한 재료 중의 하나이다.

웜우드(Artemisia absinthium L.)는 유럽 및 북아프리카가 원산지인 국화과의 여러해살이풀이다. 우리나라에서는 허브 식물로 또는 관상용으로 재배한다. 다 자라면 높이 약 1m 정도이다. 크면서 줄기 아랫부분이 목질화되

EDDIDEIGEL. www.wikipedia.org

EDDIDEIGEL. www.wikipedia.org

어 관목처럼 보이고 밑에서 가지가 많이 난다. 잎은 어긋나고 쑥처럼 2~3회 깃꼴로 갈라지며 흰 털이 많이 나서 전체가 은백색을 띤다. 꽃은 여름에 피며 많은 두상화가 이삭처럼 원추꽃차례로 달린다. 두상화는 지름 3~5mm이고 연한 노란색이다. 열매는 수과로서 달걀을 거꾸로 세워 놓은 모양이고 관모가 없다. 로만 웜우드(A. pontica), 시 웜우드(A. maritima) 등의 변종이 있다. 허브 식물 중에서 가장 맛이 쓰다. 중국에서도 맛이 쓴 쑥이라 하여 고애(苦艾)라 한다.

재배 방법

해가 드는 곳을 좋아하나 반그늘에서도 잘 자란다. 토질은 배수가 잘되는 사질양토가 좋다. 튼튼한 식물이므로 종자를 구입해서 가정에서도 쉽게 재배할 수 있다. 번식은 씨앗이나 포기 나누기로 한다. 씨앗은 가을에 직파하

4028MDK09.. www.wikipedia.org

거나 이듬해 4월에 파종한다. 파종 시 흙을 두껍게 덮지 않도록 한다. 15~20℃에서 2~3주일이면 발아한다. 포기나누기는 3월에 파내어 쪼개어 심으면 된다. 포기가 크게 자라므로 간격은 60㎝ 정도가 적당하다. 그보다 좁게 심으면 발육에 좋지 않다. 잎은 꽃이 피기 시작할 무렵이 수확적기로써 그늘에서 완전히 말린 후 건조하게 보관한다.

약성 및 활용

전초를 방향성 건위제 · 강장제 · 해열제 · 담즙분비촉진제 등으로 사용한다. 간에 작용해 우울증, 황달 등에도 좋다. 또한 열을 내리고 염증을 삭이며 아연의 독성을 감소시키는 효능이 있다. 옛날에는 월경을 촉진한다 하여 여성들이 허브로 많이 이용하였다고 한다. 요리에는 쓰지 않는다. 임신 중의 사용은 피하는 것이 좋고 가능한 단기간에 사용한다.

웜우드를 고농도의 알코올로 추출 증류한 술인 압생트(absinthe)는 강력한 환각작용으로 19세기 말과 20세기 초 예술가들 사이에서 상당히 인기가 있었다고 한다. 프랑스의 시인 알프레드 뮈세와 화가인 로트렉과 빈센트 반 고흐 같은 사람들이 모두 압생트의 중독으로 인한 간질발작으로 목숨을 잃거나 자살하였다.

압생트에는 튜존(thujone)이라는 테르펜 성분이 들어 있는데, 이 성분은 압생트에 독특한 향취를 주는 성분이지만 뇌세포를 파괴하고 환각 상태를 유발한다. 압생트를 상습적으로 마실 경우 멍청한 상태, 정신력 저하, 신경과민, 안신경염 또는 환각 경험 등의 증상이 나타난다고 보고되어 있다.

벌레라는 이름 'Worm'이 붙어진 것에서 보듯이 웜우드(Wormwood)는 유해 곤충을 퇴치하는 데도 효과가 있다. 방충 효과가 커 모스백(mothbag)이라는 나방잡이 주머니의 중요한 재료 중의 하나이다. 특히 선형동물(線形動物)이나 선충(線蟲)을 구제하는데 효과가 있다. 개의 심장 사상충 성충을 죽이는 데도 쓰인다. 이러한 웜우드의 구충 및 살충 효과를 친환경농업에서 천연농약으로 활용할 수 있다. 물에 달이거나 알코올에 우려내어 사용한다.

[충기피식물 74]

배암차즈기(곰보배추)

어린잎을 나물로 이용하거나 김치를 담가 먹고 전초를 설탕과 버무려 효소를 내어 먹기도 한다. 소변을 잘 나가게 하고 혈액을 맑게 하며 몸 안에 있는 독을 풀고 기생충을 죽이는 효능이 있다.

배암차즈기(Salvia plebeia R.Br.)는 꿀풀과의 두해살이풀이다. 주로 남부 지방의 논밭두렁, 묵밭, 다소 습한 도랑가나 시냇가의 황폐한 땅에서 자란다. 배추형태로 겨울을 나서는 봄이 되면 줄기를 곧게 세우고 30~90cm까지 자란다. 줄기는 네모지고 잔가지가 많다. 줄기에 달리는 잎은 마주나고 주름이 많으며 긴 타원형이고 길이 3~6cm이다. 가장자리에 둔한 톱니와 잔털이 있다. 꽃은 5~7월에 연한 보라색으로 핀다. 길이 4~5mm이고, 가지 끝의 잎겨드랑이에 총상꽃차례로 달린다. 꽃차례는 길이 8~10cm이며 짧은 털이 빽빽이 난다. 화관(花冠)은 입술 모양으로 2개의 수술이 있다. 열매는 갈라지며 넓은 타원형이다. 씨앗은 바람에 날릴 정도로 매우 잘다. 뿌리는 배추뿌리를 닮았으나 잔뿌리가 더 많다. 잎 밑면과 꽃잎에는 선점(腺點)이 있어 다소 비릿하면서 역겨운 냄새가 난다.

재배 방법

햇볕이 많이 들고 겨울 찬바람이 바로 들이치지 않는 곳이 좋다. 사질토양으로 배수가 잘되는 토질이 적당하다. 두해살이풀이므로 가을철 수확이 끝난 빈 밭에 이모작으로 재배가 가능하다. 겨울철 성장을 거쳐 봄철에 수확하므로 병충해 피해가 없으며 추가 비료나 거름 투입 없이 재배가 가능하다. 번식은 씨앗으로 한다. 6~7월에 꽃대가 누렇게 변해 씨앗이 검게 익으면 들깨처럼 베어 그늘에서 건조 후 씨앗을 털어서 밀폐용기에 담

아 냉장보관한다. 10월 중순에 파종하면 이듬해 이른 봄부터 수확이 가능하다. 토양이 건조하면 발아가 어려우므로 파종 전, 파종 후 충분히 관수해준다. 씨앗이 매우 작으므로 파종 시 마른 모래와 섞어 산파한다. 농약에 대한 약해가 크므로 농약이나 제초제 사용은 피한다.

약성 및 활용

어린잎을 나물로 이용하거나 김치를 담가 먹고 전초를 설탕과 버무려 효소를 내어 먹기도 한다. 약재로 이용할 때는 3~5월에 전초를 베어 햇볕에 말린다. 전초에는 '플라보노이드(flavonoid) 즉 homoplantaginin, hispidulin, eupafolin, eupafolin-7-glucoside가 들어 있다. 그 밖에 페놀성 물질, 정유, 사포닌(saponin), 강심배당체, 불포화 sterol, polyterpene이 함유되어 있다. 맛은 맵고 쓰며 성질은 평하거나 서늘하며 독이 없다. 소변을 잘 나가게 하고 혈

액을 맑게 하며 몸 안에 있는 독을 풀고 기생충을 죽이는 효능이 있다. 혈뇨, 피를 토하는 데, 자궁출혈, 복수가 찬 데, 소변이 뿌옇게 나오는 데, 목구멍이 붓고 아픈 데, 편도선염, 감기 옹종, 치질, 자궁염, 생리불순, 냉증, 타박상 등에 좋은 치료 효과가 있다.

연구 결과에 의하면 실험실에서 배암차즈기의 알코올 추출액은 황색포도상구균, 팔연구균(八連球菌), 고초균(枯草菌)을 억제하고, 달인 물[煎劑]은 렙토스피라균(leptospira)를 억제하거나 죽이는 효과가 있다고 한다. 배암차즈기(곰보배추)의 이런 살균 효과를 친환경농업에서 천연농약으로 활용할 수 있다. 전초를 생즙을 내거나 알코올에 우려내거나 물에 달여서 이용한다.

[충기피식물 75]

목련/함박꽃나무

목련 또는 함박꽃나무 꽃봉오리를 한방에서 신이(辛夷)라고 한다. 봉오리가 벌어지기 전에 채취하여 말려서 쓴다. 차로 이용하거나 약재로도 이용한다. 몸 안에 있는 차가운 기운과 풍으로 오는 코막힘, 축농증을 치료한다.

목련(Magnolia kobus A.P. DC.)은 목련과의 잎이 지는 큰키나무로서 높이 10m 정도로 자란다. 수피는 회백색이며 어긋나게 달리는 잎은 넓은 난형 또는 도란형으로 끝이 뾰족하고 가장자리는 밋밋하다. 3~4월에 잎보다 먼저 꽃

이 핀다. 꽃잎은 6~9개로 흰색이고 아래쪽이 연홍색을 띤다. 꽃받침조각은 3개, 수술은 30개이다. 열매는 9~10월에 익으며 벌어져 주홍색의 씨를 낸다.

함박꽃나무(Magnolia sieboldii K. Koch)는 흔히 산목련이라고 부른다. 산 중턱 골짜기에서 주로 자라며 높이 7m로 원줄기와 함께 옆에서 많은 줄기가 올라온다. 잎은 어긋나게 달리고 달걀을 거꾸로 세운 듯한 모양이다. 꽃은 5~6월에 흰색으로 핀다. 잎이 난 다음 밑을 향하여 달리며 향기가 좋다. 꽃잎은 6~9개이다. 열매는 타원형으로 9월에 익으며 실에 매달린 종자가 나온다.

재배 방법

내한성이 강하며 배수가 좋은 곳에서 잘 자란다. 대부분의 목련 종류가 이식이 어려우나 목련은 이식이 용이한 편이다. 목련은 음지에서는 개화와 결

실이 잘되지 않는 편이다. 반면 함박꽃나무는 반그늘에서 생육이 잘된다. 번식은 씨앗이나 삽목으로 한다.

씨앗에 의한 번식의 경우 일단 씨앗이 건조되면 발아가 잘되지 않으므로 마르지 않도록 조심한다. 가을에 성숙한 것을 따서 바로 뿌리든지, 노천매장하거나 비닐이나 종이에 싸서 냉장 보관 후 이듬해 봄에 심는다. 보통 30일 정도면 발아한다. 꺾꽂이의 경우 봄과 가을에 새로 난 가지를 이용하여 한다.

약성 및 활용

목련 또는 함박꽃나무 꽃봉오리를 한방에서 신이(辛夷)라고 한다. 봉오리가 벌어지기 전에 채취하여 말려서 쓴다. 차로 이용하거나 약재로도 이용한다. 몸 안에 있는 차가운 기운과 풍으로 오는 코막힘, 축농증을 치료하며 콧물이 흐르며 냄새를 맡지 못하는 증상, 두통이나 집중력이 떨어지는 증상, 오한, 발열, 전신통을 치료하며 가래가 많이 나오는 기침 등에 효과가 있다. 약리작용으로 수렴작용, 모세혈관 확장작용, 항염증작용, 혈압강하작용, 진통, 진정작용, 피부진균과 포도상구균 억제작용이 보고되었다.

안덕균의 「한국본초도감」에서는, 산목련에 관해서 "목련꽃과의 갈잎큰키나무 함박꽃나무의 꽃봉오리이다. 생약명으로 천녀목란(天女木蘭)이라고 한다. 맛은 쓰고 성질은 차다. 이뇨소종, 윤폐지해의 효능이 있어 폐렴으로 인한 해수, 가래에 피가 섞여 나오는 증상을 치료하며, 종기에 소종 작용을 보인다. 민간에서는 잎을 당귀와 같이 달여서 보혈약으로 쓴다."고 적고 있다.

목련에는 살충 효과가 있는 eudesmin과 살충 및 항산화, 항균작용이 뛰어난 sesamin이 함유되어 있는 것으로 알려져 있다. 민간에서 선위제나 구충제로 사용하는 함박꽃나무에는 B형 간염바이러스에 대해 억제 효과를 가지고 있는 costunolide와 간손상 및 혈관 확장과 피로 회복, 항경련, 항스트레스 작용에 효과적인 것으로 알려진 syringin 등이 함유되어 있다. 목련속 식물들은 아주 오래전부터 생존해온 화석식물로 은행나무처럼 대부분 항균, 항충 성분을 가지고 있어 병충해에 강하다. 이런 목련이나 함박꽃나무 등의 항균, 항충 성분을 천연농업에 활용할 수 있다. 잎이나 꽃, 수피 등을 우려내어 사용한다.

[충기피식물 76]

쑥

어린순은 떡을 만들어 먹거나 된장국을 끓여 먹는다. 약재로 쓸 때는 예로부터 단옷날을 전후하여 채취하여 말린 것이 가장 효과가 좋다고 알려져 있다. 복통·토사·지혈제로 쓰고, 생리불순이나 자궁출혈 등에 사용한다.

쑥(Artemisia princeps Pamp.)은 국화과의 여러해살이풀로 쑥 종류 중 가장 흔하다. 주로 볕이 많이 드는 풀밭이나 길가에 자란다. 전체에 거미줄 같은 털이 있으며 뿌리줄기가 옆으로 벋어 나와 무리지어 자란다. 다 자라면 높이 60~120cm에 이른다. 줄기 잎은 어긋나게 달리고 2~4쌍의 갈래로

갈라진다. 꽃이삭에 달린 잎은 줄 모양이다. 꽃은 7~9월에 연붉은 자주색으로 핀다. 자잘한 꽃으로 이루어진 두화는 한쪽으로 치우쳐서 달리며 전체가 원추꽃차례를 이룬다. 열매는 수과로서 10월에 익는다. 쑥을 비롯해서 제비쑥, 물쑥, 개똥쑥, 사철쑥, 참쑥, 더위지기쑥, 인진쑥 등 우리나라에만 60여 종의 쑥이 자란다. 두화의 크기와 잎의 모양 등으로 구분하지만 비슷해서 쉽지가 않다.

재배 방법

재배적지는 물빠짐이 좋은 사질토양으로 볕이 잘 드는 곳이 좋으나 약간 그늘진 곳에서도 잘 자란다. 번식은 종자나 뿌리나누기, 꺾꽂이로 한다. 종자의 경우 대량 번식이 가능하나 종묘의 특성을 유지하기 어려울 뿐만 아니라 발아가 어렵다. 뿌리나누기는 3~4월경 땅속줄기를 캐내어 3~5cm로 절단하여 밭에 흩어 뿌리거나 사방 15~20cm 간격으로 심은 후 짚으로 피복한

다. 5월 단오 무렵에 수확한 뒤 뿌리를 캐어 번식하면 더 많은 면적에 심을 수 있다. 꺾꽂이는 5월상순~6월 상순에 당년에 자란 반숙지를 8cm 내외로 잘라 물에 한두 시간 정도 담가두었다가 한다.

약성 및 활용

어린순은 떡을 만들어 먹거나 된장국을 끓여 먹는다. 약재로 쓸 때는 예로부터 단옷날을 전후하여 채취하여 말린 것이 가장 효과가 좋다고 알려져 있다. 복통·토사(吐瀉)·지혈제로 쓰고, 냉(冷)으로 인한 생리불순이나 자궁출혈 등에 사용한다. 쑥을 달리 한방에서는 애엽(艾葉), 애(艾), 애초 등으로 부른다. 「약초의 성분과 이용」에 따르면, 전초에 정유, 탄닌질, 수지, 쓴맛물질, 아르테미신, 아스코르부산, 카로틴이 있다. 잎에는 정유, 시네올, 투욘, 보르네올, 파라핀, 아데닌, 콜린, 비타민 A, B, D 등이 들어 있다.

쑥에서 나는 독특한 향은 시네올(Cineol)이란 정유 성분 때문이다. 쑥이 지니고 있는 정유 성분 중 50% 정도가 시네올 성분으로 이루어져 있다. 물에 잘 녹지 않으며, 에테르, 에탄올, 클로로폼에 녹는다. 유칼립투스에 식물성 방향유로 90% 이상 포함되어 있으며 월계수잎, 나륵꽃, 로즈마리, 세이지와 아로마 식물 잎에도 포함되어 있다. 시네올은 향과 맛이 부드럽고 달콤해서 향신료, 향수, 화장품으로 이용하거나 입 냄새를 없애는 양치질 물약과 기침억제제 제조 원료로도 사용한다. 항균 살충 작용이 있어 천식

을 치료하거나 염증을 완화시키는데 효과가 있으며 백혈병 세포를 죽이는 역할도 한다.

「동의보감」에서는 애엽(艾葉)과 애실(艾實)에 대해서, "성질은 따뜻하고[溫](열(熱)하다고도 한다) 맛은 쓰며[苦] 독이 없다. 오랜 여러 가지 병과 부인의 붕루를 낫게 하여 안태(安胎)시키고 복통을 멎게 하며 적리(赤痢)와 백리(白痢)를 낫게 한다. 5장치루(五藏痔瘻)로 피를 쏟는 것과 하부의 익창을 낫게 하며 살을 살아나게 하고 풍한을 헤치며 임신하게 한다. 일명 빙대(氷臺) 또는 의초(醫草)라고도 한다. 곳곳에서 자라는데 길가에 있는 것이 좋다. 음력 3월 초와 5월 초에 잎을 뜯어 햇볕에 말리는데 오래 묵은 것이라야 약으로 쓸 수 있다. 그의 성질은 생것은 차고[寒] 닦은 것은 열(熱)하다[본초]. 단옷날 해뜨기 전에 말을 하지 않고 뜯는 것이 좋다. 짓찧어 채로 쳐서 푸른 찌꺼기를 버리고 흰 것은 받아 유황을 조금 넣어서 떡병을 만들어 뜸을 뜬다[입문].

애실(艾實, 쑥씨)은 눈을 밝게 하고 모든 헛것에 들린 것을 낫게 하며 양기(陽氣)를 세게 하고 신[水藏]과 허리와 무릎을 든든하게 하고 자궁을 따뜻하게 한다[본초]."고 적고 있다. 쑥의 항균 항충 성분을 전초를 삶거나 알코올에 우려내어 친환경농업에서 천연농약으로 이용한다.

[충기피식물 77]

커피

식물에 함유된 카페인은 식물을 갉아먹는 해충을 마비시키거나 죽이는 역할을 하는 알칼로이드 물질이다. 적은 양일 때는 중추에 작용하여 정신적, 육체적 업무의 능률을 높이고 피로 회복에 도움을 주지만 지나치게 많이 섭취하면 불안, 흥분, 불면증이 나타난다.

커피나무는 꼭두서니과의 늘푸른 나무로 아프리카의 에티오피아, 콩고 등이 원산지이며 적도를 중심으로 남·북위 25도 사이의 아열대 지역에서 주로 재배된다. 수십 종의 커피속 식물이 자라지만 아라비카종(Coffea arabica L)과 로부스타종(C. robusta Linden), 리베리카종(C. liberica Bull)이 재배의 주종을 이루고 있다. 그중 맛과 향이 뛰어나고 카페인 함량이 1.4% 정도로 낮은 아라비카종이 세계 커피 생산량의 70% 이상을 차지한다. 높이는 품종에 따라 6~8m에서 10m 이상 자라기도 하지만, 수확을 위해 보통 2m

이내의 높이에서 관리된다. 잎은 마주나며 긴 타원 모양이고 두껍고 광택이 난다. 흰색 꽃이 잎겨드랑이에 3~7개씩 모여 달리는데 향기가 좋다. 꽃이 진 후 6~11개월 정도면 열매가 체리 모양으로 붉게 익는다. 체리 안에는 생두(Green Bean) 두 쪽이 쌍으로 들어 있다.

재배 방법

아라비카종은 맛과 향이 뛰어난 대신 재배 조건이 까다롭고 병충해에 취약하다. 평균 기온은 15~24℃도 정도가 적합하며, 유기질이 풍부하고 배수가 잘되는 화산재 토양이 적당하다. 우기와 건기가 구분되고 800m 이상의 고지대일수록 좋다. 반면 로부스타종은 24~30℃ 정도의 기온만 유지하면 600m 이하의 웬만한 기후와 토양에서도 경작이 가능하다. 병충해에도 강하여 아라비카종보다 재배 조건이 덜 까다로운 편이다. 대신 맛과 향이 떨어져 주로 블랜딩(Blending) 커피나 인스턴트 커피의 재료로 쓰인다. 카페인 함량은 아라비카종보다 2배 정도 높다.

번식에 있어서 일반적으로 아라비카종은 모판에서 묘목을 만들어 반년 후에 본밭에 옮겨 심고, 로부스타종은 직접 땅에 씨를 뿌리는 방법을 사용한다. 심은 지 2~4년이 지나면 꽃을 피운다. 꽃이 피고 나서 열매 수확까지는 아라비카종의 경우 6~9개월, 로부스타종의 경우 9~11개월 정도 걸린다. 나무가 필요 이상 자라지 않도록 5~7년 주기로 가지치기를 해줘야 안정된 수확량을 확보할 수 있다.

약성 및 활용

커피 생두에는 생산 지역, 재배 환경에 따라 조금씩 다르지만, 일반적으로 다당류 37~55%, 지질 11~13%, 유기아미노산 11~16%, 단백질 4~5%, 무기질 3~5%, 지방산 2% 내외, 클로로겐산(chlorogenic acid)과 트리고넬린(trigonelline), 카페인(caffeine) 등이 각각 1% 가량 포함되어 있다.

카페인은 커피의 특성을 결정하는 가장 중요한 성분이다. 흰색의 결정으로 쓴맛이 난다. 커피 열매뿐만 아니라 찻잎과 코코아, 콜라, 마테차, 구아바 열매 등에도 들어 있다. 식물에 함유된 카페인은 식물을 갉아먹는 해충을 마비시키거나 죽이는 역할을 하는 알칼로이드(alkaloid) 물질이다. 적은 양일 때는 중추에 작용하여 정신적, 육체적 업무의 능률을 높이고 피로회복에 도움을 준다. 그러나 지나치게 많이 섭취하면 불안, 흥분, 각성작용으로 인한 집중력장애, 두통, 환각증상, 불면증이 생기고 더 심하면 맥박이 불안해진다. 혈관을 수축시키는 효과가 있어 고혈압이나 뇌동맥경화증이 있는 사람들은 자주 마시지 않는 것이 좋다. 또한 카페인은 위산 분비를 촉진하므로 오랫동안 다량 복용하면 위궤양, 미란성식도염, 위식도역류질환 등에 걸릴 수 있다.

트리고넬린 역시 쓴맛을 내는 알칼로이드 물질로 쓴맛이나 독성은 카페인의 1/4정도이다. 클로로겐산은 폴리페놀 화합물의 일종으로 커피콩 특유의 색깔을 낸다. 생체 내에서 과산화지질의 생성 억제효과, 콜레스테롤 생합성 억제효과 및 항산화 작용, 항암작용 등을 나타내며 항균효과가 있다.

친환경농업에서 커피에 함유되어 있는 카페인, 트리고넬린, 클로로겐산 등의 살충, 항균 성분을 천연농약으로 활용할 수 있다. 커피를 물에 희석해서 사용한다.

[충기피식물 78]

사위질빵/으아리

한방에서는 으아리속(clematis)의 식물들을 위령선(威靈仙)이라 하여 약재로 쓴다. 풍을 내보내고 습을 없애며 경락을 통하게 하는 작용이 빠르므로 주로 풍한습비, 근육마비, 관절마비, 근육위축, 신경통, 류마티즘, 손발마비, 통풍 등에 쓴다.

미나리아재비과 으아리속(clematis)에는 으아리를 비롯하여 사위질빵, 종덩굴, 조희풀, 할미밀망 등 20여 종이 우리나라에 자생하고 있다. 사위질빵(Clematis apiifolia DC.)은 각처의 산기슭에서 흔하게 자라는 낙엽 덩굴이다. 잎은 3장의 쪽잎으로 된 겹잎이며 잎자루가 길다. 쪽잎은 달걀 모양으로 가

장자리에 거친 톱니가 있다. 꽃은 6~9월에 흰색으로 피고 지름 13~25mm로서 잎겨드랑이에 우산 모양으로 모여 달린다. 열매는 9~10월에 익는다. 길이 1cm 정도의 백색 또는 연한 갈색 털이 있다.

으아리(Clematis terniflora var. mandshurica) 역시 각처의 산기슭에 자생하는 낙엽덩굴로 약 2m에 달하며 잎은 마주난다. 잎은 5~7개의 쪽잎으로 이루어져 있다. 쪽잎은 달걀 모양으로 양면에 털이 없고 가장자리는 밋밋하다. 6~8월에 흰색 꽃이 원줄기 끝과 잎겨드랑이에서 피며, 열매는 9월에 익는다. 큰꽃으아리(Clematis patens)는 꽃의 크기가 10~15cm로 크고 열매가 원반 모양으로 독특하다.

재배 방법

햇볕이 잘 드는 곳에 심는 것이 좋다. 덩굴성 식물이기 때문에 감고 올라갈

수 있도록 해주어야 한다. 번식은 씨앗이나 꺾꽂이로 한다. 씨앗의 경우 9~10월에 익은 종자를 받아서 바로 뿌리거나 냉장고에 보관하였다가 이른 봄에 뿌린다. 씨앗이 딱딱하여 3~4일 정도 물에 불렸다가 뿌리면 발아율을 높일 수 있다. 종자를 뿌릴 때는 깃털이 있으므로 위에서 날리듯 뿌린 후 그 위에 흙을 얇게 덮는다. 꺾꽂이의 경우 가을에 그해 나온 가지를 잘라 심거나 이른 봄에 뿌리를 나누어 심는다.

약성 및 활용

한방에서는 으아리속(clematis)의 식물들을 위령선(威靈仙)이라 하여 약재로 쓴다. 사위질빵을 따로 여위(女萎)라 하기도 하는데 성분이나 효능은 유사하다. 풍을 내보내고 습을 없애며 경락을 통하게 하는 작용이 빠르므로 주로 풍한습비, 근육마비, 관절마비, 근육위축, 신경통, 류마티즘, 근육아픔, 허리아픔, 언어장애, 손발마비, 통풍 등에 아픔멎이약으로 쓴다. 또한 월경불순에 통경약으로 쓴다. 편도염, 목안에 뼈가 걸린 것을 치료하는 데 이용하기도 한다.

주요 성분은 아네모닌(anemonin)과 아네모놀(anemonol), 사포닌, 페놀류 등이다. 아네모닌은 프로토아네모닌(protoannemonin)이 변한 것으로 할미꽃, 개구리자리 등의 미나리아재비과 식물에 널리 들어 있는 성분이다. 프로토아네모닌은 적은 양에서는 중추신경 계통을 자극하고 망상내피 계통의 기능을 높여주지만, 독성이 있어 피부에 염증을 일으키며 세포를 괴사시킨다. 또한 포도상구균, 그람양성균, 음성균, 칸디다진균 등에 대한 항균작용과 말라리아나 아메바원충에 대한 살충작용이 있다.

위령선에 대해 「동의학사전」에서는, "가을과 봄에 뿌리를 캐서 물에 씻어 햇볕에 말린다. 맛은 쓰고 성질은 따뜻하다. 십이경맥(十二經脈)에 모두 작용하니 주로 방광경(膀胱經)에 작용한다. 풍습(風濕)을 없애고 기체를 삭이며 기(氣)를 잘 돌게 하고 통증을 멈춘다. 약리실험에서 달인액은 중추신경 특히 호흡중추 흥분작용, 진통작용을 나타내고 수증기증류액은 마비회복작용을 나타내었다. 풍습비증(風濕痺證), 허리와 무릎이 아픈 데, 사지마비, 뱃속이 차고 아픈 데, 각기, 징가, 현벽 등에 쓴다. 류마티즘성 관절염, 신경통에도 쓴다. 하루 6~12g을 물로 달이거나 술에 담그거나 가루내거나 환을 지어 먹는다."고 기록하고 있다. 친환경농업에서 줄기나 잎 등 전초를 거두어 생즙을 내거나 달이거나 알코올에 우려내어 천연농약으로 이용한다.

[충기피식물 79]

울금

울금은 카레의 원료로 인도에서 오래전부터 식용으로 이용되어 왔으며 노란색 염료와 식품착색제, 약용으로 활용되고 있다. 얇게 잘라 끓여 식수대용으로 마시거나 생즙으로 혹은 차로 마셔도 된다.

울금(Curcuma longa L.)은 생강과의 여러해살이풀로 중국 남부와 인도를 비롯한 아열대 지방이 원산지이다. 오래전부터 염색제와 약재, 식용으로 아시아 각지에서 재배되어 왔다. 우리나라에서도 세종실록지리지, 신증동국여지승람에 재배기록이 나올 정도로 역사가 오래되었다. 생강 모양의 덩이

줄기에서 파초나 칸나처럼 넓은 잎 4~8장이 다발 모양으로 나와 사람 키 정도로 자란다. 잎맥이 선명하다. 초가을에 녹색을 띤 흰색의 꽃차례가 20cm 정도 자라서 포엽 끝에 연노랑 꽃이 핀다. 봄에 분홍색 꽃이 피는 강황(C. aromatica salisb.)과 생김새가 유사하나 강황은 덩이줄기 노란색이 울금에 비해 연하고 잎 뒷면에 잔털이 있다. 울금(鬱金)이란 이름은 술과 함께 섞으면 빛깔이 금처럼 되어 붙여진 것이라고 한다. 우리나라나 일본과 달리 중국은 울금과 강황을 바꾸어 표기하고 있다.

재배 방법

일조량이 풍부하고 통풍이 잘 되고 약간의 습기가 있는 토양이 재배 적지이다. 번식은 덩이줄기로 한다. 울금은 비교적 추위에 약하기 때문에 덩이줄기를 심는 시기가 남부 지방은 4월 15일~30일, 충청권은 생강을 심는 4월 하순경에서 5월 초순경이 적당하다. 발아를 앞당기려면 온실이나 방에서 덩이줄기를

일정한 크기로 촉을 틔워 밭에다 옮겨 심는다. 연작도 가능하나 오랜 기간 한 곳에서 연작을 할 경우 약효 성분이 떨어지고 수확량이 감소할 수 있다. 2년이나 1년에 한 번씩 석회(石灰)를 뿌려 주어 산성화된 토양을 알칼리성으로 개량해주어야 한다. 가을에 지상 부분의 잎과 줄기가 시들면 덩이줄기를 수확한다.

약성 및 활용

울금은 카레의 원료로 인도에서 오래전부터 식용으로 이용되어 왔으며 노란색 염료와 식품착색제, 약용으로 활용되고 있다. 「동의보감」에서는, "성질은 차며[寒] 맛은 맵고 쓰며[辛苦] 독이 없다. 혈적(血積)을 낫게 하며 기를 내리고 혈림(血淋)과 피오줌을 낫게 하며 쇠붙이에 다친 것과 혈기로 가슴이 아픈 것[心痛]을 낫게 한다."고 한다. 담즙분비 촉진과 담낭결석을 치료하는 데도 이용한다. 생울금 활용방법은, 얇게 잘라 끓여 식수대용으로 마시거나 생즙으로 혹은 차로 마셔도 된다. 또는 설탕이나 꿀과 혼합하여 3개월 이상 숙

성시켜 효소로 해서 먹어도 되고, 소주에 담가 울금주로 만들어 먹어도 된다.

울금의 주요성분인 커큐민(Curcumin)은 폴리페놀 성분의 노란색 향신료로 항종양, 항산화, 항염증작용이 우수한 것으로 알려져 있다. 전립선암을 비롯해 각종 암에 대한 항암효과와 뇌에 축적되는 독성을 분해해 치매를 예방하는 효과가 있는 것으로 보고되고 있다. 또한 울금은 살균 및 항충효과가 뛰어나다. 식중독 원인균인 살모넬라와 비브리오균, 리스테리아균 및 위·십이지장궤양의 진범인 헬리코박터 피로리균을 억제한다.

울금으로 염색한 것은 벌레가 먹지 않을 뿐 아니라 오키나와에서는 집 주위에 울금을 심어 흰개미 피해를 줄였다는 예도 있다. 울금의 이러한 살균 및 항충 효과를 활용하여 친환경농업에서 울금을 생즙을 내거나 물에 달이거나 우려내어 천연농약으로 이용한다.

[충기피식물 80]

향나무

향나무를 불에 태우면 진한 향기가 나므로 예전에 제사 등의 의식에서 향의 재료로 널리 쓰였다. 독특한 향에 살균, 살충 효과가 있어 연필재·장식재·조각재·기구재 등으로 이용되고 있다.

향나무(Juniperus chinensis L.)는 측백나무과의 늘푸른큰키나무로 높이 20m 정도이다. 깊은 산, 특히 울릉도에 많이 자랐으나 대부분 없어지고 관상용으로 심은 것들이 남아 있다. 나무에서 좋은 향기가 나며 나무껍질

은 세로로 얇게 갈라져 벗겨진다. 어린 가지에는 바늘잎이 달리고 7~8년 이상 묵은 가지에는 비늘잎이 함께 달린다. 바늘잎은 돌려나거나 마주나고 아랫가지에 많이 난다. 암수딴그루이다. 수꽃은 지난해 가지 끝에 노란색의 타원형으로 달리고, 암꽃은 길이 1.5mm 정도로 가지 끝이나 잎겨드랑이에 둥그스름하게 달린다. 열매는 구과로 둥글며 9~10월에 초록색에서 검은색으로 익는다. 종자는 한 열매에 3개 정도 들어 있으며 난형으로 다갈색이다.

바늘잎의 길이가 3~5mm로 작고 비스듬히 눕는 것을 눈향나무(var. sargentii), 지면으로 기어가는 것을 섬향나무(var. procumbens), 어린 가지가 옆으로 꼬이며 침엽이 없는 것은 카이즈카향나무(var. kaizuka), 한국 특산종으로 가지와 원대가 비스듬히 자라다가 전체가 수평으로 퍼지며 대부분 침엽으로 되는 것을 뚝향나무(var. horizontalis)라고 한다.

재배 방법

사질양토에 볕이 드는 양지를 좋아한다. 번식은 주로 꺾꽂이로 한다. 꺾꽂이 시기는 3~4월 초가 적당하며 빠를수록 뿌리가 잘 내린다. 10년 정도 된 나무에서 어린 가지를 10~20cm 길이로 채취하여 삽목상에 꽂고 짚으로 해가림을 해준다. 발근촉진제를 발라주면 발근이 잘된다. 발근하기까지는 2~3개월이 걸리며, 3년째 되는 봄에 본 밭에 옮겨 심는다. 주의할 것은, 배나무, 모과나무, 사과나무 등의 장미과 과수나무가 가까이 있으면 과수나무에는 적성병, 향나무에는 녹병이 발생하기 쉽다.

약성 및 활용

향나무의 심재에서는 기분 좋은 향기가 난다. 이것을 불에 태우면 더 진한 향기가 나므로 예전에 제사 등의 의식에서 향의 재료로 널리 쓰였다. 또한 독특한 향에 살균, 살충 효과가 있어 연필재·장식재·조각재·기구재 등으로

이용되고 있다. 잎에는 아멘토플(amentoflavone), 히노키플라본(hinokiflavone), 아피게닌(apigenin) 등의 플라보노이드 성분이 함유되어 있으며, 뿌리와 가지에는 세드롤(cedrol), 피넨(pinene) 등의 정유 성분과 수지(樹脂)가 들어 있다.

안덕균의 「CD-ROM 한국의 약초」에서는 향나무에 대해서, "맛은 맵고, 약성은 따뜻하다. 독이 있다. 거풍산한(祛風散寒), 활혈소종(活血消腫), 해독(解毒), 이뇨(利尿)한다. 풍한(風寒)이 원인이 되어 일어나는 감기에 해열작용을 나타내고, 풍습성(風濕性)관절염에 굴신을 못하고 통증이 있는 것을 치료하며, 피부개선균에 강력한 억제작용을 나타내어 개선균(疥癬菌)의 발육을 억제시킨다."고 적고 있다.

「약초의 성분과 이용」에서는, "목부에 1.8%의 정유와 리그닌이 있다. 정유의 주성분은 세드롤, 세드렌과 분자식 $C_{20}H_{32}$로 된 디테르펜이다. 리그닌 성분으로는 히노퀴논과 히노키올이 있다. 동의치료에서 독풀이작용, 살균작용이 있어 상처와 여러 가지 피부병에 쓴다. 또한 구토 설사, 배아픔에도 쓴다."고 한다. 친환경농업에서 향나무의 살균·살충 효능이 있는, 향이 나는 정유 성분을 천연농약으로 활용할 수 있다. 생즙을 내거나 우려내거나 물에 달여서, 또는 밀폐된 공간에서는 태워 연기를 쏘이는 등의 방법으로 활용이 가능하다.

[충기피식물 81]

제충국

제충국에 함유된 피레트린은 냉혈동물, 특히 곤충의 신경을 마비시켜 죽게 하는 신경근육독이다. 어류에도 해를 끼친다. 그러나 천연 피레트린은 온혈동물인 사람이나 가축에는 해가 없다고 알려져 있다.

높이 45~60cm이다. 뿌리는 곧고 깊게 자라며 줄기 또한 곧게 선다. 잎은 진한 녹색이다. 아래 잎은 코스모스 잎처럼 선상으로 깊이 갈라져 깃 모양을 이루고, 위 잎은 작으며 턱잎 모양이다. 꽃은 5~6월경에 흰색으로 줄기와 가지 끝에 달린다. 지름 3cm정도이다. 바깥쪽에 15~20개의 흰색 설상화가 있고, 그

JOHN LOGAN. www.wikipedia.org

안쪽에는 자잘한 노란색 관상화가 밀생한다. 열매는 수과로 5개의 맥이 있다. 페르시안제충국(Chrysanthemum coccineum, Tanacetum coccineum)은 코카서스지방이 원산지로, 잎은 고사리와 비슷하며 꽃은 주로 붉은색이다.

재배 방법

햇볕이 잘 들고 경사진 곳으로 자갈투성이의 건조한 석회질 토양이 재배적지이다. 습하고 비옥한 토양이나 그늘진 곳에서 자란 것은 피레트린 성분이 떨어진다. 번식은 씨앗이나 분주로 한다. 처음에는 씨앗이나 포트묘를 구해 심는다. 씨앗의 경우 8월에 직파하거나 가을에 하우스에서 모판에 싹을 틔워 이듬해 봄에 옮겨 심는다. 직파의 경우 1cm 깊이로 심고 짚으로 덮어준다. 발아적정온도는 20~22℃이다. 씨앗을 뿌리고 발아하는데 2~4주정도 걸린다. 분주의 경우 가을이나 봄에 싹이 나면 둥근 뿌리를 나누어 잘라 심는다. 수확은 꽃이 활짝 피었을 때 건조한 시기를 택하여 한다.

약성 및 활용

제충국에 들어있는 살충성분은 피레트린(pyrethrin) Ⅰ, Ⅱ 및 시네린(cinerin) Ⅰ, Ⅱ 이다. 꽃에 가장 많이 들어 있으며 꽃이 활짝 피었을 때 함량이 제일 높다. 피레트린은 노란색의 점질 기름 모양 물질로서 물에는 녹지 않으나 에테르·벤젠·알코올 등과 같은 대부분의 유기용매에는 잘 녹는다. 피레트린은 냉혈동물, 특히 곤충의 신경을 마비시켜 죽게 하는 신경근육독이다. 어류에도 해를 끼친다. 효과는 즉각적이지만 사용한 양이 부족하면 일시적으로 마비되었다가 다시 살아난다. 천연 피레트린은 온혈동물인 사람이나 가축에는 해가 없다고 알려져 있다. 또한 식물에 대한 약해도 없다.

「약초의 성분과 이용」에서는 제충국에 대해서, "살충약으로 빈대, 바퀴벌레, 이, 모기, 농작물의 벌레 등을 죽이는 데 쓴다. 모기잡이선향은 꽃 또는

Chrysanthemum cinerariaefolium

Chrysanthemum coccineum

KENPEI. www.wikipedia.org

잎과 줄기 가루에 느릅나무껍질가루를 섞어 물로 반죽하여 선형압착기에 넣어 국수가닥처럼 뽑아 말린 것으로 태워 모기를 잡는데 쓴다. 살충약으로는 꽃을 석유에테르에 우려서 쓰거나, 꽃가루와 곱돌가루(활석)를 8:2의 비율로 섞어 쓰는데 마른 곳에만 뿌린다."고 한다.

제충국에서 추출한 천연 피레트린과 시네린은 빛이나 공기 중의 산소 또는 물이나 알칼리에 의해 쉽게 산화 또는 가수분해되어 살충효능이 없어지는 단점이 있다. 그래서 이를 보완한 퍼메트린, 싸이퍼메트린, 알레스린, 레스메트린 등의 피레스로이드 계통의 화학물질이 개발되어 살충제로 이용되고 있다. 그러나 이런 합성피레트린은 유기농업에서는 허용되지 않는다. 따라서 제충국을 천연농약으로 활용하고자 할 경우에는 잘 건조하여 빛이 들지 않도록 밀봉해 저온에서 보관하여야 한다. 가루내어 뿌리거나 물이나 알코올에 우려내어 사용한다. 하우스 등의 시설 내에서는 톱밥과 섞어 태워 훈증해도 된다. 밖에서 사용할 때는 기온이 낮고 햇빛이 없는 늦은 오후 시간대에 살포하는 것이 좋다.

[충기피식물 82]

젓가락나물/(털)개구리미나리

전초를 짓이겨 피부에 문지르면 염증이 생기며 수포가 일어난다. 이는 할미꽃, 개구리자리 등의 미나리아재비과 식물에 널리 들어 있는 성분인 아네모닌과 프로토아네모닌 때문이다.

젓가락나물(Ranunculus chinensis)은 두해살이풀로 주로 볕이 잘 드는 축축한 땅이나 습지 주변에 자생한다. 높이는 40~80cm 정도이며 가지가 많이 갈라지고 줄기와 잎 양면에 거친 털이 빽빽이 난다. 잎은 작은잎 3장으로 이루어진 3출엽으로 긴 잎자루가 있고 각각의 갈래조각은 다시 2~3개로 깊게 갈라진다. 6월에 노랑꽃이 줄기나 가지 끝에 취산화서를 이루며 달린다. 열매는 수과로서 타원형이며 표면에 돌기가 있다.

개구리미나리(Ranunculus tachiroei) 역시 두해살이풀이고 주로 습기 있는 양지에서 서식한다. 높이

50~100cm이고 밑부분에 털이 있으며 윗부분으로 갈수록 털이 적어지고 잎자루도 짧아져 없어진다. 잎은 2회 3출엽이며, 2~3갈래로 깊게 갈라진다. 6~7월에 노란색 꽃이 피며 열매는 수과이고 둥근 모양이다.

털개구리미나리(Ranunculus cantoniensis)는 여러해살이풀로 높이 30~80cm이고 털이 밀생하며, 잎은 1회 3출엽이다. 6~7월에 노랑꽃이 피고 열매는 개구리미나리처럼 둥글다.

재배 방법

볕이 잘 드는 축축한 상태의 땅에 야생하는 경우가 많다. 유독성 식물로서 관상가치가 적어 재배되는 경우는 없다. 굳이 재배하려면 젓가락나물이나 개구리미나리의 경우 두해살이풀이기 때문에 여름에 익은 열매를 채취하여 즉시 파종하고 땅이 마르지 않도록 관리한다.

약성 및 활용

유독성 식물이다. 한방에서는 젓가락나물을 회회산(回回蒜), 털개구리미나리를 자구초라 하여 약용한다. 여름에 채취하여 생것으로 쓰거나 햇볕에 말려서 쓴다. 맛은 매우며 성질은 따뜻하고 독이 있다. 전초를 짓찧어 바르거나 달인 물로 씻는다. 또는 하루에 3~9g을 물로 달여서 먹는다.

「중약대사전」에 의하면 "소염하고 부기를 가라앉히며 학질(말라리아)을 멎게 하고 기생충을 구제하는 효능이 있다. 간염, 간경변성 복수, 학질, 창나(瘡癩), 우피선(牛皮癬: 완선(頑癬)이라고도 하며 피부가 몹시 가렵고 두꺼워지는 피부병을 말함)을 치료한다."고 한다. 전초를 짓이겨 피부에 문지르면 염증이 생기며 수포가 일어난다. 이는 할미꽃, 개구리자리 등의 미나리아재비과 식물에 널리 들어 있는 성분인 아네모닌(anemonin)과 프로토아네

모닌(protoannemonin) 때문이다. 프로토아네모닌은 적은 양에서는 중추신경 계통을 자극하고 망상내피 계통의 기능을 높여주지만, 독성이 있어 피부에 염증을 일으키며 세포를 괴사시킨다. 또한 포도상구균, 그람양성균, 음성균, 칸디다진균 등에 대한 항균작용과 말라리아나 아메바원충에 대한 살충작용이 있다. 친환경농업에서 젓가락나물이나 털개구리미나리, 개구리미나리 등의 줄기나 잎 등 전초를 거두어 생즙을 내거나 달이거나 알코올에 우려내어 천연농약으로 이용할 수 있다.

[충기피식물 83]

물레나물/고추나물

물레나물은 대련교(大連翹)라 하며 맛은 약간 쓰고 성질은 차다. 간기(肝氣)를 평하게 하고 지혈하며 해독하고 부기와 종기를 가라앉히는 효능이 있다. 고추나물은 소련교(小蓮翹)라 하며 맛은 맵고 쓰며 성질은 평하다. 지혈(止血), 소종(消腫), 지통(止痛)의 효능이 있다.

물레나물(Hypericum ascyron L.)은 우리나라 각처의 산기슭이나 볕이 잘 드는 물가에서 자라는 여러해살이풀로 높이는 50~80㎝이다. 줄기는 약간 네모지고 곧게 선다. 마주나는 잎은 바소꼴로 밑부분이 줄기를 감싸며 가장자리가 밋밋하고 투명한 반점이 많다. 꽃은 7~8월에 핀다. 바람개비 모양으로 노랑색에 붉은빛이 돌고 가지 끝에 1개씩 위를 향하여 달린다. 수술은 많고, 암술은 1개로 끝이 깊게 5개로 갈라진다. 씨앗에는 작은 그물맥이 있다.

같은 물레나물속(Hypericum)의 고추나물(H. erectum Thunb.)은 키는 20~60㎝이고, 줄기는 둥글고 곧게 서며 가지를 친다. 잎은 바소꼴 또는 긴 달걀 모양으로 마주나고 밑부분이 원줄기를 감싼다. 가장자리는 밋밋하고 검은 반점이 흩어져 있다. 7~8월에 노란색 꽃이 가지 끝에서 뭉쳐서 달리고, 열매는 10월경 달걀 모양으로 익으며 안에는 많은 종자가 들어 있다.

재배 방법

별이 잘 드는 습윤한 땅이 재배 적지이다. 번식은 씨앗이나 포기나누기, 꺾꽂이 모두 가능하다. 9~10월경에 익은 열매를 채취해 바로 파종하거나 이듬해 이른 봄에 뿌린다. 미세한 씨앗이 열매 안에 많이 들어 있고 발아도 잘 되는 편이다. 포기나누기는 늦가을이나 이른 봄에 한다. 화분에 심을 경우 햇볕이 많이 들어오는 곳에 두고 흙이 마르지 않도록 한다.

약성 및 활용

어린순은 나물로 먹고 한방에서는 7~8월에 뿌리를 제외한 식물체 전체를 말려 약재로 이용한다. 물레나

물은 대련교(大連翹) 또는 홍한련(紅旱蓮)이라 하는데, 맛은 약간 쓰고 성질은 차다. 간기(肝氣)를 평하게 하고 지혈하며 해독하고 부기와 종기를 가라앉히는 효능이 있다. 고추나물은 소련교(小蓮翹)라 하며 맛은 맵고 쓰며 성질은 평하다. 지혈(止血), 소종(消腫), 지통(止痛)의 효능이 있어서, 토혈·코피·혈변·월경불순·외상출혈·타박상·종기 등에 처방한다. 민간에서는 잎을 말려 구충제로도 사용한다. 주요 성분은 색소물질인 히페리신(Hypericin)이다.

「약초의 성분과 이용」에 따르면, 물레나물 전초에는 히페리신, 정유, 타닌질 5~10%, 카로틴, 적은 양의 콜린과 알칼로이드가 들어 있고, 플라보노이드인 히페로시드, 루틴, 쿠에르시트린, 쿠에르세틴, 이소쿠에르시트린과 쿠마린, 사포닌 등도 들어 있다. 역시 고추나물 전초에도 히페리신과 타닌 등이 들어 있다. 히페리신은 붉은색의 형광 물질로 물레나물에서는 투명한 색으로, 고추나물에서는 검은 반점의 형태로 잎과 꽃에 산재한다. 살균작용이 있어 각종 염증에 효과적이며 심장 수축을 세게 하고 핏줄을 수축시키는 수렴작용이 있다. 또한 광독성작용이 있어 햇볕에 노출되면 생체내에서 활성화되어 독성을 나타낸다.

유럽에서는 오래전부터 히페리신·히퍼포린(Hyperforin)·플라빈·타닌 등이 들어 있는 서양고추나물(Hypericum perforatum L.)을 성요한초(St John's wort)라 하여, 우울증 치료제와 불면증 및 스트레스 해소 등을 위한 허브차로 이용해 왔다. 기름으로 추출한 것은 항염증 및 항균제로 외용했다. 친환경농업에서 물레나물과 고추나물의 살균 효과 및 구충 효과를 활용해 천연농약으로 이용이 가능하나. 꽃이 피거나 열매가 달린 전초를 생즙을 내거나 우려내거나 달여내어 이용한다.

[충기피식물 84]

데리스(Derris)

예로부터 물고기를 잡을 목적으로 데리스의 뿌리·줄기·잎을 찧어서 하천·연못에 넣거나 화살독 성분으로 이용하였다. 데리스의 뿌리에는 살충성분인 로테논(Rotenone)이 함유되어 있다. 사람이나 가축 등 포유동물에 대한 독성은 낮다.

WIBOWO DJATMIKO. www.wikipedia.org

데리스(Derris)는 인도네시아, 말레이시아, 방글라데시아, 미얀마, 필리핀, 태국, 인도 등 동남아시아에 자생하는 콩과의 덩굴성식물이다. 강가나 강둑 또는 산자락 등 저지대에서 주로 자란다. 데리스의 종류에는 Derris elliptica, Derris malaccensis, Derris uliginosa 등이 있다.

데리스는 덩굴성으로 큰 나무를 감고 올라가며 16m까지도 자란다. 뿌리는 적갈색을 띤다. 어린 가지에는 거친 털이 있고 잎 없이도 수미터까지 뻗어 나간다. 잎은 7~15개의 쪽잎으로 이루어진 복엽이다. 쪽잎

WIBOWO DJATMIKO. www.wikipedia.org

은 좁은 달걀을 거꾸로 세운 듯한 모양이며 어린잎은 양면에 거친 털이 빽빽하다. 꽃차례는 잎겨드랑이나 묵은가지에 총생한다. 꽃은 분홍색 또는 흰색을 띠고 부드러운 털이 있다. 생후 1년 반 정도면 꽃을 피운다. 열매는 완두꼬투리 모양으로 장타원형이다. 야생에서는 꽃을 피우고 열매를 맺는 것이 보통이나 재배에서는 열매가 거의 달리지 않는다. 수정에서 열매 맺기까지는 4개월 정도 걸린다.

재배 방법

뿌리로부터 살충 성분인 로테논(Rotenone)을 얻기 위해 재배가 이루어지고 있다. 육묘 후 1년 반에서 2년이면 수확이 가능하다. Derris elliptica는 26개월에 로데논 함량이 최대가 된다. 다양한 토양에서 잘 자라지만 특히 비옥한 점질토에서 잘 자란다. 번식은 씨앗이나 꺾꽂이로 가능하다. 꺾꽂이용 가지는 최소 직경 5mm에 1~3마디 되는, 25cm 정도의 길이로 하고 잎은 한 개를 단다. 1년

WIBOWO DJATMIKO. www.wikipedia.org

생 데리스에서 8~10개 정도의 삽목을 얻을 수 있다. 25일이면 뿌리가 내린다. 흙이 마르지 않도록 한다. 어린 떡잎이나 꺾꽂이용 가지에 곰팡이병이 들기도 하나 해충 피해는 거의 문제가 되지 않는다.

약성 및 활용

예로부터 물고기를 잡을 목적으로 데리스의 뿌리·줄기·잎을 찧어서 하천·연못에 넣거나 화살독 성분으로 이용하였다. 이것을 토바(toeba) 또는 튜바(tuba)라고 부른다. 약재로는 방부제와 종기, 나병이나 가려움증의 치료 목적, 낙태 등에 사용하기도 하였다.

데리스의 뿌리에는 살충성분인 로테논(Rotenone)이 함유되어 있다. 데리스 뿌리를 원료로 만든 살충제를 총칭하여 로테논제(rotenone劑)라고 한다. 비선택적 살충제로 가정 원예에서의 곤충 구제, 애완견의 기생충이나 진드기구제, 물 관리에서의 어류 구제 등으로도 이용된다. 데리스제는 곤충의 소화 기관, 기문, 체표면을 통하여 살충 효과를 나타낸다. 효과는 서서히 나타나는 지효성(遲效性)이다. 사람이나 가축 등 포유동물에 대한 독성은 낮아 안전하며 작물에 대한 약해(藥害)도 없다. 그러나 어패류에 대한 독성은 매우 높은 편이다.

로테논은 토양이나 물에서 빨리 분해된다. 반감기는 1~3일이며, 활성 성분은 햇빛 하에서 봄에는 5~6일 안에 분해되고, 여름에는 2~3일 내에 분해된다고 알려져 있다. 채소류의 응애류, 배추흰나비, 총채벌레류, 잎벌레류, 바구미류, 과수류의 진딧물류, 방패벌레류, 응애류, 나무이 등에 효과가 있다. 유기농업에서 천연살충제로 데리스의 뿌리와 전초를 활용한다. 생즙을 내거나 아세톤·클로로폼 등의 유기용매에 우려내거나 달여서 이용한다. 조제 후 시간이 경과함에 따라 살충력이 떨어지므로 가급적 빨리 사용한다.

[충기피식물 85]

가죽나무

한방에서는 가죽나무의 뿌리껍질 또는 수피를 저근백피(樗根白皮)라 하여 이질·치질·장풍 치료에 처방한다. 민간에서는 잎과 뿌리 삶은 물을 피부병 치료에 쓰기도 한다.

가죽나무(Ailanthus altissima)는 소태나무과의 큰키나무로 높이 10~20m에 이른다. 중국원산이며, 우리나라 각처에 심겨져 있고 씨앗이 퍼져나가 도로, 하천변을 따라 야생하는 것도 많다. 가죽나무는 가짜 죽나무란 의미로, 닮은

꼴인 참죽나무가 식용으로 이용되는 것과 달리 고약한 냄새가 나기 때문에 먹을 수 없는 데서 이름이 유래하였다. 성장이 매우 빠르다.

잎은 어긋나고 홀수 1회 깃꼴겹잎이며 길이 45~80cm이다. 쪽잎은 13~25개로 긴 달갈형이며 끝이 길게 뾰족하다. 뒷면은 연한 녹색이고 털이 없다. 쪽잎 아랫부분에는 1~2쌍의 둔한 톱니가 있으며 그 뒷면에 냄새가 나는 선점(腺點)이 있다. 반면 참죽나무는 잎 가장자리에 둔한 톱니가 고르게 나있고 선점이 없다.

암수딴그루로 6~7월에 가지 끝의 커다란 원추꽃차례에 자잘한 연녹색 꽃이 모여 핀다. 수꽃에는 10개의 수술이 있고, 암꽃의 암술머리는 5개로 갈라진다. 열매는 시과로 길이 3~4cm의 긴 타원형이며 얇고 프로펠러처럼 생긴 날개 가운데 1개의 씨가 들어 있다.

재배 방법

건조나 추위, 공해에도 강하고 생장이 빠르며 크게 자란다. 암수딴그루인데 수나무의 꽃은 냄새가 좋지 않고 알레르기를 일으킬 수 있다. 햇볕이 많이 드는 양지에서 잘 자라고 토질은 가리지 않는다. 과수 해충인 꽃매미가 좋아하는 나무로서, 꽃매미의 숙주 역할을 하므로 추가로 심기 보다는 주변에서 자라고 있는 것을 이용하는 것이 좋다. 굳이 번식을 하자면 씨앗이나 뿌리꽂이, 포기나누기로 한다. 씨앗의 경우 가을에 익은 종자를 채취하여 노천매장했다가 이듬해 봄에 파종한다. 발아가 잘된다. 뿌리꽂이는 뿌리를 10~15cm 길이로 잘라서 꽂으면 되는데 역시 발근이 잘되는 편이다.

약성 및 활용

한방에서는 가죽나무의 뿌리껍질 또는 수피를 저근백피(樗根白皮)라 하여 이질(적리)·치질·장풍 치료에 처방한다. 민간에서는 잎과 뿌리 삶은 물을 피부병 치료에 쓰기도 한다. 봄과 가을에 뿌리의 껍질을 채취하여 겉껍질을 벗기고 햇볕에 말려서 쓴다.

「중약대사전」에 의하면, 근피에는 mersosin, tannin, phlobaphene 등이 함유되어 있고 수피에는 ailanthone, amarolide, acetylamarolide, quassin, neoquassin 등이 함유되어 있다. 종자에는 기름(油) 약 35% 및 2,6-dimethoxy-p-benzoquinone, ailanthone, ailantholide, chaparrinone, quassin 등이 함유되어 있고 잎에는

isoquercitrin, 비타민 C 등이 함유되어 있다.

뿌리와 줄기속껍질의 맛은 쓰고 떫으며 성질은 차다. 청열(淸熱), 조습(燥濕), 삽장(澁腸), 지혈(止血), 살충의 효능이 있다. 대장에 습열이 있어서 발생한 이실(慢性下痢)과 피가 섞이는 변을 보거나 오래 낫지 않는 증상(腸風便血), 자궁출혈(崩漏)과 습열로 인한 내하(帶下), 피부가 헐거나 가려운 증세(皮膚瘡癬)를 치료하고 회충을 제거하는데 이용된다. 6~12g을 달여서 마시거나 환제로 만들어 복용한다. 친환경농업에서 가죽나무의 살균, 살충 효과를 천연농약으로 이용할 수 있다. 뿌리 및 수피, 잎과 가지 등을 달이거나 우려내어 사용한다.

[충기피식물 86]

금창초(金瘡草)

생것을 짓찧어 부스럼, 종기, 상처에 붙이면 효과가 있다 하여 금창초(金瘡草)란 이름이 유래되었다고 한다. 열을 내리고 독을 없애며, 가래를 삭이고 기침을 멎게 하는 효능 등이 있다.

금창초(Ajuga decumbens Thunb.)는 꿀풀과의 여러해살이풀로 남부 지방의 길가 풀숲이나 산야에 흔히 자란다. 뿌리잎은 방사상으로 퍼져 난다. 위는 넓은 타원형이고 아래는 점차 좁아지며 가장자리에는 물결 모양의 톱니가 있다. 짙은 녹색이지만 흔히 자줏빛이 돌며, 줄기 및 잎에는 많은 털이 난다.

4~5월에 입술 모양의 꽃이 잎겨드랑이에 여러 개씩 핀다. 꽃은 보라색으로 윗부분의 것은 반원형이고 밑부분의 것은 3갈래로 갈라진다. 수술은 4개인데 2개는 길다. 열매는 5~6월경에 달린다. 4개로 이루어진 분과

(分果)로 달걀 모양 구형이고 길이 2mm 정도로서 그물 모양의 무늬가 있다. 생것을 짓찧어 부스럼, 종기, 상처에 붙이면 효과가 있다 하여 금창초(金瘡草)란 이름이 유래되었다고 한다.

재배 방법

토질은 특별히 가리지 않으나 물 빠짐이 좋은 사질양토에서 성장이 좋다. 반그늘 또는 양지에서 잘 자란다. 자생지가 주로 남부 지방이므로 동해를 입을 수 있는 중부 지방에서는 하우스나 화분에서 재배하는 것이 좋다. 번식은 포기나누기나 씨앗으로 한다. 가을에 포기나누기를 하거나 5~6월에 익은 종자를 채취하여 바로 뿌린다.

약성 및 활용

한방에서는 금창초(金瘡草)의 전초를 백모하고초(白毛夏枯草)라 하여 약으로 사용한다. 맛은 쓰고 달며 성질은 차다. 주로 폐경(肺經)에 들어간다.

열을 내리고 독을 없애며, 가래를 삭이고 기침을 멎게 하는 효능과 혈분(血分)에 열이 성한 것을 치료하는 효능이 있다.

「중화본초(中華本草)」에 의하면, "목안이 붓고 아픈 증상과 폐에 생긴 여러 가지 병증으로 기침이 나오거나 통증이 있을 때 사용하며, 눈의 통증, 악성종기, 뱀에 물린 상처, 넘어지거나 부딪친 상처를 치료할 때에도 쓴다. 약으로 쓸 때에는 개화기에 전초를 채취하여 사용하는데 신선한 것일 경우 30~60g, 햇볕에 말려 둔 것은 10~30g을 물에 달이거나 담가 두었다가 복용하면 된다."고 한다. 또한 세균을 억제하는 작용이 강하다. 실험에서 연쇄상구균, 황색포도상구균, 폐렴쌍구균, 대장균, 녹농균 등에 대하여 양호한 억제작용을 나타내는 것으로 알려졌다. 항염증작용과 면역기능 증강작용이 있다. 금창초 전초에는 플라보노이드(flavonoid) 배당체 및 사포닌, 알칼로이드(alkaloid), 유기산, 탄닌, 페놀성 물질, 스테로이드

(steroid), 환원당이 함유되어 있는데, 주성분은 루테올린(luteolin)이다. 스테로이드 중에는 cyasterone, ecdysterone 및 미량의 ajugasterone C 등의 곤충변태호르몬이 함유된 외에 이 호르몬과 반대작용을 하는 ajugalactone 성분도 들어 있다. 뿌리에는 kiransin이 함유되어 있다.

금창초에 함유된 엑디스테론(ecdysterone), cyasterone, ajugasterone, ajugalactone 등의 스테로이드 호르몬들은 곤충의 변태 및 탈피에 작용하는 성분들로, 식물이 해충으로부터 스스로를 지키기 위해 분비하는 화학물질이다. 이러한 스테로이드 호르몬들을 곤충이 대량으로 섭취할 경우 생장 및 변태에 교란작용이 일어나 정상적으로 성장하지 못한다. 꿀풀, 조개나물 등에도 들어 있다. 금창초에 함유된 항균 성분과 해충의 섭식을 방해하는 여러 변태호르몬 성분을 친환경농업에서 천연농약으로 이용할 수 있다. 생즙을 내거나 물에 달이거나 알코올에 우려내어 사용한다.

[충기피식물 87]

마디풀

한방에서는 마디풀 전초 말린 것을 편축(萹蓄)이라 하여 약으로 이용한다. 6~7월 꽃이 필 때 채취하여 햇볕에 말린다. 맛은 쓰고 성질은 차다. 이뇨하고 열을 내리며 기생충을 구제하는 효능이 있다.

마디풀(Polygonum aviculare L.)은 전국 각지의 길섶, 들, 밭두렁, 개울가, 모래땅, 풀밭에서 흔히 자라는 마디풀과의 한해살이풀이다. 높이는 10~40cm 정도이고 밑에서 가지가 갈라져서 옆으로 자라거나 비스듬히 선다. 전체에 털이 없으나 흰 가루가 덮여 있어 녹백색을 띤다. 긴 타원형 또는 버들잎 모양의 잎이 어긋나게 달린다. 잎자루가 붙은 곳에 마디가 있고 막질 형태의 턱잎이 감싼다.

6~7월에 붉은빛이 도는 흰색 꽃이 매우 작은 크기로 가지 윗부분 잎겨드랑이에 여러 개가 모여 핀다.

꽃잎은 없으며 꽃받침은 녹색 바탕에 흰색 또는 붉은빛이 돌며 5개로 갈라진다. 수술은 6~8개이고 암술은 3개이다. 열매는 9~10월에 암갈색으로 익는다. 달걀 모양이며 3개의 모서리가 있고 가는 무늬와 작은 점이 있다. 북반구 온대 지방에 널리 분포한다.

재배 방법

전국 각지에서 재배가 가능하다. 토질은 습윤한 사질양토가 좋다. 번식은 씨앗으로 한다. 3~4월에 씨앗을 흩뿌리거나 줄뿌리기 한다. 파종 후 흙을 얇게 한 층 덮고 다져준다. 본잎이 4~7개 되면 12~15cm 간격이 되도록 솎아준다. 가물 때에는 물을 자주 주어 토양을 습윤하게 유지해 주어야 한다.

약성 및 활용

어린순은 식용한다. 한방에서는 마디풀 전초 말린 것을 편축(萹蓄)이라 하여 약으로 이용한다. 6~7월 꽃이 필 때 채취하여 햇볕에 말린다. 맛은 쓰고 성질은 차다. 이뇨하고 열을 내리며 기생충을 구제하는 효능이 있다. 유럽에서는 이뇨제, 지혈제, 신장 및 방광결석·소화기출혈·위궤양·십이지장궤양·기관지천식에, 중국에서는 신장결석·방광결석·어린이 호열자·종기·치질 및 피부병에, 일본에서는 구충제, 황달·복통에 사용한다.

「중약대사전」에 의하면, "전초에는 아비쿨라린(avicularin), 쿠에르시트린(quercitrin), d-catechol, gallic acid, caffeic acid, oxalic acid, salicic acid, chlorogenic acid, p-coumaric acid, 점액질, glucose, 과당, 자당이 들어 있다. 규산은 잎 1.6%, 줄기 0.6%, 뿌리 0.4%에 분포되어 있다. 마디풀을 목초로 쓰면 독이 있어 말과 양에게 피부염, 위장 장애를 일으킨다. 비둘기는 이 식물의 독성작용에 대하여 가장 민감하다. 고양이와 토기에게 침제(10~20%)나 탕제(1:40)를 내복시켰을 때 최저 치사량은 20ml/kg이다."고 한다.

「약초의 성분과 이용」에서는, "오줌내기, 벌레떼기약으로 임질, 오줌을 누지 못할 때, 급성 요도염과 방광염에 질경이씨, 으름덩굴줄기와 같이 쓴다. 습성황달에 더위지기와 같이 쓰며 곽란, 배아픔, 자궁출혈, 적리에 달여 먹는다. 회충약으로 쓰며, 하루 6~15g을 물로 달여 먹는다."고 적고 있다. 마디풀에 들어있 는 독성 및 살충 성분을 친환경농업에서 천연농약으로 이용할 수 있다. 전초를 생즙을 내거나 물에 달이거나 알코올에 우려내어 사용한다.

[충기피식물 88]

땅빈대(지금초)

땅빈대, 애기땅빈대, 큰땅빈대 등을 '땅에 펼쳐진 비단 같은 풀'이란 뜻의 지금초(地錦草)라고 하여 약용한다. 열을 제거하고 해독하며 혈액순환을 촉진시키고 지혈하며 습을 거두고 통유(通乳)한다.

땅빈대(Euphorbia humifusa Willd.)는 대극과 대극속의 한해살이풀로 밭이나 빈터, 들판의 길가에 흔히 자란다. 줄기는 지면을 따라 사방으로 퍼져 자라며 붉은색이 돈다. 잎은 마주나며 줄기를 따라 수평으로 퍼져 난다. 타원

형으로 양 끝이 둥글지만 밑부분은 한쪽이 좁고 가장자리에 잔 톱니가 있다. 잎자루는 아주 짧고 선형의 턱잎은 보통 3개로 깊게 갈라진다.

8~9월에 잎겨드랑이에서 술잔처럼 생긴 연한 홍색의 총포 속에 여러 개의 수꽃과 가운데에 암꽃 한 개가 같이 자란다. 수꽃에는 수술이 1개이고, 암꽃은 암술대가 3개이고 2개로 갈라져 있다. 열매는 삭과(殼果)로 달걀 모양이며 3개의 능선이 있고, 3개로 갈라진다. 유사한 것으로 북아메리카 원산의 큰땅빈대와 애기땅빈대가 있다. 큰땅빈대(E. maculata)는 원줄기가 비스듬히 서고, 애기땅빈대(E. supina)는 줄기와 열매에 털이 있으며 잎에 붉은 반점이 있다.

재배 방법

한해살이풀로 따뜻하고 습윤한 기후에서 잘 자란다. 배수가 잘 되는 모래 또는 사질양토가 좋다. 번식은 씨앗으로 한다. 3~4월에 모래 또는 거름과 섞은 씨앗을 30cm 간격으로 줄을 지어 파종한다. 모종이 어느 정도 자라면 김매기를 해주고 덧거름을 준다. 단독으로 재배해도 되고 옥수수 등의 농작물 사이에 심어도 좋다.

약성 및 활용

한방에서는 땅빈대, 애기땅빈대, 큰땅빈대 등을 '땅에 펼쳐진 비단 같은 풀'이란 뜻의 지금초(地錦草)라고 하여 약용한다. 꽃이 피는 여름철에 채취하여 뿌리를 제거하고 햇볕에 말린다. 잎이나 줄기를 자르면 흰 즙이 나온다. 전초에 flavonoid(quercetin 등), 몰식자산(gallic acid), myoinositol과 triterpenoids로서 isomotiol 성분이, 그리고 잎에는 tannin(12.89%) 성분이 함유되어 있다.

「중약대사전」에 의하면, "맛은 쓰고 성질은 평하다. 열을 제거하고 해독하며 혈액순환을 촉진시키고 지혈하며 습을 거두고 통유(通乳)한다. 세균성 하리(下痢:설사), 장염, 해수(咳嗽:기침)시 출혈, 혈변, 붕루(崩漏:월경 기간이 아닌 데도 피가 대량으로 혹은 지속적으로 나오는 증상), 외상출혈, 습열에

의한 황달, 유즙불통(乳汁不通), 옹종정창, 타박상에 의한 종통을 치료한다. 3~6g을 달여 마시거나 가루로 복용하거나 외용제로 짓찧어서 붙인다. 생즙 또는 달이거나 알코올에 우려낸 물은 병원성 구균과 간균에 대하여 뚜렷한 항균작용이 있다. 알코올로 반복해서 추출한 지금소(地錦素)는 항균력이 더욱 강하다. 황색포도상구균, 초록색연쇄상구균, 용혈성연쇄상구균, 폐렴쌍구균, 대장균, 장티푸스균, 이질균 등에 대하여 0.002~0.63mg/ml 농도에서 항균작용을 나타냈고, 0.005~ 1.25mg/ml에서는 살균작용이 있다."고 한다. 땅빈대의 이런 항균, 살균 효과를 친환경농업에서 천연농약으로 이용할 수 있다. 생즙을 내거나 물에 달이거나 알코올로 우려내어 활용한다.

[충기피식물 89]

도꼬마리(창이자)

창이자는 맛은 달고 성질은 따뜻하며 독이 있다. 폐, 간경, 신경에 작용한다. 풍을 풀어주고 통증을 완화시키며 거습하고 기생충을 구제하는 효능이 있다.

도꼬마리(Xanthium strumarium L.)는 국화과의 한해살이풀로 전국 각처의 들이나 길가에서 자란다. 높이는 1~1.5m이고 전체에 거친 털이 많으며 줄기는 곧게 선다. 잎은 넓은 삼각형으로 3~5개로 얕게 갈라지며 가장자리에 거친 톱니가 있다. 뒷면에는 3맥이 뚜렷하며 잎자루가 길고 어긋나게 달린다. 꽃은 8~9월에 암꽃과 수꽃이 따로 피며 가지와 원줄기 끝에 원추형으로 뭉

쳐 달린다. 수꽃은 노란색으로 다소 둥근 모양이고 위에 달리고 아래에는 달걀 모양의 암꽃이 달린다. 암꽃은 갈고리 모양의 가시가 난 총포에 싸여 있고 위쪽에 2개의 연자주색 암술이 있다. 열매는 바깥에 갈고리모양의 가시가 나 있어 다른 물체에 잘 들러붙으며, 안에는 2개의 씨앗이 들어 있다.

재배 방법

도꼬마리는 우리나라 각처에서 재배가 가능하다. 토질은 크게 가리지 않는다. 한해살이이므로 번식은 씨앗으로 한다. 10월 중에 완숙한 종자를 채종하여 보관하였다가 이듬해 4월에 파종한다. 파종 전에 발아가 잘되도록 씨앗을 반나절 정도 물에 담가 둔다. 이랑 간격은 100cm로 하고, 주간 거리가 50cm 정도 되도록 2~3개씩 심고 충분히 관수를 해준다. 발아가 잘 되는 편으로 파종 후 2주 정도면 싹이 난다. 초기 제초만 해주면 생육이 왕성하고 병해충에 강해 재배에 그다지 어려움이 없다.

약성 및 활용

주로 잎과 뿌리, 열매를 이용한다. 잎은 창이(蒼耳), 뿌리는 창이근(蒼耳根), 갈고리 모양의 가시가 달린 열매는 창이자(蒼耳子)라 하여 약용한다. 「중약대사전」에 의하면, "창이는 맛은 쓰고 매우며 성질은 약간 차고 독이 조금 있다. 풍사를 몰아내고 열을 발산시키며 해독하고 기생충을 구제하는 효능이 있다. 두풍, 두혼, 습비구련, 목적(目赤), 각막혼탁, 풍라(나병), 정종, 열독창양, 피부소양을 치료한다.

창이자는 맛은 달고 성질은 따뜻하며 독이 있다. 폐, 간경, 신경에 작용한다. 풍을 풀어주고 통증을 완화시키며 거습하고 기생충을 구제하는 효능이 있다. 감기로 인한 두통, 비염(鼻淵:축농증), 치통, 풍한습비(風寒濕痺:풍한에 의한 마비), 사지의 경련과 통증, 옴, 가려움증을 치료한다. 5~10g을 달여서 복용하거나 환을 짓거나 가루내어 먹는다. 외용 시에는 찧어 바르거나 약성이 남을 정도로 태워 가루를 내어 바르거나 달인 물로 씻는다. 주의 사항으로 혈허(血虛)로 인한 두통, 마비통에는 복용하면 안된다.

「약초의 성분과 이용」에 따르면, 도꼬마리 전초에는 Y-락톤인 크산티닌(xanthinin), 카로티노이드, 알칼로이드, 사포닌, 열매에는 크산토스트루마린(xanthostrumarin:노란색의 배당체), 수지, 요오드염, 씨앗에는 수지, 40%까지의 기름(리놀산 63.4%, 올레산 27%, 포화지방산 8.2%)이 들어 있다.

도꼬마리는 전체에 독성이 있다. 싱싱한 잎이나 어린잎이 마른 잎이나 오래된 잎보다 독성이 많다. 그중 열매에 가장 많이 들어 있다. 가축, 특히 돼지가 어린싹을 먹으면 중독을 일으킨다. 사람의 경우도 체질에 따라 다르지만 과하게 생식하거나 볶거나 달여 마실 경우 중독 증상이 나타날 수 있다. 일반적으로 어지러움, 두통, 식욕감퇴, 구토, 복통, 설사 등의 증상에서 심하면 의식혼미, 마비, 심박의 과도한 저하, 황달, 간기능 장애, 출혈 등의 중추신경계 및 간장, 신장의 장애가 수반된다. 중독 증상이 심하거나 응급 치료가 늦어지면 간세포의 대량 괴사로 인한 혼수, 신장 및 호흡의 쇠약으로 죽음에 이르는 경우가 있다. 도꼬마리의 이런 독성을 친환경농업에서 천연농약으로 이용할 수 있다. 전초를 생즙을 내거나 전초 또는 열매를 물에 달이거나 알코올에 우려내어 활용한다.

[충기피식물 90]

고비

어린순은 나물로 먹거나 국의 재료로 쓴다. 살충(殺蟲), 청열해독(淸熱解毒), 거어지혈(祛瘀止血)의 효능이 있다. 회충, 촌백충, 요충을 없애며 열을 내리고 독을 없애며 피를 차게 하고 출혈을 멎게 한다.

고비(Osmunda japonica Thunb.)는 고비과 고비속의 양치식물로 산지의 습하고 다소 그늘진 곳에서 자생하는 여러해살이풀이다. 우리나라를 비롯해서 중국, 일본, 타이완, 사할린, 필리핀, 인도 등지에 분포한다. 높이 60~100cm 정도로 땅속줄기는 짧고 굵으며 덩이 모양이고 많은 잎이 뭉쳐난

다. 잎은 영양엽과 포자엽으로 나뉘고 잎자루는 광택이 나며 어릴 때는 적갈색 털이 있다가 점차 없어진다. 영양엽은 2회 깃꼴로 갈라지고 맨 아래 것이 가장 크다. 작은 잎은 길이 5~10cm 정도로 피침형이고 끝이 둔하다. 가장자리에는 무딘 톱니가 있고 잎자루는 없다. 잎이 성숙하면 털이 없어지고 광택이 난다. 생식엽은 봄에 영양엽보다 먼저 나오고 곧게 서며 자루가 있고 길이가 20~30cm이다. 작은 잎조각은 줄 모양이고 짙은 갈색이며 포자낭이 빽빽이 달린다. 포자는 9~10월에 익는다.

재배 방법

서늘하고 약간 그늘진 곳이 좋다. 특히 공중습도가 높아야 생육이 잘된다. 번식은 뿌리줄기나 포자로 한다. 뿌리줄기의 경우 자생하는 것을 11월 중순이나 3월에 캐내어 수염뿌리를 자르지 않고 펴서 옮겨 심는다. 이랑 너비 80cm로 두둑을 만들어 포기 사이는 30cm 간격으로 심는다.

포자 번식의 경우 미숙포자가 완숙포자에 비하여 발아속도가 빠르고 발아도 잘된다. 피트모스 배양토에서 70% 차광을 하고 23±3℃ 온도에서 95%의 수분 상태를 유지시켜 주면 1개월쯤 지나 전엽체가 발아하고 6개월 후에는 포자체(어린잎)가 형성된다. 11월 중순이나 이듬해 3월에 정식해야 생육 및 활착률이 좋다. 정식 후 건조방지를 위해 50% 차광망을 설치해주고 물을 뿌려준다.

약성 및 활용

어린순은 나물로 먹거나 국의 재료로 쓴다. 한방에서는 뿌리줄기를 자기(紫萁) 또는 자기관중(紫萁貫衆)이라 하여 약재로 쓴다. 고비 외에 꿩고비, 관중, 참새발고사리, 털고사리, 청나래고사리, 새깃아재비 등의 근연식물(近緣植物)의 뿌리줄기도 모두 관중(貫中)이라 하여 약용한다. 봄, 가을에 뿌리째 캐어서 잎자루, 수염뿌리를 제거하고 흙을 털어 깨끗이 씻어 햇볕에 말린다.

「중약대사전」에 따르면, "맛은 쓰고 성질은 약간 차가우며 독이 조금 있다. 살충(殺蟲), 청열해독(解毒), 거어지혈(袪瘀止血)의 효능이 있다. 회충, 촌백충, 요충을 없애며 열을 내리고 독을 없애며 피를 차게 하고 출혈을 멎게 한다. 풍열감모(風熱感冒), 온열반진(溫熱斑疹), 토혈, 비혈, 암치질로 인한 변혈, 적리, 대하증을 치료한다. 5.5~11.1g을 달이거나 또는 환제, 산제로 복용한다. 외용 시 가루 내어 개어서 바른다. 음허내열(陰虛內熱) 및 비위허한(脾胃虛寒)한 자에게는 좋지 않다. 임신부는 복용에 주의한다."고 기록하고 있다.

고비에는 osmundalactone, osmundalin, dihydroisoomundalin, parasorboside과 ponasterone A, ecdysone, ecdysterone 등의 탈피호르몬 성분이 함유되어 있다. 고비 등의 관중(貫中)에는 회충, 촌백충, 요충의 구충 효능 외에 항바이러스, 항균작용이 있다. 함유된 탈피호르몬은 곤충이 대량으로 섭취할 경우 생장 및 변태에 교란작용이 일어나 정상적으로 성장하지 못한다. 고비의 이런 효능을 친환경농업에서 천연농약으로 이용할 수 있다. 생즙을 내거나 달이거나 알코올에 우려내어 사용한다.

[충기피식물 91]

산초나무

덜 익은 열매는 따서 장아찌 등으로 식용하고, 익은 종자는 기름을 내어 건위, 소염, 식욕증진 및 위장병, 기관지, 천식 등의 치료 목적으로 민간에서 사용한다.

산초나무(Zanthoxylum schinifolium)는 중부 이남의 산지에 자생하는 낙엽 활엽관목으로 3m까지 자란다. 수피는 회갈색이며 가시는 어긋나게 돋는다. 잎은 어긋나고 13~21개의 작은잎으로 구성된 깃꼴겹잎이다. 작은잎은 장타원형 또는 피침형으로 가장자리에 잔톱니가 있으며 뒷면에 투명한 유점(油

點)이 있어 산초 특유의 향기가 난다. 암수딴그루로 8~9월에 가지 끝에 연한 노란색의 꽃이 산방화서로 달린다. 작은꽃자루에 마디가 있고 꽃잎은 5개이며 안으로 꼬부라진다. 수꽃은 꽃잎 밖으로 나온 5개의 수술이 있고, 암꽃은 암술머리가 3갈래로 갈라진다. 삭과 열매는 10월에 녹갈색에서 갈색으로 익으며 껍질이 3개로 갈라져 검은색의 종자가 드러난다. 가시가 어긋나게 달리는 산초나무와 달리 초피나무는 가시가 마주난다. 가시가 없는 것을 민산초(var. inermis), 잎이 좁고 작은 것을 좀산초(var. microphyllum)라고 한다.

재배 방법

추위에 강해 전국에서 재배가 가능하고 척박한 땅에서도 잘 자란다. 다만 뿌리가 얕은 천근성이므로 배수가 잘되는 곳에서 재배하는 것이 좋다. 식재 후 1~3년이면 열매를 수확할 수 있다. 번식은 씨앗이나 꺾꽂이, 접붙이기로 한다. 씨앗의 경우 10월경 충실한 종자를 채취하여 퐁퐁 등 세척제로 씻어서

젖은 모래에 섞어 자루에 담아 땅속에 묻어 두었다가 이른 봄에 꺼내어 파종한다. 씨앗을 파종해서 얻은 실생묘의 경우 암수를 모르기 때문에 후에 수나무가 많을 때에는 베어 내거나 우수한 암나무의 가지를 접목한다. 수확량이 많고 열매 품질이 우수한 우량 개체를 얻으려면 꺾꽂이, 접붙이기로 한다. 부정아로 발생한 가지에서 채취한 삽수가 발근이 잘된다. 산초나무는 당해 연도 가지에서 꽃을 피우고 결실하므로 가지치기나 전정을 통해 이듬해 새로운 가지를 많이 형성시키면 수확을 늘릴 수 있다.

약성 및 활용

덜 익은 열매는 따서 장아찌 등으로 식용하고, 익은 종자는 기름을 내어 건위, 소염, 식욕 증진 및 위장병, 기관지, 천식 등의 치료 목적으로 민간에서 사용한다. 한방에서는 열매 껍질을 야초(野椒) 또는 향초자(香椒子)라 하여 말려 약재로 쓴다.

야초(野椒)에 대해서 「중국본초도록」에서는, "맛은 맵고 성질은 따뜻하다. 중초(中焦)를 따뜻하게 하여 한사(寒邪)를 몰아내고(溫中散寒), 습진 것을 말리고 살충하며 (燥濕殺蟲), 기(氣)를 소통시켜 통증을 멎게 하는(行氣止痛) 효능이 있다. 복부 냉증을 제거하고 구토와 설사를 그

치게 하며, 회충·간디스토마·치통·지루성피부염에 효과가 있다. 4~8g을 달여 복용하거나 외용(外用)한다." 고 기록하고 있다.

「약초의 성분과 이용」에 따르면, 산초나무 열매에는 기름 26~39%, 정유 0.7~1%가 함유되어 있다. 정유의 주성분은 약 90%가 에스트라골(estragole)이고 기타 메틸카비콜, 아니스알데히드, P-메톡시-계피산알데히드가 들어 있다. 열매 껍질에는 안식향산, 0.3%의 베르갑텐(bergapten)이 있다. 잎에도 열매에서와 비슷한 성분의 정유가 있다.

열매가 익을수록 강한 향을 내는 에스트라골 성분이 증가하므로 식용이나 차로 이용할 경우에는 덜 여문 열매를 이용하고, 살충 등의 효과를 보려면 익은 종자를 이용하는 것이 좋다. 친환경농업에서는 천연살충제로 전정한 가지나 열매를 달이거나 우려내어 사용한다

[충기피식물 92]

쇠뜨기

어린 생식줄기인 뱀밥은 조림이나 튀김, 장아찌 등으로 식용하고, 영양줄기는 말려 차로 이용한다. 한방에서는 영양줄기를 문형(問荊)이라 하며, 이뇨, 지혈, 혈압강하, 소염 등의 효능에 이용한다.

쇠뜨기(Equisetum arvense L.)는 속새과의 여러해살이 양치식물로 우리나라 전역의 양지바른 풀밭이나 개울가에서 흔히 자란다. 이른 봄에 뱀밥이라 불리는 생식줄기가 먼저 난다. 생식줄기는 가지는 없고 잎은 마디 주위에 돌려나며 영양줄기의 잎보다 크다. 잎이 서로 붙어 껍질이 된다. 전체가 담갈

색이고 광택이 있으며 맨 위에 탑 모양의 포자낭 이삭이 달려서 포자를 방출하고는 시든다. 영양줄기는 생식줄기가 스러질 무렵에 자란다. 곧게 서며 높이 30~40cm이고 땅속줄기가 길게 뻗으면서 번식한다. 녹색으로 마디와 능선이 있으며, 마디에 비늘 같은 잎이 돌려나고 가지가 갈라진다. 소가 잘 뜯어 먹는 풀이라 하여 '쇠뜨기'라는 이름이 붙여졌다

재배 방법

해가 잘 들고 다소 습한 땅이 좋다. 번식력이 강하므로 농경지로 퍼져나가지 않도록 개간지를 이용하거나 블록 같은 것으로 구획을 지어 방비를 해야 한다. 번식은 포기나누기나 포자로 한다. 포기나누기의 경우 어느 때든 가능하지만 장마철이 가장 적기로 뿌리에 지상줄기를 붙여 잘라 와 20cm 간격으로 옮겨 심는다. 포자의 경우 5월경 포자주머니가 부풀어 올라 포자가 날아가기 직전에 줄기를 꺾어다 채종하여 직파하고 얇게 흙으로 덮어준다.

약성 및 활용

어린 생식줄기인 뱀밥은 조림이나 튀김, 장아찌 등으로 식용하고, 영양줄기는 말려 차로 이용한다. 한방에서는 영양줄기를 문형(問荊)이라 하며, 이뇨, 지혈, 혈압강하, 소염 등의 효능에 이용한다.

「중약대사전」에 의하면, "5~7월에 전초를 베어서 그늘에서 말린다. 맛은 쓰고 성질은 서늘하다. 열을 내리고 血分에서 사열(邪熱)을 제거하며, 지해(止咳), 이뇨의 효능이 있다. 토혈, 비출혈, 변혈, 대상월경, 해수, 기급(氣急), 임병(淋病)을 치료한다. 전초에는 에퀴세토닌(equisetonin), 에퀴세트린(equisetrin), 이소퀘르시트린(isoquercitrin), 갈루테올린(galuteolin), 규산(함량은 건초의 5.19~7.77%), 유기산, 지방, β-sitosterol, palustrine, dimethylsulfone, thymine, 3-methosypyridine 외에 여러 가지 아미노산이 들어 있다. 포자에는 아르티쿨라틴(articulatin), triacontane-dicarboxylic acid, gossypitrin, herbacetrin. isoarticulatin이 들어 있다." 고 기록되어 있다. 주성분인 규산은 뼈의 성장을 돕고 상처를 아물게 하며 면역 기능을 활성화하는 것으로 연구되었다. 에퀴세트린(equisetrin)은 독성이 있어 쇠뜨기를 많이 뜯어 먹은 말은 배탈이 나고, 폐진증이 발생할 수 있다고 한다.

「약초의 성분과 이용」에서는 쇠뜨기에 대해서, "전초는 동물 실험에서 이뇨작용과 피멎이작용, 항염증작용이 있다. 오줌내기작용은 디우레틴보다도 뚜렷하다. 또한 납중독 때 납을 몸 밖으로 내보내는 작용이 있다. 만성적인 심장부전에 강심약과 함께 쓴다. 요도 질병과 방광염에는 월귤잎과 함께 쓰는 것이 좋다. 또한 만성 및 급성 납중독의 예방과 치료에 쓴다. 피멎이약으로는 치질과 자궁출혈에 쓴다. 부작용이 없다고 하지만 콩팥에 대한 자극작용을 전혀 무시할 수 없다. 그러므로 급성 콩팥염과 신장증성 콩팥염에는 쓸 때 주의하여야 한다. 동의치료에서도 전초를 오줌내기약, 피멎이약으로 오줌을 누지 못하며 물고임 때, 그리고 코피, 장출혈, 각혈, 치핵출혈, 월경과다에 쓴다. 피날 때에 전초가루 또는 생즙을 상처에 바르면 피가 나오지 않으며 상처도 빨리 아문다. 하루 10g을 달여 먹기도 한다."고 기록하고 있다.

북한에서는 쇠뜨기 포자액을 농약으로 이용한다고 한다. 농작물의 노균병, 녹병, 떡가루병에 효과가 크다고 한다. 생식줄기인 뱀밥에 포자가 달릴 때 머리 부분을 잘라 햇볕에 약 2일간 말려 포자를 털어 모은 뒤 이것을 물에 끓여 거른 후 비누 등의 유화제와 섞어 살포하면 된다. 쇠뜨기 잎도 포자보다는 효과가 적지만 농약으로 쓸 수 있다.

[충기피식물 93]

팥꽃나무

팥꽃나무는 유독성식물로 나무 전체에 독성이 있으며 뿌리와 꽃에 특히 독성이 많다. 한방에서는 꽃을 원화(芫花)라 하여 약재로 이용한다. 소변이 잘 나오게 하고 담을 없애는 효능이 있다.

팥꽃나무(Daphne genkwa Siebold & Zucc.)는 전라도와 충청남도의 바닷가 근처에 자라는 1m 내외의 낙엽관목이다. 한국·일본·중국 등지에 분포한다. 가지는 검은 갈색이며 누운 부드러운 털이 나 있다. 타원형 또는 긴 타원형인 잎은 마주나지만 간혹 어긋나게 달리기도 한다. 가장자리는 밋밋하고 약간 각질

이며 뒷면에 부드러운 털이 있다. 잎자루는 짧고 털이 빽빽하게 덮여 있다. 3～5월에 연자주색 꽃이 가지를 덮을 정도로 많이 핀다. 짧은 꽃대에 3～7개의 봉오리가 뭉쳐 달리며 꽃받침은 통처럼 생기고 겉에 잔털이 있으며 끝이 4개로 갈라져서 꽃잎같이 된다. 지름 10～12mm이다. 수술은 4～8개가 꽃받침통에 2줄로 달린다. 열매는 핵과로서 둥글고 흰색이며 7월에 익는다.

재배 방법

따뜻한 기후에서 잘 자라나 추위에 강해 우리나라 전역에서 재배가 가능하다. 햇볕이 드는 푸석푸석한 사질양토가 좋다. 건조하고 척박한 토양에서 자란 것이 꽃색도 좋고 수명도 길다. 습한 걸 싫어하므로 건조하게 관리한다. 번식은 씨앗이나 뿌리나누기, 꺾꽂이로 한다. 씨앗의 경우 6~7월경에 종자를 채취하여 직파한다. 약 한달 남짓이면 발아한다. 뿌리나누기의 경우 뿌리를 캐어 10cm 내외로 잘라 심는데 뿌리에서 맹아가 생겨 싹이 자란다. 봄보다는 6월에 하는 것이 좋다. 여러 개의 싹이 돋을 경우 실한 것 하나만 남기고 따버려야 성장이 빠르다. 꺾꽂이의 경우 여름철이나 봄에 하는데 발근율이 높지는 않다.

약성 및 활용

팥꽃나무는 유독성 식물로 나무 전체에 독성이 있으며 뿌리와 꽃에 특히 독성이 많다. 꽃에는 겐크와닌(genkwanin), hydroxygenkwanin, 아피게닌(apigenin), 시토스테롤(sitosterol)이 들어있다. 그 외에도 벤조익산(benzoic acid)과 자극성의 정유 물질을 함유하고 있다. 한방에서는 꽃을 원화라 하여 약재로 이용한다. 봄에 꽃봉오리가 벌어지기 전에 채집하여 햇볕에 말린다.

「중약대사전」의하면, "맛은 맵고 쓰며 성질은 따듯하고 독이 있다. 페(肺)와 비경(脾經)에 들어간다. 소변이 잘 나오게 하고 담을 없애는 효능이 있다. 담음벽적(痰飮癖積), 천식과 해수, 수종(水腫), 옆구리통증(脇痛), 식중독, 종기와 부스럼을 치료한다."고 한다. 원화의 효능은 대극이나 감수와 비슷하며 신체 상부에 쌓인 수습(水濕)을 제거하는 효과가 크다. 때문에 가슴이나 옆구리의 담 또는 수종같은 질병을 치료하고, 기가 위로 치솟아 기침이 나는 증상과 소변과 대변이 잘 통하지 않는 증상에도 유효하다. 뿌리는 원화근(芫花根)이라 하며, 역시 수종, 결핵성경부림프선염, 급성유선염, 옹, 치루(痔漏) 등을 치료하는 데 이용한다.

원화는 독성이 강하여 가공을 제대로 하지 않거나 과량으로 복용할 경우 극심한 설사와 복통이 수반된다. 원기가 허약한 사람이나 임산부는 조심해서 써야 한다. 감초와 같이 사용하면 수분을 배출하는 작용은 약화되나 반대로 독성은 증가하므로 같이 쓰지 않는다. 팥꽃나무는 또한 살충 효과가 있다. 바이러스성 질환의 치료에 효과가 있고 뿌리혹선충류 및 응애류, 곤충병원성 선충 등의 방제에 뚜렷한 효과가 있다. 전초 및 꽃, 뿌리 등을 달이거나 우려내어 사용한다.

[충기피식물 94]

치자나무

예로부터 주황색의 열매는 음식물과 천 등의 색을 내기 위한 천연염료로 사용되어 왔다. 한방에서는 열매를 치자(梔子), 뿌리를 치자화근(梔子花根)이라 하여 해열·이담(利膽)·지혈·소염(消炎) 등에 이용해 왔다.

치자나무(Gardenia jasminoides Ellis)는 꼭두서니과에 속하는 늘푸른 작은키나무로 중국이 원산지이며 높이 2~3m까지 자란다. 우리나라에는 500년 전에 전래된 것으로 추측된다. 남부 지방에서는 야외에서 재배가

가능하나 중부 이북에서는 하우스나 실내에서만 가능하다. 관상용으로 많은 원예 품종이 개발되었다.

잎은 마주나거나 3개의 잎이 돌려나며 가죽질이고 긴 타원형으로 가장자리는 밋밋하다. 잎자루는 짧고 뾰족한 턱잎이 있다. 6~7월에 암수 딴꽃이 가지 끝에 1개씩 핀다. 흰색이지만 시간이 지나면 황백색으로 되며 상한 향기를 낸다. 열매는 달걀을 거꾸로 세운 모양이며 9월에 주황색으로 익는다. 길이 2cm 정도로 6~7개의 능각이 있고 위에 꽃받침이 남아 있다. 성숙해도 갈라지지 않으며 안에는 노란색 과육과 종자가 있다.

재배 방법

토심이 깊고 비옥한 사질양토에서 생장이 양호하다. 추위에 약한 편으로 반그늘에서 잘 자라나 개화와 결실이 잘되게 하려면 햇볕을 충분히 받도록 해야 한다. 비교적 가뭄에 견디는 힘이 강하지만 어린나무일 때에는 약하므로 봄과 가을의 건조에 주의하여야 하며 수확기에 건조하게 되면 착과가 부실해진다. 번식은 씨앗이나 꺾꽂이로 한다. 씨앗의 경우 가을에 채종하여 바로 파종한다. 파종 후 볏짚이나 풀로 덮어주고 발아가 되면 걷어내도록 하며, 이후 토양이 마르지 않도록 수시로 관수한다. 꺾꽂이의 경우 3~4월경에 전년에 자란 가지나, 6~7월

경 꽃이 진 후 다소 굳어진 새로 난 가지를 이용한다. 10~13㎝ 정도 길이로 잘라 1시간 정도 물에 담가 충분히 물올림을 시킨 후 심는다. 2주일 정도면 뿌리가 내린다.

약성 및 활용

예로부터 주황색의 열매는 음식물과 천 등의 색을 내기 위한 천연염료로 사용되어 왔다. 한방에서는 열매를 치자(梔子), 뿌리를 치자화근(梔子花根)이라 하여 해열·이담(利膽)·지혈·소염(消炎) 등에 이용해왔다.

「중약대사전」에 의하면, "치자는 맛은 쓰고 성질은 차다. 열을 제거하고 화를 내리며 양혈(凉血)하는 효능이 있다. 열병, 허번(虛煩 : 기질적 변화없이 속이 답답한 증상), 불면증, 황달, 임병, 소갈증, 결막염, 토혈, 비출혈, 혈리,

혈뇨, 열독, 창양, 염좌의 통증을 치료한다. Flavonoid의 gardenin, pectin, tannin, crocin, crocetin, d-mannitol, nonacosane, β-sitosterol 이 외에 여러 종류의 iridoide 골격의 배당체 즉 gardenoside, geniposide, genipin-1-β-d-gentiobioside 및 소량의 shanzhiside를 함유하고 또 gardoside, scandoside methyl ester, choline 및 ursolic acid가 들어 있다."고 한다.

담즙을 분비하는 이담작용이 뚜렷하며, 혈압을 낮추고 진정하는 효능이 있다. 또한 항균작용이 있어 다수의 미생물에 대한 억제 효과를 낸다. 전남농업기술원 자료에 따르면, 점박이응애, 귤응애 등의 응애에 대해서도 기피 효과 및 살비 효과가 뚜렷하다. 이런 효과를 이용해 친환경농업에서 치자 열매나 뿌리를 물에 달이거나 알코올에 우려내어 천연농약으로 활용한다.

[충기피식물 95]

무화과나무와 천선과나무

무화과 열매는 단백질과 섬유질이 많은 알칼리성과일로 생식하거나 통조림 또는 건과로 먹는다. 민간에서는 변비에 쓰거나 유액을 치질 및 구충제로 사용한다.

무화과나무(Ficus carica L.)는 아시아 서부 및 지중해 연안이 원산지인 뽕나무과의 낙엽활엽관목으로, 추위에 약해 우리나라에서는 주로 충남이하지역에서 재배한다. 2~4m 높이로 자란다. 잎은 어긋나고 손바닥 모양으로 크고 3~5개로 깊게 갈라진다. 갈래조각은 끝이 둔하고 가장자리에 톱니가 있으며 5맥이 있다. 표면은 거칠고 뒷면에는 털이 있으며 상처를 내면 흰 젖 같은 유액(乳液)이 나온다.

봄부터 여름에 걸쳐 잎겨드랑이에 항아리 모양의 꽃주머니가 달리고 그 안에 자잘한 꽃이 핀다. 바깥에서는 꽃이 보이지 않으므로 무화과나무라고 부른다. 암수꽃이 따로 있어서 암꽃은 아래쪽에, 수꽃은 위쪽에 달린다. 8~10월에 그것이 그대로 익어서 열매가 된다. 검은 자주색 또는 황록색으로 익으며 길이 5~8cm이다. 우리나라에서 재배하는 무화과는 대부분 벌에 의한 수정 없이 결실이 이루어지는 품종이다. 우리나라 서남부 바닷가 기슭에는 토종 무화과라고 부를 수 있는 천선과나무(Ficus erecta Thunb.)가 자란다. 2~4m 높이에 잎은 도란형으로 끝이 뾰족하고 가장자리가 밋밋하다. 상처를 내면 흰 유액이 나온다. 암수딴그루로 5~6월에 잎겨드랑이에 무화과처럼 생긴 둥근 꽃주머니가 달리며, 9~10월에 검은 자주색으로 익는다.

재배 방법

충청남도 이남의 따뜻한 곳에서 재배가 가능하다. 토심이 깊고 비옥한 곳에서 잘 자라며, pH 6.5~7.2인 약산성 내지 중성 토양이 적합하다. 우리나라

에서 재배하는 품종은 꽃가루 수정 없이 씨방이 발달하여 열매가 만들어지므로 씨앗이 없다. 따라서 대부분 꺾꽂이로 번식한다. 겨울 전정 때 일년생 가지를 모아 그늘진 곳을 택하여 물빠짐이 좋도록 모래땅에 묻어두었다가 땅이 풀리는 3월 중순에서 하순경에 퇴비와 석회를 섞어 묘상을 만들고 20cm의 길이로 잘라서 꽂아 뿌리와 새순이 나오도록 한다. 천선과나무도 3월 또는 6~7월에 꺾꽂이를 통해 번식한다.

약성 및 활용

무화과 열매는 단백질과 섬유질이 많은 알칼리성 과일로 생식하거나 통조림 또는 건과로 먹는다. 민간에서는 변비에 쓰거나 유액을 치질 및 구충제로 사용한다. 「중약대사전」에 의하면, "열매에는 glucose, fructose, sucrose, citric acid와 소량의 fumaric acid, succinid acid, malonic acid, pyrolytin, carbonic acid, acetic acid, malic acid, quinic acid, shikimic acid 및 식물생장 호르몬(auxin) 등이 함유되어 있다. 뿌리와 뿌리껍질에는 프소랄렌

(psoralen), 베르갑텐(bergapten), guaiazulene이 함유되어 있다. 잎에는 psoralen, bergapten, β-amyrin, lupeol 등이 함유되어 있다."고 한다.

「동의학사전」에서는, "가을에 익은 열매를 따서 말린다. 맛은 달고 성질은 평하다. 폐경, 비경, 대장경에 작용한다. 위를 튼튼하게 하고 장열(腸熱)을 없애며 부종을 내리고 해독한다. 약리실험에서 강압작용, 항암작용, 소화작용, 약한 설사작용 등이 밝혀졌다. 식욕이 없고 소화가 안 되는 데, 이질, 변비, 장염, 치질, 부스럼, 옴 등에 쓴다. 하루 30~60g을 물로 달여서 먹는다. 신선한 것은 한 번에 1~2개 먹는다. 외용약으로 쓸 때는 달인물로 씻거나 가루내서 기초제에 개어 바른다."고 적고 있다.

무화과의 흰 젖 같은 유액(乳液)은 구충작용이 있어 회충을 죽일 수 있으며 편모충류(鞭毛蟲類)의 구제에도 효과가 있다. 천선과나무도 무화과나무와 유사한 효능을 가지고 있다. 친환경농업에서 무화과나무와 천선과나무의 살충 효과를 천연농약으로 활용할 수 있다. 잎이나 줄기를 물에 달이거나 알코올에 우려내어 사용한다.

[충기피식물 96]

석창포

잎과 뿌리에서 기분 좋은 향이 난다. 이 향기를 내는 정유 성분이 마음을 안정시키고 아픔을 멎게 하며 기억력을 좋게 하는 것으로 알려져 있다. 진통제·진정제·건위제로 사용하고, 목욕물에 넣어 냉증이나 피부 가려움 치료에 이용하기도 한다.

석창포(Acorus gramineus Sol.)는 천남성과의 늘푸른 여러해살이풀로서 주로 남부 지역의 계곡 주변 바위틈에서 자란다. 뿌리줄기는 옆으로 벋고 마디에서 수염뿌리가 나온다. 땅속에서는 마디 사이가 길고 황갈색이지만 땅 위로 나온 것은 마디 사이가 짧고 녹색이다. 잎은 뿌리줄기에서 모여 나고

길이가 30~50cm이다. 가운데 잎맥이 없으며 줄 모양으로 끝이 뾰족하다. 6~7월에 길이 10~30cm 삼각단면의 꽃줄기 끝에 수상꽃차례를 이루며 연노랑색 꽃이 빽빽이 달린다. 꽃차례는 길이 5~12cm의 가늘고 끝이 좁은 원기둥 모양이다. 암수한꽃으로 꽃잎과 수술은 각각 6개이고, 암술은 1개이다. 열매는 삭과이고 씨앗은 긴 타원 모양이고 밑부분에 털이 많다. 비슷한 것으로 주로 호수나 연못가의 습지에 자생하는 창포(Acorus calamus L.)가 있는데, 창포는 잎 가운데 도드라진 줄(중맥)이 뚜렷하며, 꽃차례는 길이 5cm 내외로 새끼손가락 굵기에 끝이 뭉툭하다.

재배 방법

습기가 많은 그늘진 곳에서 잘 자란다. 물을 지니는 힘이 좋고 부식질이 많은 식질양토가 가장 좋다. 번식은 뿌리줄기로 한다. 4월 중순~5월 중순에 발육이 왕성한 2~3년 된 뿌리줄기에서 5~10cm 되는 가지 뿌리줄기를 1개씩 분주하여 지면과 수평이 되도록 심는다.

이식 시 뿌리의 손상을 적게 하고 이식 후 뿌리가 땅 표면에 노출되는 일이 없도록 하여야 새 뿌리가 빨리 내린다. 심는 깊이는 3~5㎝로 하고 잎이 땅속에 묻히지 않도록 한다. 노지에서 재배할 때는 해가림을 하여야 생육이 왕성해진다. 정식 후 2~3년째부터 늦가을에서 다음 해 봄 발아 전까지 수확할 수 있다.

약성 및 활용

잎과 뿌리에서 기분 좋은 향이 난다. 이 향기를 내는 정유 성분이 마음을 안정시키고 아픔을 멎게 하며 기억력을 좋게 하는 것으로 알려져 있다. 한방에서는 뿌리줄기를 진통제·진정제·건위제로 사용하고, 민간에서는 목욕물에 넣어 냉증이나 피부 가려움 치료에 이용하기도 한다.

「동의보감」에서는 석창포에 대해서, "성질은 따뜻하고(평하다고도 한다) 맛이 매우며 독이 없다. 심규[心孔]를 열어주고 5장을 보하며 9규를 잘 통하게 하고 귀와 눈을 밝게 하며 목청을 좋게 하고 풍습으로 전혀 감각이 둔해진 것을 치료하며 뱃속의 벌레를 죽인다. 이와 벼룩 등을 없애며 건망증을 치료하고 지혜를 나게 하며 명치 밑이 아픈 것을 낫게 한다."고 적고 있다.

「약초의 성분과 이용」에 따르면, "뿌리줄기에 0.5~0.9%, 신선한 잎에 0.25%의

정유가 있다. 정유의 63~81%는 β-아사론(asarone)이다. 이 밖에 α-아사론 8~14%, 카리오필렌 1~4%, 세키손 C12 H16 O3 0.8~3.4%, 사프롤 C10 H10 O2 0.1~1.2%, 시스-메틸이소오이게놀 0.3~6.8%, α-후물렌 0.8~2%, 칼라메넨 0.1~0.2%, 캄파 0.1~0.2%이다(뿌리줄기와 잎의 정유 조성은 같다). 이 밖에 팔미트산, 페놀성 물질, 미량원소 등이 있다. 동의치료에서 진정, 아픔멎이, 건위약으로 정신혼미, 귀울음, 머리아픔, 풍습성 관절염, 위염, 십이지장궤양, 소화불량, 만성 기관지염, 기슴과 배가 불룩하고 아픈 데 쓴다. 또한 살충약으로 옴에 날임물로 씻는다. 추출액으로는 여성들의 냉증에 의한 배아픔, 허리아픔에 목욕한다." 고 적혀있다. 하루 4~8g, 신선한 것은 12~30g을 물로 달여서 복용하거나 환을 짓거나 가루내어 복용한다. 외용 시 달인 물로 씻거나 가루내어 개어서 바른다.

석창포는 병충해가 없다. 굼벵이도 뿌리를 먹지 않는다. 그만큼 병해충에 대한 기피 효과와 살충 효과가 크다. 석창포의 이런 살충 효과를 친환경농업에서 천연농약으로 이용할 수 있다. 뿌리줄기를 포함한 전초를 생즙을 내거나 물에 달이거나 알코올에 우려내어 사용한다.

[충기피식물 97]

쇠무릎(우슬)

어린순은 봄철 나물로 먹고 줄기나 뿌리는 차로 마시거나 술로 담가 먹는다. 쪄서 말린 것은 간과 신을 보해 근육, 골격을 튼튼하게 하므로 관절염 신경통 등에 주로 이용한다.

쇠무릎(Achyranthes japonica)은 비름과의 여러해살이풀로 길가에 흔하며 조금 습한 곳에서 잘 자란다. 높이 50~100cm이다. 줄기는 네모지고 단단하며 가지가 많이 갈라진다. 줄기 마디는 소의 무릎과 같이 타원형으로 둥글다. 일부는 벌레혹이 되어 도드라지게 부풀어 오른다. 잎은 마주나고 타원형 또

는 달걀을 거꾸로 세운 모양이며 가장자리가 밋밋하다. 꽃은 8~9월경에 줄기 끝이나 잎겨드랑이에 긴 이삭 모양의 꽃차례로 달리며 연한 녹색이다. 아래서부터 피어 올라가며, 꽃이 진 다음 밑을 향한다. 화피갈래조각과 수술은 각각 5개이고 암술은 1개이며, 겉에 3개의 포가 있다. 수술대는 아랫 부분이 합쳐져 있고 각 수술대 사이에는 돌기가 나와 있다. 열매는 긴 타원형의 포과로서 갈고리 모양의 포가 있어 옷이나 짐승의 털에 잘 달라붙는다.

재배 방법

흔한 잡초로 아무 곳에서나 잘 자라지만 토심이 깊고 부식질이 있는 토양이 재배에 유리하다. 번식은 씨앗으로 한다. 가을에 씨앗이 익어 떨어지기 전에 포기를 베어서 말려 턴다. 파종은 남부 지역의 경우에는 4월 초순, 중부 지역의 경우에는 5월 초순이 적기이다. 20~50cm 간격으로 종자를 줄뿌림하거나 흩뿌린다. 7~8월이 되면 가지와 잎이 무성해지고 꽃대가 올라온다. 채

종할 것이 아니면 7월 중순에 30cm 정도 남기고 1차로 잘라주고, 8월 중하순에 다시 2차로 잘라준다. 이렇게 하면 쓰러지지 않고 뿌리의 발육도 잘된다.

약성 및 활용

어린순은 봄철 나물로 먹고 줄기나 뿌리는 차로 마시거나 술로 담가 먹는다. 뿌리는 가늘고 긴 원주형의 원뿌리 또는 곁뿌리가 달린 원뿌리 형태로 황갈색인데 남쪽 지방에서 자라는 것일수록 뿌리가 굵고 실하다. 뿌리 말린 것은 우슬(牛膝)이라 하여 약재로 이용한다. 뿌리를 생것 그대로 말린 것은 어혈과 종기를 없애는 데 효과가 있어 생리불순, 산후복통 등에 쓰며, 쪄서 말린 것은 간과 신을 보해 근육, 골격을 튼튼하게 하므로 관절염 신경통 등에 주로 이용한다.

「약초의 성분과 이용」에 의하면, "뿌리에는 물분해하면 올레아놀산과 글루쿠론산으로 갈라지는 트리테르페노이드(triterpenoid)계 사포닌이 들어 있다. 그리고 물에 풀리는 알칼로이드인 아키란틴과 기타 알칼로이드, 많은 양의 점액과 칼륨염이 있다. 뿌리에는 또한 곤충변태성 호르몬인 엑디스테론(Ecdysterone), 이노코스테론(Inokosterone)이 있다. 이 밖에 시토스테롤, 스티그마스테롤, 아스파라긴산 등의 아미노산과 호박산 등의 다가염기산이

함유되어 있다."고 한다. 「동의보감」에서는 우슬(牛膝, 쇠무릎)에 대하여, "성질은 평하고 맛은 쓰며 시고 독이 없다. 주로 한습으로 위증과 비증이 생겨 무릎이 아파서 굽혔다 폈다 하지 못하는 것과 남자의 음증 소갈과 늙은 이가 오줌을 참지 못하는 것 등을 치료한다. 골수를 보충하고 음기를 잘 통하게 하며 머리털이 희지 않게 하고 음위증과 허리와 등뼈가 아픈 것을 낫게 한다. 유산시키고 월경을 통하게 한다. 12경맥을 도와주며 피를 잘 돌게 하고 피를 생기게 하는 약[生血之劑]이다. 모든 약 기운을 이끌어 허리와 넓적다리로 내려가게 한다. 술로 씻어서 쓴다." 고 적고 있다.

함유된 곤충 변태호르몬은 곤충이 대량으로 섭취할 경우 생장 및 변태에 교란작용이 일어나 정상적으로 성장하지 못하도록 한다. 연구에 의하면 점박이응애에 살충 효과가 있다고 한다. 친환경농업에서 쇠무릎의 이런 효과를 천연농약으로 이용할 수 있다. 뿌리뿐만 아니라 전초를 생즙을 내거나 물에 달이거나 알코올에 우려내어 사용한다.

[충기피식물 98]

회화나무

한방에서는 회화나무 꽃봉오리를 괴화(槐花), 열매를 괴실(槐實) 또는 괴각(槐角)이라 하여 모두 약용한다. 혈열(血熱)로 인한 각종 출혈 증상에 지혈(止血)하고 양혈(凉血)하며, 간열(肝熱)로 눈에 충혈이 지고 머리가 아프면서 어지러운 증상과 피부창진에 효과가 있다.

회화나무(Sophora japonica L.)는 콩과 고삼속의 낙엽이 지는 큰키나무로 우리나라를 비롯해 중국, 일본에 분포한다. 25m 높이까지 자란다. 수피는 진한 회갈색이고 세로로 갈라진다. 어린 가지는 녹색이고 흰색의 털과 껍질눈이 있다. 자르면 냄새가 난다. 잎은 어긋나고 1회 깃꼴겹잎이다. 작은잎은 7~17개이고 달걀 모양 또는 달걀 모양의 타원형이며, 가장자리는 밋밋하다. 꽃은 7~8월에 새로 자란 가지 끝에 노란색의 원추꽃차례로 핀다. 꽃받침통은 종 모양으로 짧은 털이 있다. 열매는 협과로 9~10월에 노란색으로 익으며 아래로 쳐진다. 꼬투리는 길이 5~8cm이고 종자 사이사이가 염주처럼 잘록하며 약간 육질이다. 종자는 갈색이며 보통 1~4개가 들어 있다.

재배 방법

전국에서 재배가 가능하다. 토질은 가리지 않으며 척박한 곳에서도 잘 자란다. 햇볕을 좋아하므로 양지에서 재배하는 것이 좋다. 번식은 씨앗, 꺾꽂이, 접붙이기 등으로 한다. 발아가 잘되므로 주로 씨앗으로 번식한다. 꺾꽂이의 경우 이른 봄에 지난해 가지를 잘라 꽂는다. 씨앗의 경우에는 가을에 익은 종자를 채취하여 노천매장하였다가 이듬해 봄에 파종한다. 종자는 건조하지 않도록 주의한다. 파종 전에 40~50℃의 더운 물에 24시간 정도 담가 두면 발아가 잘된다. 발아는 다소 늦은 편으로 늦봄부터 초여

름에 걸쳐 싹이 난다. 발아 후에는 햇볕이 잘 들게 한다. 성장이 빨라 6~7년이면 꽃이 피기 시작한다.

약성 및 활용

예로부터 회화나무를 학자수(學者樹)라 하여 정원수로 많이 심어왔다. 한방에서는 회화나무 꽃봉오리를 괴화(槐花), 열매를 괴실(槐實) 또는 괴각(槐角)이라 하여 모두 약용한다. 혈열(血熱)로 인한 각종 출혈 증상에 지혈(止血)하고 양혈(凉血)하며, 간열(肝熱)로 눈에 충혈이 지고 머리가 아프면서 어지러운 증상과 피부창진에 효과가 있다.

「동의보감」에서는 회화나무 열매와 꽃에 대해서, "괴실은 성질은 차며 맛은 쓰고 시며 짜고 독이 없다. 5가지 치질, 불에 덴 데 주로 쓰며 높은 열[大熱]을 내리고 난산(難産)을 낫게 한다. 유산시키며 벌레를 죽이고 풍증도 낫게 한다. 남녀의 음창과 음부가 축축하며 가려운 증, 장풍 등을 낫게 하며 해산을 헐하게 한다. 괴화는 5가지 치질과 가슴앓이를 낫게 하며 뱃속에 벌레를 죽이고 장풍(腸風)으로 피똥을 누는 것, 적백이질을 낫게 하며 대장의 열을 내린다. 약간 닦아서 쓴다." 고 적고 있다.

「약초의 성분과 이용」에 의하면, "꽃봉오리에 루틴(rutin) 10~28%, 적은 양의 캠퍼롤(kaempferol), 케르세틴 (quercetin), 소포로시드와 게니스테인 배

당체가 있다. 꽃의 루틴 함량은 꽃봉오리 때 가장 높고 꽃이 핀 다음에는 크게 낮아진다. 꽃이 진 다음 열매에는 40%까지 루틴이 있다. 열매에는 루틴, 케르세틴, 게니스테인, 소포리코시드, 소포라비오시드, 기타 플라보노이드와 페놀화합물인 에니솔이 있다. 식물 전체에 알칼로이드가 있으며 씨에 0.35% 있다. 알칼로이드는 시티진, N-메틸시티진, 소포카르핀, 마트린 등이다." 고 적혀 있다.

루틴(rutin)은 플라보놀 배당체의 하나로 뇌출혈·방사선 장애·출혈성 질병 예방에 효과가 있다. 케르세틴은 엽록소, 카로틴, 크산토필 다음으로 널리 분포된 황색플라보노이드로 주로 식품의 산화방지제로 쓰인다. 루틴 및 케르세틴은 실험에서 바이러스 및 포도상구균, 대장균 등에 억제작용을 나타낸다. 회화나무의 살충, 항균 작용을 친환경농업에서 천연농약으로 이용할 수 있다. 열매와 꽃을 생즙을 내거나 물에 달이거나 알코올에 우려내어 활용한다.

[충기피식물 99]

피라칸다

생약명으로 적양자(赤陽子) 또는 착엽화극(窄葉火棘)이라 하여 약재로 이용하기도 한다. 건위작용이 있어서 소화력을 증진시키고 위장의 염증을 치료하며, 설사와 이질에도 효과가 있다.

피라칸다(Pyracantha)는 장미과의 늘푸른 키작은나무로 유럽 남동부와 아시아가 원산지이다. 6종이 있으며 대략 높이는 4~6m이다. 열매가 아름다워서 관상용으로 다양한 품종이 개발되어 보급되고 있다. 우리나라에서는 중국 서남부산인 앙구스티폴리아(P. angustifolia)와 남유럽과 서아시아 원산인 콕키네아(P. coccinea), 히말라야산인 크레눌라타(P. crenulata) 등이 많이 심

겨진다. 앙구스티폴리아는 잎은 어긋나고 긴 타원형이며, 가장자리가 거의 밋밋하다. 꽃은 5~6월에 피고 흰색이며 산방꽃차례로 달린다. 열매는 9~10월에 둥글게 등황색으로 익으며 꽃받침이 남아 있다. 상록이지만 중부 이북에서는 겨울에 잎이 떨어진다. 콕키네아는 잎이 달걀을 거꾸로 세운 모양이며, 가장자리에 잔 톱니가 있다. 열매는 주홍색으로 익는다. 크레눌라타는 잎이 둥글거나 거꾸로 선 바소꼴이며 톱니가 있고 열매는 붉은색으로 익는다.

재배 방법

햇볕과 물을 좋아하며 토질은 크게 가리지 않는다. 그늘진 곳에서는 가지가 성기고, 열매도 잘 맺지 않는다. 수분이 부족하면 잎이 노랗게 단풍이 들고 열매에 주름이 생긴다. 번식은 씨앗과 꺾꽂이로 한다. 씨앗의 경우 가을에 잘 익은 종자를 채취하여 과육을 제거한 후 바로 파종하거나 노천매장 또는 3~5℃의 저온에 저장하였다가 이듬해 봄에 파종한다. 3~5년이 지나야 열매를 볼 수 있다. 꺾꽂이의 경우 3월, 5월, 6~9월 중에 지난해 가지나 새로 난

가지를 이용한다. 15cm 길이로 잘라 위에 몇 장의 잎만 남겨 두고 물에 담가 두었다가 꽂는다.

약성 및 활용

열매는 주로 관상용으로 이용되나 생약명으로 적양자(赤陽子) 또는 착엽화극(窄葉火棘)이라 하여 약재로 이용하기도 한다. 10~12월에 열매를 채취하여 말린다. 이질, 장풍하혈(치질 때 붉은 피가 나오는 것), 정창(악성종기), 노상(허로로 몸이 약해진 것)에 효과가 있다. 하루에 9~15g을 달여서 먹는다.

안덕균의 「한국본초도감」에서는 적양자(赤陽子)에 대하여, "맛은 달고 시며 성질은 평하다. 건비소적(健脾消積), 활혈지혈(活血止血)의 효능이 있다. 건위작용이 있어서 소화력을 증진시키고 위장의 염증을 치료하며, 설사와 이질에도 효과가 있다. 부인의 자궁출혈을 그치게 하고, 산후에 어혈을 제거하여 통증을 완화시킨다."고 적고 있다. 피라칸다 열매와 잎에는 시안화수소(hydrogen cyanide (HCN), 메이탄신(maytansine), 클로로폼(chloroform),

초산에틸(acetic ether), 석유에테르(petroleum ether) 등의 독성 물질 및 자극성 물질이 들어 있다. 그 외에 플라보노이드와 루테올린(luteolin), luteolin-3', 7-diglucoside, 아피게닌(apigenin), apigenin-7-O-glucoside and 루틴(rutin) 등의 프로안토시아니딘(proanthocyanidin)이 포함되어 있다.

청산이란 독으로 잘 알려진 시안화수소(HCN)는 소량에서는 소화를 돕고 호흡작용을 활발하게 하고 백혈병 등의 일부 암치료에 효과를 나타내지만 많이 섭취 시 구토, 복통, 혀무름, 설사 등을 유발하고 사망에 이르게 할 수 있다. 메이탄신(maytansine)은 DNA, RNA 등의 단백질 합성을 방해하는 물질로 항암치료에서 위장 및 신경에 독성을 유발하는 부작용을 나타낸다. 피라칸다 추출물이 점박이 응애 살충에 효과적이라는 전남농업기술원 연구결과가 있다. 친환경농업에서 피라칸다의 이런 독성을 천연농약으로 이용할 수 있다. 열매나 잎을 생즙을 내거나 물에 달이거나 알코올에 우려내어 사용한다.

[충기피식물 100]

개오동(노나무)

뿌리 및 나무껍질의 맛은 쓰고 성질은 차다. 해열, 해독, 살충의 효능이 있다. 유행병 발열, 황달, 반위, 피부가려움증, 창개(瘡疥)를 치료한다.

개오동(Catalpa ovata G.Don)은 능소화과 개오동속의 큰키나무로 높이 6~10m까지 자란다. 중국 원산이다. 분류는 다르지만 잎이나 꽃이 오동나무와 비슷해 개오동이라는 이름이 붙여졌다. 수피는 잿빛을 띤 갈색이며 세로로 얕게 갈라진다. 잎은 마주나거나 돌려나고 넓은 둥근 모양으로 가장자리가 3~5개로 얕게 갈라진다. 잎 뒷면은 옅은 녹색으로 맥 위에 잔털

이 있고 잎자루는 자주색을 띤다. 꽃은 6~7월에 노란빛을 띤 흰색으로 가지 끝에 원추꽃차례로 달린다. 털이 없다. 꽃받침은 2개로 갈라진다. 꽃잎은 입술 모양이며 2개의 노란 줄과 자줏빛 점이 있다. 수술은 완전한 것이 2개, 꽃밥이 퇴화한 것이 3개이다. 열매는 10월에 달린다. 삭과로 길이가 20~30cm이다. 노끈처럼 가늘고 길게 늘어진다. 그래서 노끈나무 혹은 노나무라고도 부른다.

재배 방법

전국에서 재배가 가능하다. 햇볕이 잘 들고 수분이 많은 땅을 좋아한다. 비교적 생장이 빠른 나무이다. 번식은 씨앗이나 꺾꽂이로 한다. 씨앗의 경우 가을에 종자를 채취하여 직파하거나 저온으로 저장하였다가 이듬해 봄에 뿌린다. 발아가 잘 된다. 꺾꽂이의 경우 뿌리나 어린 가지를 이용한다. 뿌리는 겨울에, 어린 가지는 잎이 성숙하기 전인 늦은 봄이나 여름에 10cm 길이로 잘라 심는다.

약성 및 활용

개오동나무를 자목(梓木)이라 하고 뿌리 및 나무껍질(梓白皮)과 열매(梓實)를 약용한다. 뿌리껍질은 봄과 여름에 채취하여 흙과 모래를 씻어 제거하고 껍질을 벗겨 햇볕에 말린다. 열매는 가을에서 겨울까지 채취한다.

「중약대사전」에 의하면, "뿌리껍질에는 isoferulic acid, sitosterol, phydroxybenzoic acid이, 나무껍질에는 p-coumaric acid, ferulic acid이 들어 있다. 열매에는 catalposide, des-p-hydroxy benzoylcatalposide, p-hydroxybenzoic acid, citric acid, 납(蠟)이, 종자에는 p-hydroxybenzoic acid, β-sitosterol과 지방산이 함유되어 있다. 뿌리 및 나무껍질의 맛은 쓰고 성질은 차다. 해열, 해독, 살충의 효능이 있다. 유행병 발열, 황달, 반위(위의 구역질 등), 피부가려움증, 창개(瘡疥)를 치료한다. 열매의 맛은 달며 성질은 평하고 독이 없다.

이뇨하며 부종, 만성 신염, 단백뇨를 치료한다. 외용으로 쓰면 살충한다."고 기록되어 있다.

잎과 열매 추출물은 황색포도상구균, 대장균, 아에로게넥스균 및 그람 양성세균, 그람 음성세균, 효모, 곰팡이 등 다양한 미생물에 대해 강한 생육 억제 효과를 나타낸다. 개오동의 이런 살충, 항균 효과를 친환경농업에서 천연농약으로 이용할 수 있다. 껍질과 잎, 열매 등을 생즙을 내거나 물에 달이거나 알코올에 우려내어 사용한다.

산야초 100선 성분요약표(1~50)

No.	식물명	속명	주요 성분	비고
1	디기탈리스	Digitalis	디기톡신(digitoxin),기톡신(gitoxin),기탈록신(gitaloxin)	강심배당체
2	석산	Lycoris	리코린(lycorine),타제틴(tazettine),리코라민	al(알칼로이드)
3	투구꽃	Aconitum	아코니틴(Aconitine),메사코니틴(Mesaconitine),히파코니틴(Hypaconitine)	al
4	협죽도	Nerium	올레안드린(oleandrin),네리안틴(neriantin),아디네린(adynerin),digitoxi-	강심배당체
5	천남성	Arisaema	triterpenoid 사포닌,코니인(coniine)	al
6	미국자리공	Phytolacca	피톨락신(phytolaccine),다량의 질산칼륨,사포닌	all
7	피마자	Ricinus	리신(ricin),리시닌(ricinine)	아미노산
8	담배	Nicotiana	니코틴(nicotine),노르니코틴(nornicontine),아나바신(anabasine)	al
9	옻나무	Rhus	우루시올(urushiol)	페놀
10	주목	Taxus	택신(taxine)	al
11	은행나무	Ginkgo	청산배당체,ginkgelic acid,hydroginkgolic acid	
12	수선화	Narcissus	리코린(lycorine),갈란타민(galantamine),tazettine, pseudolycorine,pre-	al
13	애기똥풀	Chelidonium	켈리도닌(chelidonine),프로토핀(protopine),stylopine,berberine,chelery-	al
14	때죽나무	Styrax	에고사포닌(egosaponin)	
15	살구	Prunus	아미그달린(amygdalin)	청산배당체
16	남천	Nandina	O-methyldomesticine,protopine,isocorydine,nandinine,domesticine	al
17	여뀌	Persicaria	사포닌	
18	고삼	Sophora	마트린(matrine),시티진(cytisine)	al
19	멀구슬나무	Melia	mersosin(toosendanin),nimbolin,fraxinellone,gedunin,kulinone	triterpene배당
20	박하	Mentha	멘톨(menthol),menthone	정유
21	로즈마리	Rosmarinus	보르네올(Borneol)	정유
22	고사리	Pteridium	카테킨계통의 탄닌질,티아미나제(thiaminase),프테리딘(pteridine)	
23	마삭줄	Trachelosper-	아크티인(arctiin),트라켈로시드(tracheloside),matrairesinoside,nortrachelo-	리그난배당체
24	편백	Chamaecyparis	α-피넨,리모넨	정유
25	마늘	Allium	알리신(Allicin)	황화합물
26	양파	Allium	이황화프로필알릴(Allyl propyl disulfide), 황화알릴(Allyl sulfide)	황화합물
27	고추	Capsicum	캅사이신(Capsaicin)	al
28	쇠비름	Portulaca	베타시아닌(betacyanin),베타크산틴(betaxanthin) 등의 플라보노이드,알칼로이	
29	약모밀	Houttuynia	데카노일아세트알데히드(decanoyl acetaldehyde),laurin	정유,플라보노이
30	감자	Solanum	솔라닌(solanine)	al배당체
31	일일초	Vinca	빈돌린(Vindoline),빈크리스틴(Vincristine),빈블라스틴(Vinblastine)	al
32	계피	Cinnamomum	계피알데히드(Cinnamic aldehyde),Camphene,Cineol,Linalool,Eugenol	정유
33	정향	Syzygium	유제놀(Eugenol),아세틸유제놀(acetyl eugenol),beta-caryophyllene,vanillin	정유
34	초피나무	Zanthoxylum	크산톡신(xanthoxin),디펜텐,시트로넬랄,l-β-펠란드렌,게라니올,시트로넬롤	정유,경련독
35	피나물/매미	Hylomecon	크립토핀(cryptopine),프로토핀(protopine),켈리도닌(chelidonine)	al
36	천수국/만수	Tagetes	티오펜(thiophene),루테인(Lutein)	황화합물
37	관중	Dryopteris	플로로글루신(phloroglucinol),아스피딘(aspidin),알바아스피딘(albaspidin)	원형질독
38	박새/여로	Veratrum	에르빈,베라트라민,루비에르빈,지가데닌,네리딘,푸세우도에르빈,콜히친,베라트리	al
39	담배풀	Carpesium	카르페시아락톤(carpesia lactone),카라브론(carabrone)	락톤
40	라벤더	Lavandula	리날로올(linalool),아세트산리날릴(linalyl acetate),α-pinene,limonene,1,8-	정유
41	파리풀	Phryma	렙토스타치올 아세테이트(leptostachyol acetate),프리마롤린II(phrymarolin II)	
42	반하	Pinellia	에테르엑스,콜린(choline),triterpene 화합물	
43	오동나무	Paulownia	시린진(syringin),우르솔릭산(ursolic acid)	폴리페놀배당체
44	가래/호두나	Juglans	주글론(juglone),타닌(tannin)	나프토퀴논
45	봉선화	Impatiens	델피니딘(delphinidin),캠퍼롤(kaempferol),케르세틴(quercetin),naphtho-	플라보노이드
46	소태나무	Picrasma	콰신(quassin),피크라스민(picrasmin),피크라신(picrasin)	쓴맛배당체
47	석류나무	Punica	펠리티에린(pelletierine),이소펠레티에린(isopelletierine)	al
48	코스모스	Cosmos	폴리페놀(polyphenols),플라보노이드(flavonoids)	
49	차나무	Camellia	카테킨(catechin),카페인(caffeine),테아닌(theanine) 등의 폴리페놀과 플라보노	
50	겨자	Brassica	시니그린(sinigrin),아이소싸이오사이안산알릴(Allyl Isothiocyanate)	배당체

산야초 100선 성분요약표(51~100)

No.	식물명	속명	주요 성분	비고
51	광대싸리	Securinega	세쿠리닌(securinine),rutin,tallosecurinine,dihydrosecurinine,타닌	al
52	사상자	Torilis	α-카디넨(cadinene),토릴렌(torilene),퀴논(quinone),쿠마린(coumarin)	정유,쿠마린
53	노간주나무	Juniperus	피넨,캄펜,테르피네올,사비넨	정유
54	팔손이	Fatsia	α-파트신(fatsin),β-파트신	triterpene사포
55	개비자나무	Cephalotaxus	homoharringtonine,harringtonine,cephalotaxine	al,정유
56	괴불주머니	Corydalis	프로토핀(protopine),카파우리딘	al
57	할미꽃	Pulsatilla	아네모닌(anemonin), 프로토아네모닌 (protoanemonin),타닌, 사포닌	
58	미치광이풀	Scopolia	히오시아민(hyoscyamine),아트로핀(atropine),스코폴라민(scopolamin),쿠	al
59	철쭉	Rhododendron	안드로메도톡신(Andromedotoxin),아비쿨라린,히페로시드	경련독
60	은방울꽃	Convallaria	콘발라톡신(convallatoxin),convalloside,convallatoxol,deglucocheiro-	강심배당체
61	이질풀	Geranium	케르세틴(quercetin),캠페리트린(kaempferitrin),게라니올(geraniol),타닌	플라보노이드,정
62	마취목	Pieris	안드로메도톡신(andromedotoxin),아세보톡신(asebotoxin)	경련독
63	소엽(차즈	Perilla	페릴알데히드(l-perillaaldehyde),리모넨(l-limonene),피넨(α-pinene),디	정유
64	소리쟁이	Rumex	옥시안트라퀴논(oxyanthraquinone)의 유도체인 에모딘(emodin),nepodin	
65	삼백초	Saururus	methyl-n-nonyl-ketone,케르세틴(quercetin),케르시트린,이소케르시트	정유,플라보노이
66	깨풀	Acalypha	알칼로이드,플라보노이드	
67	환삼덩굴	Humulus	루테올린(luteolin)배당체,콜린(choline),아스파라진(asparagine),정유,타닌	
68	창포	Acorus	아사론(asarone),칼라메온(calameone),에우게놀(eugenal)과 쓴맛물질인	정유
69	조릿대	Sasa	페놀,아미노산,유기산	
70	뚱딴지(돼지감	Helianthus	이눌린(inulin)	
71	토란	Colocasia	수산칼륨	
72	독말풀	Datura	히오시아민(hyoscyamine),아트로핀(atropine),스코폴라민	al
73	웜우드	Artemisia	튜욘(thujone)	테르펜
74	배암차즈기(곰보배	Salvia	homoplantaginin, hispidulin, eupafolin,페놀,정유,사포닌	플라보노이드
75	목련/함박꽃나	Magnolia	eudesmin,sesamin,costunolide,syringin	라그닌화합물
76	쑥	Artemisia	시네올(Cineol),투욘,보르네올,파라핀,아데닌,콜린과 타닌	정유
77	커피	Coffea	카페인(caffeine),트리고넬린(trigonelline),클로로겐산(chlorogenic acid)	al
78	사위질빵/으아리	clematis	아네모닌(anemonin),아네모놀(anemonol), 사포닌, 페놀류	
79	울금	Curcuma	커큐민(Curcumin)	페놀화합물
80	향나무	Juniperus	세드롤(cedrol),피넨(pinene),아멘토플라본(amentoflavone),hinoki-	정유,플라보노이
81	제충국	Chrysanthemum	피레트린(pyrethrin)I,II & 시네린(cinerin)I,II	
82	젓가락나물/개구리미	Ranunculus	아네모닌(anemonin), 프로토아네모닌(protoannemonin)	
83	물레나물/고추나물	Hypericum	히페리신(Hypericin),정유,타닌,카로틴,알칼로이드	플라보노이드
84	데리스	Derris	로테논(Rotenone)	플라보노이드
85	가죽나무	Ailanthus	메르소신(mersosin),phlobaphene,ailanthone,amarolide,quassin,neo-	triterpene배당
86	금창초	Ajuga	루테올린(luteolin),cyasterone과 ecdysterone 등의 탈피호르몬,알칼로이드	플라보노이드
87	마디풀	Polygonum	아비쿨라린(avicularin),케르시트린(quercitrin),d-catechol,gallic acid,caf-	플라보노이드
88	땅빈대	Euphorbia	quercetin,gallic acid,myoinositol과 isomotiol,타닌	플라보노이드
89	도꼬마리	Xanthium	크산티닌(xanthinin),카로티노이드,알칼로이드,사포닌	
90	고비	Osmunda	osmundalactone,osmundalin,ponasterone A,ecdysone,ecdysterone	탈피호르몬
91	산초나무	Zanthoxylum	에스트라골(estragole),메틸카비콜,아니스알데히드,안식향산,베르갑텐	정유
92	쇠뜨기	Equisetum	에퀴세토닌(equisetonin),에퀴세트린(equisetrin),isoquercitrin,articulatin	
93	팥꽃나무	Daphne	겐콰닌(genkwanin),hydroxygenkwanin,아피게닌(apigenin),시토스테롤	플라보노이드,정
94	치자나무	Gardenia	gardenin,pectin,crocin,crocetin,d-mannitol,타닌	플라보노이드
95	무화과/천선과나무	Ficus	glucose,fructose,sucrose,citric acid,프소랄렌(psoralen),베르갑텐	
96	석창포	Acorus	β-아사론(asarone),α-아사론,카리오필렌	정유
97	쇠무릎	Achyranthes	triterpenoid 사포닌,아키란틴 알칼로이드,엑디스테론(Ecdysterone) 탈피호	
98	회화나무	Sophora	루틴(rutin),케르세틴(quercetin),시티진,N-메틸시티진,소포카르핀,마트린	플라보노이드,al
99	피라칸타	Pyracantha	시안화수소(HCN),메이탄신(maytansine),클로로폼	플라보노이드
100	개오동	Catalpa	isoferulic acid,sitosterol,p-coumaric acid,ferulic acid	

주요 참고 문헌

1. 약초의 성분과 이용 / 과학백과사전출판
2. 한글 중약대사전(中藥大辭典) / 도서출판 정담
3. 본초학(本草學) / 도서출판 영림사
4. 한국식물도감 / 이영노 / 교학사
5. 毒草大百科 / 奥井 真司 / データハウス
6. 꽃의제국 / 강혜순 / 나른세상
7. 거의 모든 것의 역사 / 빌 브라이슨 / 까치
8. 동의보감(東醫寶鑑) / 동의과학연구소
9. 흙을 살리는 자연의 위대한 생명들 / 제임스 B.나르디 / 상상의숲
10. 꽃은 어떻게 세상을 바꾸었을까 / 윌리엄 C. 버거 / 바이북스
11. 초저비용으로 전진하는 자닮 유기농업 / 조영상 / 자닮
12. 천연작물 보호 성분(식물 I , II) / 농진청 국립농업과학원

주요 참고 사이트

1. 국가표준식물목록 / www.nature.go.kr/kpni
2. 국가생물종지식정보시스템 / www.nature.go.kr
3. 자연을닮은사람들(자닮) / www.jadam.kr
4. 위키피디아 / www.wikipedia.org
4. 한국토종야생산야초연구소 / www.jdm0777.com.ne.kr
5. 기타 인터넷 사이트

가나다순 찾기

학명으로 찾기